流域水沙变化条件下
长江口水沙输移及地貌系统响应

LIUYU SHUISHA BIANHUA TIAOJIAN XIA
CHANGJIANGKOU SHUISHA SHUYI JI DIMAO XITONG XIANGYING

杨云平　李义天　张明进
张　蔚　黄李冰　樊咏阳　◎著

河海大学出版社
·南京·

图书在版编目(CIP)数据

流域水沙变化条件下长江口水沙输移及地貌系统响应/杨云平等著. -- 南京：河海大学出版社，2022.10
ISBN 978-7-5630-7655-0

Ⅰ.①流… Ⅱ.①杨… Ⅲ.①长江－河口泥沙－泥沙输移－研究②长江－河口－河道演变－研究 Ⅳ.①TV148②TV882.2

中国版本图书馆 CIP 数据核字(2022)第 181554 号

书　　名	流域水沙变化条件下长江口水沙输移及地貌系统响应
书　　号	ISBN 978-7-5630-7655-0
责任编辑	杜文渊
特约校对	李　浪　杜彩平
装帧设计	徐娟娟
出版发行	河海大学出版社
地　　址	南京市西康路1号(邮编:210098)
电　　话	(025)83737852(总编室)　(025)83787763(编辑室) (025)83722833(营销部)
经　　销	江苏省新华发行集团有限公司
排　　版	南京布克文化发展有限公司
印　　刷	广东虎彩云印刷有限公司
开　　本	718毫米×1000毫米　1/16
印　　张	14.25
字　　数	263千字
版　　次	2022年10月第1版
印　　次	2022年10月第1次印刷
定　　价	98.00元

本书得到国家自然科学基金项目"长江潮汐河段汊道相对稳定性及河势联动机理研究(51809131)""长江口滩槽演变与径潮流动力的互馈过程与机制研究(U2040203)"联合资助。

第一作者简介：

杨云平，副研究员，任职于交通运输部天津水运工程科学研究所，兼任武汉大学、河海大学硕士研究生导师。兼任工程泥沙交通运输行业重点实验室副主任，2014年获得武汉大学水力学及河流动力学专业河口海岸学方向的博士学位，主要从事河流演变与航道治理方面的理论与技术研发工作。

近10年来，主持国家自然科学青年基金1项，国家重点研发计划专题2项，国家重点实验室开放基金项目4项，长江干线国家重点工程科研专项项目10余项。研究成果获得中国航海学会科学技术一等奖2项和二等奖1项，中国水运建设行业协会科学技术一等奖1项和二等奖2项，中国技术市场协会金桥奖项目二等奖1项；已发表期刊论文65篇，其中SCI收录源刊论文24篇、EI检索论文18篇；合作出版学术著作2部；授权中国发明专利4项；2篇论文获得中国航海学会年度优秀论文(2018年、2019年)；2次获得 *Journal of Geographical Sciences* 期刊年度优秀作者(2016年、2017年)；6篇研究论文及2个研究成果项目入选交通运输部重大科技创新成果库。

序

长江口地区滨江临海，集"黄金海岸"和"黄金水道"的区位优势于一体，是长江流域乃至全国的精华地带，发展潜力巨大，对长江流域乃至全国经济社会发展起到十分重要的推动作用。河口和邻近海域水动力、悬沙浓度、沉积物及地貌系统等调整关系到该区域水环境质量、生态系统安全、航道条件稳定等诸多方面，进而影响和制约该区域的社会经济发展。水动力是泥沙、离子和营养盐等输运的动力，是塑造地貌系统的源动力。营养物质随着水体中悬沙输入海洋，在水动力和泥沙的综合作用下塑造了河口地貌格局与滩槽形态。三峡及上游梯级水库运行后，改变了长江流域入海径流量年内分配过程，引起感潮河段径流和潮水动力过程调整，客观认识水动力过程变化是解决河口泥沙和地貌变化的基础。流域大型水库的修建拦蓄了大量的泥沙在库区，进入大坝下游河道的输沙量大幅减少，传递作用引起河口区悬沙浓度出现趋势性调整，尤其是最大浑浊带区域。同时大型水库蓄水运用，改变了大坝下游下泄泥沙的颗粒和组成，引起河口区域悬沙和沉积物颗粒出现适应性调整，尤其是悬沙粗颗粒和细颗粒在河口的沉积过程和分布特征，是研究河口地貌系统对流域水沙通量响应的关键。水流—泥沙—地貌系统是互为作用的耦合关系，入海水沙通量的变化直接影响地貌系统调整的趋向性，目前河口前缘潮滩和水下三角洲区域在入海泥沙锐减环境下均出现了淤涨减缓并转为侵蚀。流域大型水库修建后，对径流总量的影响不大，但年内径流过程的调整会引起地貌系统出现新的调整，以往研究中重点关注了特大洪水对河口区域的造床作用。随着三峡及上游梯级水库蓄水年份的延长，将对流域入海径流过程、输沙量及组成等影响更加显著。同时，河口区域综合性治理工程的实施也对局部水动力、泥沙输运过程等产生深刻影响，甚至超过流域入海水沙通量变化的影响。在此背景下,研究河口区域水动力—泥沙输运—地貌系统综合作用过程具有重要的科学价值,不仅是河口海岸管理的重要依据,对丰富河口科学研究具有重要意义。

本书依据近50年来流域入海径流量、输沙量、潮汐等实测数据,分析了三峡及梯级水库综合作用下长江口水通量、潮汐过程及径潮流水动力变化特征,采用潮区界和潮流界界面为对象,分析流域大型水库调蓄过程对径潮流水动力变化的影响,分析北槽深水航道建设对滞流点位置的影响;分析流域入海泥沙通量变化特征,明确河口区域悬沙浓度变化特征,尤其是最大浑浊带区域悬沙浓度范围及位置等变化趋势,研究各汊道悬沙浓度与航道整治工程的响应关系;明确大通站不同粒径组泥沙来源及对三峡及梯级水库运行的响应关系,河口区域悬沙和沉积物粒径变化特征及趋势,研究不同粒径组泥沙在河口区域的沉积路径,探讨水动力、泥沙输运等对邻近陆架区域砂-泥分界线和泥质区面积的影响;建立入海水沙通量和过程变化下的长江口地貌系统的响应关系,研究河段包括南支、南北港、前缘潮滩和水下三角洲区域,结合三峡及梯级水库运行对径流量、输沙量等变化,初步预测河口地貌系统演变的发展趋势。

限于作者水平有限,书中难免有错误与不妥之处,敬请批评指正。

本书全体编著者
2021年春于天津滨海新区

目录

第1章 绪论 ... 001
1.1 研究背景 ... 001
1.2 国内外研究现状及发展动态分析 ... 004
1.3 本书主要内容 ... 013

第2章 流域人类活动对长江入海水沙通量影响研究 ... 015
2.1 长江入海径流变化 ... 015
2.2 长江入海径流的来源组成及贡献 ... 018
2.3 长江入海泥沙量变化 ... 023
2.4 输沙量来源组成及贡献 ... 026
2.5 本章小结 ... 033

第3章 长江口径潮流水动力平衡关系及调整趋势研究 ... 034
3.1 长江口潮位与汊道分流比变化 ... 034
3.2 长江口滞流点位置及范围研究 ... 042
3.3 长江口径潮流水动力数学模型建立与验证 ... 048
3.4 长江口径潮流水动力平衡关系的影响分析 ... 062
3.5 径潮动力对长江口滞流点影响的数学模型研究 ... 073
3.6 流域大型水利工程运行对长江口滞流点位置变化的影响 ... 078
3.7 本章小结 ... 092

第4章 流域水沙变化条件下长江口泥沙输移过程及趋势 ········ 093

4.1 长江口南支和北支河段悬沙浓度变化趋势及成因 ············ 093
4.2 长江口最大浑浊带悬沙浓度变化趋势及成因 ··············· 100
4.3 长江口北槽悬沙浓度变化趋势及成因 ··················· 105
4.4 长江口区域悬沙颗粒分布特征及变化趋势 ················ 112
4.5 长江口邻近陆架区域沉积物变化趋势及成因 ··············· 118
4.6 长江口最大浑浊带位置及悬沙浓度变化的模拟研究 ··········· 127
4.7 三峡水库运行对长江口最大浑浊带位置及范围的影响研究 ······· 142
4.8 本章小结 ···································· 148

第5章 长江口地貌演变与入海水沙条件通量响应关系 ············ 150

5.1 长江口南支河段地貌系统变化及成因 ··················· 150
5.2 长江口南港、北港地貌系统变化及成因 ·················· 168
5.3 长江口前缘潮滩地貌变化过程及成因 ··················· 176
5.4 长江口水下三角洲地貌变化过程及演变趋势探讨 ············ 185
5.5 长江口地貌系统演变的发展趋势初步预测 ················ 195
5.6 本章小结 ···································· 201

第6章 主要结论 ······································ 204

参考文献 ··· 206

第1章 绪论

1.1 研究背景

河口是在流域和海域环境物质要素综合作用下形成的,是流域物质通量进入海洋的"汇",进入河口的物质包括淡水、泥沙及营养盐等物质,均是河口物质的"源"(陈吉余,2008)。河口区域处于河流、海洋、陆地交汇的过渡地带,是人类活动影响的敏感地带,该区域水动力、泥沙输运、沉积过程、地貌系统等调整迅速,进而影响河口区域航道治理、淡水利用、生态安全、资源开发等诸多方面,即对河口物质通量的研究有重要科学价值(陈吉余,2010)。20世纪80年代以前,全球大型流域入海总沙量约为150~200亿 t/a(Milliman et al., 1983, 1992),流域物质通量90%以上通过悬浮形式进入河口区域(Waling et al., 2003, 2006)。近几十年来,由于河流入海泥沙量的大幅锐减,使得河流泥沙进入河口区域的沉积和输运过程成了热点话题(Liang et al., 2007)。河口环境系统变化直接影响到水温、悬沙浓度、盐水入侵和营养物质输运等过程和趋势(Gong et al., 2006; Wu et al., 2006; Belkin, 2009; 唐建华 等, 2011),进而影响悬沙输运和地貌系统的演变(Waling et al., 2006; Wang et al., 2007; 杨云平 等, 2013, 2014; Yang et al., 2003),尤其是大洪水期间的造床作用。河口悬沙浓度大小决定着水体透光度、叶绿素等悬浮体的分布特征,进而影响浮游植物生产及整个生态系统安全。悬浮泥沙是物质通量入海的输运载体,对河口污染物、营养盐、水质和水资源高效利用等有重要影响(Gao et al., 2008; 于欣 等, 2012; Shen et al., 2008),其数值高低关系到河口区域地貌、水下三角洲、前缘潮滩、湿地等变化(Waling et al.，2006；Liang et al.，2007；Gong et al.，2006；Wu et al.，2006)，也对港口航道维护、围涂造地及滨海旅游资源等产生深刻影响(Zheng et al.，2004；Liu et al.，2011)。因此，研究河口区域水动力、泥沙输运及地貌变化对河口及邻近陆架区域生态安全系统和物理化学环境等有重要意义。

近几十年来，受全球气候变化及人类活动的影响，诸多河流入海水、沙通量发生大幅调整，使得河口三角洲及近岸环境发生重大变化(Milliman et al.，1983，1992；Waling et al.，2003)。例如，埃及尼罗河(Fanos et al.，1995)、美国科罗拉多河(Carriquiry et al.，1999)、西班牙埃布罗河(Mikhailova，2003)、中国的长江(Yang et al.，2003)和黄河(刘锋 等，2011)等大型流域，由于受气候变化以及水坝建设、引水引沙、土地利用等影响，造成流域入海径流量和输沙量出现大幅度减少，进而导致海岸线受到严重侵蚀。在全球气候变化和人类活动作用下，河流入海水、沙通量变化已经成为国内河口外陆海作用研究的核心问题之一(Hollgan，1993；Pernetta et al.，1995；Yang et al.，2004；Syvitski et al.，2005)。流域入海水量变化引起河口系统调整的典型例子有：美国科罗拉多河由于入海径流量的减少改变了三角洲地区水循环机制，导致河口三角洲区域沉积动力机制的变化(Fanos et al.，1995)。同时，水沙通量的减少，阻止了科罗拉多河三角洲的延伸；在密西西比河流域因大量取用河水，1963—1989年期间泥沙输运量减少约40%，是河口三角洲发生侵蚀的主要原因(IGCP，2007)。流域修建水库对入海泥沙通量的影响最为显著，已通过传递效应影响了河口区泥沙输运过程、悬沙浓度等变化趋势(杨云平 等，2013；Yang et al.，2004，2014；Dai et al.，2008，2013)。典型例子有：Mekong河在1933年Mawan大坝运行后的11年中(1993—2003年)，水库库容由于泥沙淤积减少了21.5%～22.8%，进入河口的泥沙量显著减少(Fu et al.，2008)，且河口区域悬沙浓度也为减少态势；葡萄牙瓜迪亚纳河的阿尔克瓦大坝建成后，其河口最大浑浊带向上游移动了8～16 km(Morais et al.，2009)。综上分析认为，流域受到人类活动的影响越来越大，通过改变其入海物质通量而将其影响传递到河口区域(Trenhaile，1997)，并对河口区域水动力、泥沙输运和地貌系统调整产生了联动影响。

长江流域为河口地区提供了丰富的物质资源，1950—2012年期间入海径流量和输沙量的均值分别为8 923亿 m^3/a和3.94亿 t/a，约占全国大中型河流入海总量的50%和24%。由于流域筑坝、抽引水等人类活动，长江入海沙量已出现减少趋势,且在 2003 年三峡大坝运行后,大量泥沙滞留在库区并沉积,2003—2012 年期间入海沙量仅为 1950—2002 年期间的 32%,即流域入海沙量的减幅更趋明显(Yang et al.,2007;Chen et al.,2008)。在流域入海泥沙减少的背景下,长江河口前缘潮滩面积出现了淤涨减缓、部分区域转为侵蚀趋势(杨世伦 等,2005,2009;杜景龙,2012),水下三角洲区域为侵蚀后退(杨世伦 等,2003;李鹏 等,2007;李从先 等,2004)。水库调蓄作用虽然对径流总量影响不大,但过程调节削减了大洪水流量,枯水期下泄流量增加,也会引起河口水动力、盐水上溯、地貌系统及河口生态系统等联动变化。因此,探求近 50 年长江口地貌系统变化对水沙通量的综合响应,是客观认识流域重大水利工程影响下入海水沙通量调整后地貌系统演变的关键。

长江流域入海泥沙量锐减,已影响了河口区域悬沙浓度变化,尤其是最大浑浊带区域,虽然河口存在泥沙再悬浮、沉降及絮凝等调节作用,其悬沙浓度变化特征及趋势性仍值得关注。河口悬浮物颗粒特征对水中营养盐、粒子附着及叶绿素含量等有重要作用(周晓静,2009;黄亮 等,2012;王华新 等,2011;Lu,et al.,2005),直接影响着浮游生物分布和种类。悬沙浓度和颗粒特征的调整,通过交换与悬浮作用影响着表层沉积物特征调整,进而影响 N、P 和 NO_3^{-1} 等营养盐的输运过程,进而影响河口底栖生物及生态安全。河口作为流域物质通量在入海"汇"的区域,流域入海泥沙粒径差异,在河口输运和沉积过程不同,对地貌系统的影响也存在差异。为揭示河口地貌系统与流域水、沙通量的响应关系,需深入认识流域入海泥沙量减少背景下,长江口不同区域悬沙浓度、悬沙颗粒变化过程及趋势,尤其是沉积物过程对入海悬沙量和颗粒特征的响应关系。

随着入海水、沙通量的变化,河口区域水动力、悬沙浓度、悬沙颗粒变化、表层沉积物、前缘潮滩和水下三角洲等均会发生适应性或是突变性调整。系统研究长江口水动力、泥沙输运和地貌系统耦合关系具有重要的科学意义,同时可丰富和发展河口科学理论。实践意义在于:认识现状下河口水动力、悬沙浓度、悬沙特征和沉积物特征及地貌系统与流域入海水、沙通量关系,为流域重大水利工程(主要涉及流域工程为三峡及梯级水库)及河口整治工程(主要为北槽深水航道整治工程)对水-沙-地貌趋势的研究提供必要的科学依据。工程实践意义在于:河口区域港口安全、湿地保护、城市空间发展、深水航道等安全,均需要清楚径潮流水动力过程、泥沙输运过程及沉积区域、地貌系统演变等过程,才能更好地进行河口资源开发、利用与保护。

1.2 国内外研究现状及发展动态分析

1.2.1 水动力界面变化

(1) 潮流界和潮区界界面变化

潮区界和潮流界反映感潮河段潮流水动力对河流水体及其荷载的泥沙阻滞与截留作用，进而形成感潮河段与之适应的地貌形态，也反映了径潮动力作用的空间界限，是潮汐动力的重要参考指标。统计国内外典型河口均在潮流界和潮区界，但由于河口形态、径流和潮流的不同，界面长度明显不同（表1.2-1）。

表1.2-1 国内外典型河口潮流界和潮区界变化特征（胡春宏 等，2003）

河口/距口门	长江口	黄河口	钱塘江口	闽江口	辽河口	密西西比河口	珠江口	西江	北江	东江
平均潮差/m	2.6	1.3	5.45	4.5	2.75	0.45	1.2	0.86~1.60		
潮区界长度/km	621	15	270	67	140	417	40~300	300	130	90
潮流界长度/km	319	3	170	57	92	—	80	160	90	60

近年来，国内外学者对入海江河口界面变化进行大量研究，也对界面潮区界和潮流界研究方法进行了系统总结（李佳，2004），潮区界位置一般为潮差近于零的位置（徐沛初 等，1993），潮流界采用流速（刘智力 等，2002）和盐度（宋兰兰，2002）来判定，长江口以流速法判定为主。通过不同手段对两个水动力界面进行研究，利用实测资料建立了界面位置与大通流量和江阴潮差之间关系图表，研究了界面年内特征值位置（徐沛初 等，1993），潮流界年均位置在江阴。但随着潮流和径流组合的不同，界面位置将发生调整，潮流界位置固定在江阴的说法并不确切（宋兰兰，2002）。利用数学模型研究了潮流界与径流、潮差及海平面的响应关系（李键镛，2007），也模拟研究了沿江抽饮水工程对潮流界位置变化的影响（李键镛，2007；沈红艳，2006），利用物理模型试验手段（沈焕庭 等，2009），研究了河口重点工程实施对潮流界和潮区界的影响。数学模型计算和物理模型试验的研究结果未能统一，但对认识界面位置与径流或是潮流关系的研究起到了积极作用。中国东江河口（贾良文 等，2006；谭超 等，2010）、闽江河口（姜传捷 等，1997；游小文，2006）的研究表明，河道采砂引起的河床下切是

多年来潮流界不断上溯的主控因素。综上分析,影响界面变化的短时间主要因素为径流和潮流,长时间尺度上地貌系统的调整也是因素之一。利用数学模型计算手段,研究了潮区界和潮流界年内位置变化和入海径流量的经验关系,并建立了相应的经验曲线,重点分析了洪季及枯季的均值位置(徐汉兴 等,2012;侯成程 等,2013;曹琦欣 等,2012;杨云平 等,2012)。综上分析,已有研究建立了界面位置与径流或潮流等关系,但位置变化上仅限于年内特征值。三峡及梯级水库蓄水运行后,长江入海径流的年内过程调整,同时,潮位过程也会出现相应的变化。因此,为研究三峡及梯级水库调蓄作用对河口水动力界面的影响,需研究河口径流过程、潮汐过程对水库调蓄过程的响应关系,进而预测三峡及梯级水库作用下对长江口径潮流水动力过程的影响趋势。

(2) 长江河口滞流点变化研究进展

滞流点是河口最大浑浊带形成的重要组成部分,也是表征河口拦门沙河段水动力的关键指标。滞流点概念最早见于 Simmons(1969)对优势流的论述,即在感潮河口将各测点的全潮流速过程线中落潮单宽流量过程线包络面积除以涨潮和落潮单宽流量绝对值之和,若商大于 50%,代表落潮优势流为主,商小于50%,代表涨潮优势流为主,其商为 50%时,表明涨潮落潮流程相等,这个位置即为滞流点位置。

随流量增加滞流点以正比关系向外海下移;潮差增加滞流点向口内上溯;海平面上升使得滞流点向口内上溯,移动距离与海平面抬升高度表现为二次曲线关系(沈焕庭 等,2009)。同时还对河口重大工程影响进行研究,大通站 30 000 m³/s,中潮方案下横沙东滩围垦和南北港分流口整治工程均使得滞流点向口内推进,前者上溯距离大于后者。数学模型计算成果表明,最大浑浊带核心部位与滞流点位置基本吻合,同时口门潮差增加,滞流点向陆移动,上游径流增加,滞流点向海移动(魏守林 等,1990)。基于改进的 ECOM 模型,研究了理想河口最大浑浊带与滞流点的关系,认为河口最大浑浊带位于滞流点处,上下游余流均向该处输运泥沙,造成该处泥沙汇合,而由流场辐合产生的上升流使得泥沙不易落淤(朱建荣 等,2001),同时研究了流量和海平面对最大浑浊带和滞流点的响应关系(朱建荣 等,2004)。沈焕庭等(1987)通过数学模型计算研究表明,拦门沙地形对盐水上溯起阻滞作用,能使滞流点和最大悬沙浓度中心位置向海移动。沈建和沈焕庭等(1995)应用机制分解法,研究了长江口余流流速变化,各汊道存在上层净向海、下层净向陆的河口环流现象,但发育程度和滞流点位置存在差异;在南槽滞流点位置最靠陆,环流发育明显,在北港滞流点位置最靠海,通过底层上溯水量最小,环流结构最弱;北槽环流结构介于北港和南槽之间,并认为上述特征与汊道的径流分配和水体层化程度是一致的。以往研究重点关注了滞流点形成机制,以及对径流量、潮汐及海平面的响应关系,对认识滞流点变化有重要意义。北槽 12.5 m 深水航道整治工程的实施,改变了南槽、北槽分流特征,北槽滞流点位置将如何调整,是研究北槽淤积分布特征的关键。本书编著者整理了历史时期和近期深水航道整治工程建设时期滞流点数据,分析不同入海流量条件下滞流点变化过程、趋势及成因。

1.2.2 河口水沙输移研究进展

(1) 河口悬沙浓度的分布特征

河口悬沙浓度分为垂向和水平形式分布,且存在明显的分层特征,近底层悬沙浓度一般大于表层。长江河口口门附近悬沙浓度和净输沙量在时间上有明显的涨落潮、大小潮和洪枯季变化,北港为长江入海粗颗粒泥沙的主要通道,而流域入海泥沙约50%沉积在南港口外的三角洲区域,入海后泥沙主要向东南方向偏转(沈焕庭 等,1986)。北槽口内最大浑浊带形成的主要动力过程为潮汐不对称性和河口重力环流,口外最大浑浊带形成的主要动力过程则是河口底部泥沙周期性再悬浮,而盐度和悬沙浓度引起的"层化抑制紊流"也是长江口北槽口内、口外最大浑浊带成因机制之一(时钟 等,2000)。1982 年实测数据分析显示,悬沙浓度平面分布不均,呈西高东低、南高北低的分布格局,垂线上底层大于表层,涨潮和落潮过程中含沙量表现为斜线型、抛物线和混合型 3 种不同的分布特征(万新宁 等,2006)。南汇边滩区域含沙量一般为洪季高于枯季,杭州湾水域为冬季高于夏季,且长江口和杭州湾存在明显的泥沙交换过程(左书华 等,2010)。通过 2003 年 2 月和 7 月长江口江阴—口外悬沙浓度监测显示,江阴至徐六泾节点河段主要受径流影响,悬沙浓度比较稳定,而在徐六泾以下多级分汊区段,由于各汊道分流比等因素的不同,悬沙浓度的分布也存在差异(左书华 等,2006)。2002—2005 年实测数据显示,悬沙浓度存在明显的潮汐和季节特征,悬沙浓度与潮差之间存在明显的滞后效应(邰昂 等,2008)。长江口外悬沙浓度空间上以杭州湾最高,其次是长江口内,长江口外和舟山海域最低,平面上近岸高,纵向上口内到口外为低-高-低的分布特征(何超 等,2008;陈沈良 等,2004)。长江口南港底沙再悬浮浓度的主要影响因子是盐度、流速、水深和悬沙粒径,再悬浮浓度与流速、盐度、水深和悬沙粒径的线性回归关系显著,相关系数达 0.91,且流速、水深和粒径与之呈正相关关系,盐度与之呈负相关关系(蒋智勇 等,2002)。2003 年和 2004 年长江口悬沙浓度季节和潮型变化数据显示,河口区域悬沙浓度并未出现显著的减小趋势(翟晓明,2006)。综上分析,河口悬沙浓度分布与径流、潮流、风浪、盐度等有关,在长江河口段以内径流、潮流为主要影响因素。

(2) 最大浑浊带形成机制

最大浑浊带的概念最早见于 Gironde River 河流的研究中,明确提出河口存在最大浑浊带(Glangeaud et al.,1938)。河口最大浑浊带是河口泥沙沉降和再悬浮交互区域,水动力和泥沙沉降关系上对应着滞流点和滞沙点,浑浊带区域悬沙浓度变化直接影响该区域河槽和前缘潮滩发育。最大浑浊带广泛存在于潮汐河口,是河口拦门沙形成的必要条件(黄胜 等,1993;贺松林 等,1993)。沈焕庭(2001)指出,河口最大浑浊带是一个与河口环流、潮汐动力、沉积物侵蚀及沉积等直接联系的动态现象,且广泛存在于潮汐河口,尤其是盐淡水混合的大型河口区域。长江口南槽最大浑浊带发育主要是由于"潮泵效应"和盐水异重流引起的床底侵蚀和泥沙再悬浮作用。另外,动水絮凝和滩槽之间泥沙交换,也对最大浑浊带的形成与发育有重要影响(张文祥 等,2008)。北槽滞流点分布在上游 19～23 km 和下游 30～45 km 范围内,是其最大浑浊带的主要分布区域,一期工程虽然改变了局部流场并引起河床调整,但诸如含沙量、输沙量、盐度等因素的分布并未发生显著调整,这些因素综合作用使得最大浑浊带的位置基本保持稳定,即一期工程并未对北槽最大浑浊带的发育机制和分布造成明显影响(周海 等,2005)。长江口枯水时期走航断面数据显示,中潮期"潮泵"作用和河口重力环流作用,是该地区最大浑浊带形成的重要动力(高建华 等,2005)。长江口各汊道最大浑浊带形成机理不同:南槽以斯托克斯漂移和潮汐捕集作用占优势,对最大浑浊带的形成有重要作用;北港以平均流输沙及垂向净环流输沙占优势,垂向环流是其最大浑浊带形成的主要因素;北槽介于南槽和北港之间(沈健 等,1995)。河口存在潮流不对称和重力环流作用,大量泥沙向滞流点辐聚作用形成最大浑浊带,且含沙量高、泥沙絮凝沉速快、潮流强劲引起床沙再悬浮作用及输沙能力强(李九发 等,1994)。同时,也有研究认为泥沙沉积和再悬浮动力过程是长江口最大浑浊带的主导因子,在潮周期特定时段,泥沙对流搬运在最大浑浊带边缘区域占主导作用(周华君,1994)。综上分析,河口最大浑浊带形成的必要条件是泥沙再悬浮,影响因素为潮泵效应、环流、盐度和余流等。

(3) 河口悬沙浓度变化趋势

自20世纪80年代以来,长江流域入海大通站的沙量和悬沙浓度为锐减趋势(Dai et al.,2008,2009),伴随进入河口区域的泥沙量显著减少,河口区悬沙浓度将出现一定调整。1998—2001年期间,徐六泾、佘山和横沙测点悬沙浓度未出现明显下降,得以维持的原因为泥沙再悬浮作用(金镠 等,2006)。2003年和2004年洪季与枯季长江口悬沙浓度与多年比较并未出现减少态势(翟晓明,2006)。上述结论在理论上支持了Dyer(1995)在国外河口研究成果,即典型河口在输入泥沙较低情况下,河口区域也能维持较高的悬沙浓度。2003—2005年与1982年长江口悬沙浓度进行比较,其悬沙浓度较1982年已明显减小(何超 等,2008)。2009年与2003年前长江河口海滨和杭州湾局部区域悬沙浓度进行比较,也存在减小趋势(Li et al.,2012)。综上分析,长江河口区域悬沙浓度是否减小存在较大的争议,有待于进一步明确。最大浑浊带是河口泥沙的敏感区域,全球不同河口其悬沙浓度的决定因素不同。例如,Ashepoo河口径流量变化对悬沙浓度影响显著(Blake et al.,2001),Tweed河口悬沙浓度受风速和径流影响较大(Uncle et al.,2000),Mersey河口悬沙浓度主要受径流和潮流控制(Ma et al.,2009)。中国学者对长江河口最大浑浊带悬沙输运过程(Shi et al.,2004)和输运机制(Jiang et al.,2013)进行相关研究,探讨了悬沙浓度季节、潮型等变化。Mekong河在1993年修建Mawan大坝后11年中,进入河口的泥沙量明显减少(Webster et al.,2002),同时,悬沙浓度也相应降低(Kummu et al.,2007;Lu et al.,2006)。应用遥感影像手段,估算了长江口表层悬沙浓度分布和变化趋势,认为长江口浑浊带出现一定的减小趋势(Dai et al.,2013;Jiang et al.,2013)。1989—2008年期间的遥感影像数据显示,长江河口海滨区表层悬沙浓度出现减小态势(毕世普 等,2011)。基于1974—2009年期间遥感信息数据,分析了长江口南支和北支表层水体悬沙浓度变化特征(陈勇 等,2012)。综上分析,长江河口最大浑浊带悬沙浓度是否减小仍存在一定的争议,研究限于表层水体,未能综合考虑径流和潮流差异引起悬沙浓度的变化。本书编著者以近60年实测悬沙浓度数据为基础,研究区域涵盖南北支、南北港、南北槽和最大浑浊带区域,分析了相同径流和潮流组合下的悬沙浓度变化特征及趋势,并初步预测了三峡及梯级水库运行条件下的变化趋势。

1.2.3 沉积物变化特征及沉积物分布

稀土元素主要富集在 $d<0.031$ mm 细颗粒中(周晓静,2009);黑碳(黄亮等,2012)和有机质(于培松 等,2011;王华新 等,2011;章伟艳 等,2009)含量与沉积物平均粒径相关性较好;沉积物颗粒越细,营养元素含量越高(Lu et al.,2005);有机磷、自生磷灰石磷以及难降解有机磷是 $d<0.008$ mm 粒级沉积物中磷的主要组成成分,碎屑磷主要集中在 $d>0.032$ mm 粒径级中(何会军 等,2009)。类似研究较多,河口海滨区域营养盐和离子输运与沉积物细颗粒泥沙的关系密切。

(1) 长江口沉积物分布特征

20世纪90年代实测数据显示,长江河口表层沉积物分布格局为水下环境粗于潮滩,口内河道粗于口外海滨,南支粗于北支,北港粗于南港,纵向上逐渐变细,横向上表现为深槽粗于浅滩(杨世伦,1994),2003—2005年的实测数据显示,长江口表层沉积物分布特征未发生变化(刘红 等,2007;陈沈良 等,2009)。通过三峡水库蓄水初期(2003年)和一期蓄水时期(2006年)数据比较发现,表层沉积物的总体分布格局未变化,砂和黏土百分含量增加,粉砂减少(董爱国,2008;董爱国 等,2009)。2003—2006年期间,长江口表层沉积物分布格局也未发生调整,随着三峡水库蓄水时间延长和河口整治工程的实施等综合影响,分布格局是否出现新的调整,有待于进一步研究。长江口外海滨区域表层沉积物来源不同,其中粒径 $d<0.032$ mm 来自陆源泥沙,$d>0.063$ mm 来自陆架残留沉积物的改造和再搬运(张晓东 等,2007)。同时以123°作为内陆细粒沉积物和陆架粗颗粒沉积物地理分界,即内陆架的细颗粒是现代近岸沉积,外陆架粗颗粒沉积物是残留沉积(田姗姗 等,2009)。2002年9—10月,长江口外海滨数据与20世纪60—80年代资料进行比较,口外海滨区域砂百分比等值线向口内移动,黏土区域的面积减小,引起三角洲南部表层沉积物粗化态势(庄克琳 等,2005;庄克琳,2005)。利用2008年1月实测数据,并与文献(秦蕴珊 等,1982)比较了砂、粉砂和黏土等值线的变化趋势,初步总结了长江口的"源""汇"效应(罗向欣,2012;罗向欣 等,2012;Luo et al.,2012)。长江流域入海悬沙颗粒已出现细化趋势,且泥沙量也为减少态势,长江口沉积物颗粒特征如何调整,在已有研究中涉及较少。本书编著者在长江流域入海泥沙颗粒和沙量变化分析的基础上,研究了河口及邻近陆架区域悬沙和沉积物颗粒变化趋势,并以砂-泥分界线和泥质区面积为代表对象,分析其与水动力和泥沙通量的关系。

(2) 长江口入海泥沙的沉积过程

长江流域入海悬沙由于粒径的不同沉积过程也存在差异,研究不同粒径泥沙在河口沉积是研究地貌与流域入海泥沙通量关系的前提。长江口横沙浅滩沉积以细粉砂为主,水下三角洲沉积物以黏土质粉砂为主,横沙浅滩及邻近海域沉积物的平面分布和垂向分布均反映了横沙浅滩沉积物和水下三角洲沉积物的组合结构(徐海根 等,2013),同时,在横沙区域岸滩沉积物整体上为"北粗南细"分布格局(计娜 等,2013)。长江口 EC2005 孔泥质沉积物主要来源于长江,其平均贡献量为 93.7%,没有识别出黄河物质。长江口拦门沙区域前缘潮滩沉积物主要以细颗粒为主,近期有粗化趋势(Yan et al.,2011;闫红 等,2009)。长江口 SC09 沉积物细颗粒敏感组分变化特征与长江入海泥沙颗粒存在联动关系,而沉积物粗颗粒敏感组分的变化,体现了风暴潮等极端天气事件对该区域的影响,也与历史上长江入海主泓位置的变化有关(张瑞 等,2011)。长江南支口外调查区内沉积物以黏土质粉砂等细颗粒物质组成为主,从口门往海方向粒度逐渐变小,在靠近河口区沉积物粒度变化大(胡刚 等,2010)。综上分析,长江河口区域拦门沙、前缘潮滩和水下三角洲区域沉积物来自流域,主要沉积物类型为黏土或是粉砂,即该区域地貌系统的演变主要受流域入海细颗粒泥沙影响。

1.2.4 长江口地貌变化研究进展

流域人类活动对河流自然属性干扰越来越大,通过传递效应已经影响到河口区域,并且流域水库建设成为影响进入河口泥沙量最主要的因素(Waling et al.,2003)。近百年来,由于流域大量修建水坝或调水工程,全球诸多河流的入海沙量急剧减少,使得河口三角洲发生侵蚀,特别是口门附近区域(Trenhaile,1997)。同时,河流入海泥沙量的变化不仅会引起三角洲淤涨速率改变,还可能导致冲淤性质的转变(Syvitski et al.,2005)。例如,密西西比河因梯级筑坝和人类活动的增加,流域入海泥沙总量由 4.0 亿 t/a 减小到 1.6 亿 t/a,致使河口三角洲平原陆地面积消失速率达 100 km^2/a,并有增大趋势(任美锷,1989)。20 世纪初尼罗河入海沙量达 1.2~1.4 亿 t/a,在流域修建水库后,90% 的河流泥沙被拦截在水库里(Stanley et al.,1998),导致河口主要入海水通道附近海岸出现高达 10^6 m^3/a 的侵蚀速率(Fanos,1995)。西班牙埃布罗河在 Ribarroja-Mequinenza 大坝修建后,约 96% 的河流泥沙被拦截,首先河口区出现冲刷,随后整个三角洲淤积停止并出现侵蚀(Saknchenz et al., 1998)。黄河入海泥沙自20世纪50年代的13亿t/a,减小到90年代的3.9亿t/a,2002年仅为0.5亿t/a,河口三角洲出现严重侵蚀(Yang et al., 2004)。类似实例较多,在流域修建水利工程后三角洲区域均出现不同程度的淤涨减缓或侵蚀。

(1) 基于沉积学概念的长江口沉积速率

通过整理长江河口基于核素^{210}Pb和^{137}Cs测定的长江口区域沉积速率变化文献,结果表明:ZM11柱状1950—2007年平均沉积速率为2.50 cm/a,近期1998—2000沉积速率为9.50 cm/a,2001—2007年沉积速率为3.90 cm/a(王昕等,2012),近10年间沉积速率为减小趋势。长江河口18#柱状采样^{137}Cs得到柱状1954—1964年的沉积速率为5.90 cm/a,1964—2006年减小为3.36 cm/a,而^{210}Pb得到120~225 cm深度沉积速率为5.47 cm/a,对应的10~100 cm深度沉积速率为4.58 cm/a,对比两种沉积速率开始减小的时间为1968—1972年,并且采样区域表层可能出现了侵蚀现象(王昕 等,2012)。长江口Sc03和Sc06柱样1959—1964年期间沉积速率分别为4.80 cm/a和2.40 cm/a,在1964—2006年期间分别为1.40 cm/a和1.80 cm/a,沉积速率有减小趋势(庞仁松 等,2011)。长江口CJ16柱状40~100 cm区段沉积速率为3.11 cm/a,0~40 cm则减小为1.95 cm/a,CJ19柱状35~100 cm区段沉积速率为2.70 cm/a,0~20 cm区段减小为1.04 cm/a,CJ21柱状30~110 cm区段沉积速率为5.28 cm/a,而0~30 cm为2.68 cm/a(王安东 等,2010),可见,沉积速率表现为一定的减小趋势。长江口外MJ51柱状在0~60 cm区段沉积速率为0.83 cm/a,100 cm以下沉积速率为2.52 cm/a,MJ96柱状在1954—1964年期间沉积速率大于10.00 cm/a,1964—1996年期间沉积速率均值为3.47 cm/a(李亚男 等,2012),也呈现减小趋势。长江口三角洲区域C1~C5柱状采样,1996—2006年期间^{210}Pb得到的沉积速率较1965—1975年期间大幅度减小(Gao et al., 2011)。上述测点均在长江口口外沉积速率较大的核心区域,体现了流域入海泥沙在长江口三角洲近50年不同时段的沉积过程,即长江口典型区域的沉积速率在近几十年为减小趋势,流域入海水、沙通量变化下河口将出现一定的淤涨减缓,甚至是侵蚀。

(2) 前缘潮滩地貌系统演变与水、沙通量关系

长江河口前缘沙洲包括:南汇边滩、崇明东滩和浅滩、九段沙和江亚南沙及横沙东滩和浅滩4个沙洲。1977—2000年期间,长江河口南汇边滩、九段沙与江亚南沙、横沙东滩及崇明东滩4个沙洲0 m以上和0~−5 m之间淤涨速率呈

减小趋势,甚至转为侵蚀(杨世伦 等,2005;杜景龙,2012),同时-5 m以上滩涂面积减少约10%(杨世伦 等,2009)。1879—2004年期间九段沙处于淤涨趋势(胡红兵 等,2001),而1998—2008年期间淤涨速率较1958—1998年有所减缓,虽然1997—2003年受北槽深水航道工程的影响淤涨较快,但等深线延伸速率降低(王赋 等,2005)。横沙东滩-5 m等深线自1958年向东南推进,2004年面积较1958年表现为淤涨(Jiang et al.,2012),在深水航道治理过程中九段沙和横沙东滩面积较1994年也表现为淤涨(王随继 等,2007)。1977—2004年期间,伴随入海沙量的减少,崇明东滩向海侧淤涨速率下降(杨世伦 等,2006)。南汇边滩在1842—2004年期间存在冲刷和淤积旋回现象,但2004年较1958年面积表现为淤涨(火苗 等,2010)。统计1983—1999年期间南汇边滩的平均淤涨速率约为4.62 cm/a(陈沈良 等,2002)。数学模型研究表明(刘曙光 等,2010),南汇边滩在三峡水库蓄水后5~20年基本稳定,上游来沙减少不会造成大幅的冲刷,仍维持东南方向演变。以往关于长江口前缘沙洲相关研究对认识其演变有重要意义,但研究偏于单个沙岛面积变化。长江口前缘沙洲处于不同入海汊道,受其分流分沙比影响,其淤涨速率各异,将其综合考虑更有利于认识流域入海泥沙特征变化对沙洲淤涨速率的影响。沙洲在淤涨和侵蚀过程中存在一个临界状态,该状态淤涨速率和侵蚀速率相等,达到冲淤平衡。黄河口三角洲演变过程中存在临界的入海沙量使其处于冲淤平衡状态(李希来 等,2001;许炯心,2002)。长江口水下三角洲同样存在某一临界泥沙量数值,使得三角洲不同区域处于冲淤平衡(杨世伦 等,2003)。已有研究中,重点关注了入海泥沙量对长江口前缘潮滩演变的影响,对径流量造床作用关注较少。随着长江流域入海沙量锐减,三峡及梯级水库蓄水后加速了减小速率,虽然径流量变化不大,但年内过程因蓄水作用出现调整,同时大洪水过程被大幅削减,即径流量或是流量对河口前缘潮滩演变是至关重要的。

(3) 水下三角洲地貌系统演变与水、沙通量关系

国内学者对长江河口水下三角洲演变规律与流域入海沙量的关系进行了系统研究,并建立了水下三角洲典型区域演变与流域入海沙量之间关系,评价了流域入海沙量减少情况下三角洲发育趋势(Fanos et al.,1995;Carriquiry et al.,1999;Mikhailova et al.,2003)。在已有研究中,将入海水量、沙量或是含沙量单一地用来作为三角洲淤涨-侵蚀临界条件的判定指标时,在理论上不够严谨,主要是径流量增加超过输沙量的增加比例时,含沙量会降低(Yang et al.,

2003)。长江流域入海径流量和输沙量均存在丰—平—枯 3 种变化,存在 9 种水沙组合方式,这也表明径流量和输沙量不同步性较强。长江口存在洪水造床作用,一般认为入海流量大于 60 000 m³/s 时(长江口造床流量 60 400 m³/s)中、下游河道水位明显抬升,河道有明显的冲淤变化,洪峰流量大于 70 000 m³/s 时,新生汊道及切滩窜沟频频出现(巩彩兰 等,2002)。尤其是 1954 年和 1998 年两次大洪水,均对长江口水下三角洲冲淤产生较大影响,重要事件为北槽冲开形成。在黄河口三角洲演变研究中,流域入海径流量和输沙量均是塑造三角洲的驱动力,共同决定着三角洲地貌演变趋势(李希来 等,2001;许炯心,2002)。综上,流域入海径流量和输沙量的变化均会引起水下三角洲演变发生明显的冲淤变化,而长江口三角洲以往研究中对径流量影响考虑略显不足。

1.3 本书主要内容

第 1 章:绪论。说明本文的研究背景和意义,总结国内外河口界面变化、滞流点和滞沙点、悬沙分布、悬沙浓度、最大浑浊带、沉积物颗粒特征、沉积速率、水下三角洲和前缘沙洲等研究现状,并提出本书编写的重点。

第 2 章:流域人类活动对长江入海水沙通量影响研究。总结了三峡大坝下游径流量、输沙量及年内过程变化,并分析了入海径流量及输沙量的组成关系。

第 3 章:长江口径潮流水动力平衡关系及调整趋势研究。依据长江河口近期实测数据,分析了河口径流和潮汐过程及对三峡及梯级水库调蓄的响应,并确定了潮区界和潮流界随径流和潮流改变的变化过程,并揭示界面变化对三峡及梯级水库调蓄的响应,明确水库蓄水对河口水动力的影响;结合北槽深水航道不同建设时期研究了南槽和北槽滞流点的变化过程。

第 4 章:流域水沙变化条件下长江口泥沙输移过程及趋势。基于 1958—2012 年长江口实测悬沙浓度数据,得到长江口南支河段、南港、北港、南槽、北槽及口外海域环境悬沙浓度的变化趋势,建立其与水动力和泥沙通量关系,并预测三峡及梯级水库作用下发展趋势;在研究过程中重点关注最大浑浊带区域悬沙浓度变化趋势、位置及成因;最后探讨了北槽悬沙浓度变化趋势及其对深水航道整治工程的响应。基于 1958—2012 年实测数据,揭示入海泥沙不同颗粒来源基础上,分析河口区域不同颗粒泥沙输运过程、变化趋势及成因;总结了长江口表层沉积物的变化趋势,并通过河口邻近陆架区域砂-泥分界线和泥质区面积变化，阐述其与水动力和泥沙通量关系。

第 5 章：长江口地貌演变与入海水沙条件通量响应关系。基于近 50 年来长江口实测的地貌数据，研究了南支河段地貌变化、沙洲演变、河槽形态的变化趋势及成因；研究了南港和北港地貌变化对水动力和泥沙通量的响应过程；建立了前缘潮滩、水下三角洲区域地貌变化与流域入海水、沙通量经验关系，并初步预测了三峡及梯级水库作用下长江口水下三角洲演变趋势和冲刷极限年份。

第 6 章：主要结论。总结本书取得的主要结论，依据最新的研究现状预判今后一段时间长江口科学研究的主要发展趋势。

第 2 章 流域人类活动对长江入海水沙通量影响研究

长江入海水文控制站为大通站,本章重点分析大通水文站径流量、输沙量的总量变化,并分析水沙通量的年内过程变化特征,识别入海径流量及输沙量的构成关系。

2.1 长江入海径流变化

2.1.1 径流总量变化

长江中下游干流各水文站径流量整体上变化不大,无明显增减趋势(表2.1-1)。2003—2016年与1955—2002年期间比较,宜昌站、枝城站、沙市站、螺山站、汉口站及大通站均出现一定程度的减少,减幅分别为7.13%、8.36%、4.02%、5.99%、4.16%和3.90%,监利站增幅约为2.55%。

表 2.1-1 长江中下游干流径流量变化统计表

单位:$10^8 m^3$

时段	宜昌	枝城	沙市	监利	螺山	汉口	大通
1955—1970	4 391	4 509	3 887	3 208	6 416	7 029	8 737
1971—1980	4 185	4 322	3 789	3 514	6 150	6 758	8 508
1981—1990	4 434	4 570	4 075	3 891	6 404	7 178	8 890
1991—2002	4 286	4 339	4 001	3 816	6 606	7 261	9 524
2003—2016	4 022	4 068	3 776	3 657	6 022	6 767	8 571
1955—2002	4 331	4 439	3 934	3 566	6 406	7 061	8 918
变化率	−7.13	−8.36	−4.02	2.55	−5.99	−4.16	−3.90

注:变化率为2003—2016年与1955—2002年比较。

1955—2015 年期间,宜昌站、枝城站、沙市站、监利站、螺山站、汉口站径流量最小年份均为 2006 年,大通站径流量最小年份为 2011 年(图 2.1-1);宜昌站、枝城站、沙市站、监利站、螺山站、汉口站和大通站的径流量最大年份均为 1998 年。各水文站年径流量最大值和最小值比值分别为 1.84、1.83、1.71、1.62、1.79、1.70 和 1.86。

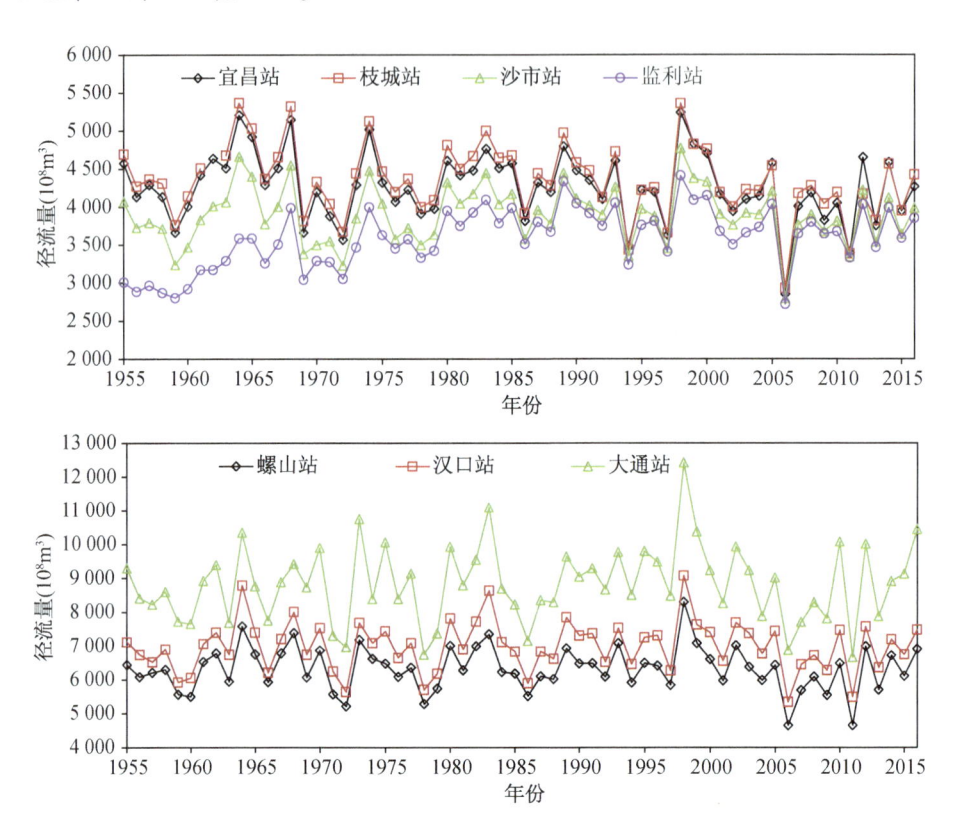

图 2.1-1 长江中下游干流径流量变化

2.1.2 径流过程变化

2003—2008 年与 1991—2002 年比较(图 2.1-2),长江中下游主要水文控制站的月均流量变化特点为:10 月和 11 月流量为减少趋势,与三峡水库汛后蓄水时间对应;12 月至次年 4 月的月均流量变化不大;6—8 月期间流量为减少趋势,主要与三峡水库削峰作用有关,同时也与气候变化下的径流量偏少有关;9 月份的月均略有增加。

2009—2015 年与 1991—2002 年比较(图 2.1-2),长江中下游主要水文控制站的月均流量变化特点为:9 月至 11 月流量均为减少趋势,与三峡水库汛后蓄水时间对应;12 月至次年 5 月的月均流量为增加趋势,说明三峡水库枯水期的补水作用显著;6—8 月期间流量为减少趋势,主要与三峡水库削峰作用有关,同时也与气候变化下的径流量偏少有关。2009—2016 年与 2003—2008 年比较,月均流量的变化特点与 1991—2002 年相类似。

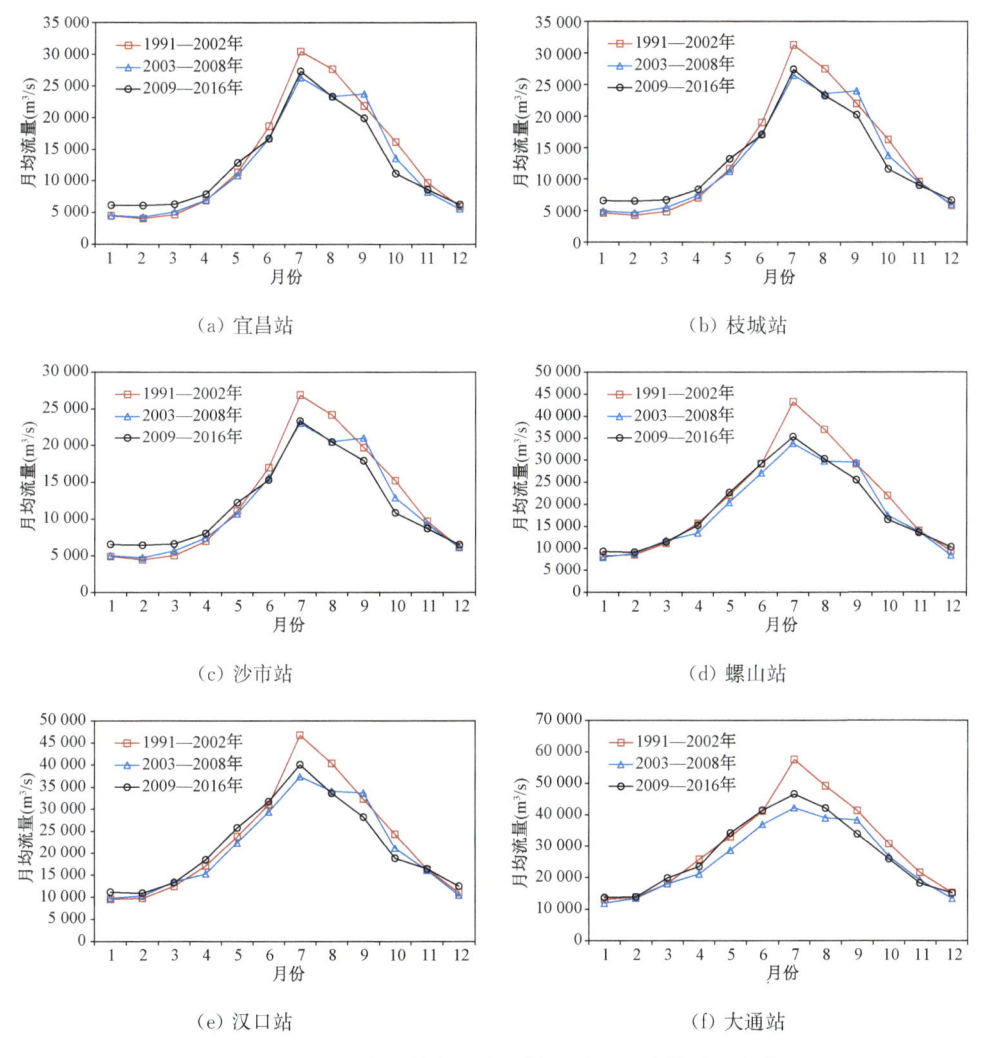

图 2.1-2 长江中下游主要水文控制站月均流量过程变化

2.2 长江入海径流的来源组成及贡献

从流域角度分析,入海径流量的流域来源为三峡大坝上游、洞庭湖区、汉江、鄱阳湖区及区域支流等,采用区间水量平衡关系分析入海径流量的组成关系。

2.2.1 洞庭湖径流量组成

2.2.1.1 三口分流比变化

三峡工程蓄水运用前,受下荆江系统裁弯、葛洲坝水利枢纽等导致荆江河床冲刷下切、同流量水位下降,同时三口分流道的河床淤积,以及三口口门段河床调整等因素影响,荆江三口的分流能力一直处于衰减之中。三峡工程蓄水运用后,2003—2015年三口分流比为11.68%,较蓄水前1999—2002年期间减幅为2.36%,较三峡水库蓄水前各阶段的平均减幅明显降低(表2.2-1,图2.2-1)。

表 2.2-1 洞庭湖三口不同时段平均径流量及分流比对照表

起止年份	枝城	新江口	沙道观	弥陀寺	康家岗	管家铺	三口合计	三口分流比(%)
1956—1966	4 515	322.6	162.2	209.7	48.8	588.0	1 331.6	29.49
1967—1972	4 302	321.5	123.9	185.8	21.4	368.8	1 021.4	23.74
1973—1980	4 441	322.7	104.8	159.9	11.3	235.6	834.3	18.79
1981—1998	4 438	294.9	81.7	133.4	10.3	178.3	698.6	15.74
1999—2002	4 454	277.7	67.2	125.6	8.7	146.1	625.3	14.04
2003—2016	4 122	236.9	52.4	85.9	3.9	102.6	481.6	11.68

2.2.1.2 洞庭湖区水量平衡计算

把洞庭湖作为闭合系统,计算湖区的径流量平衡关系:入流为三口、四水以及湖区区间产流等,其中湖区区间包含了降雨等引起的产汇流,是集降雨、蒸发、取水、渗流等综合要素下的平衡径流量;出流为城陵矶站入长江干流。1955—2015年期间,各时段洞庭湖三口汇入径流量为减少趋势,四水入汇的径流量在20世纪90年代最大,其余时段变化不大;三峡水库蓄水前洞庭湖湖区的汇流量为增加趋势,蓄水后的2003—2016年期间略有减少(图2.2-2a)。在径流量组成上,1955—2015年期间,三口汇流量占城陵矶站出流的比例为减少趋势,四水和湖区的汇流量占城陵矶站出流比例均为增加趋势(图 2.2-2b)。

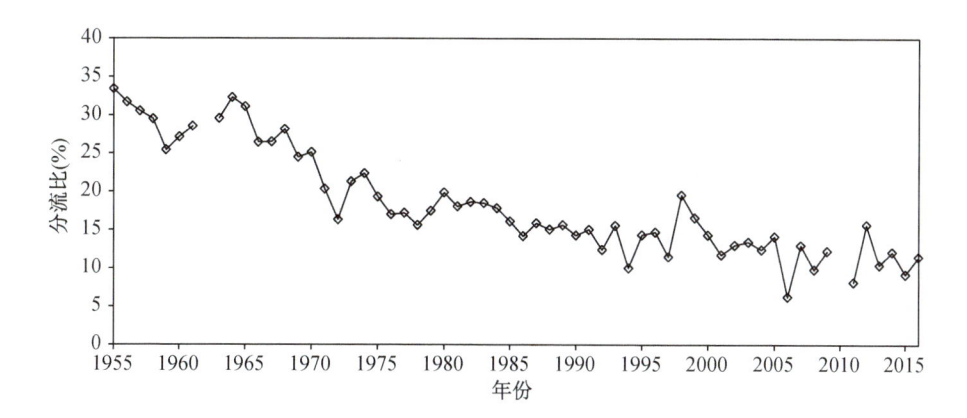

图 2.2-1　洞庭湖三口分流比变化

(a) 径流量

(b) 径流量组成

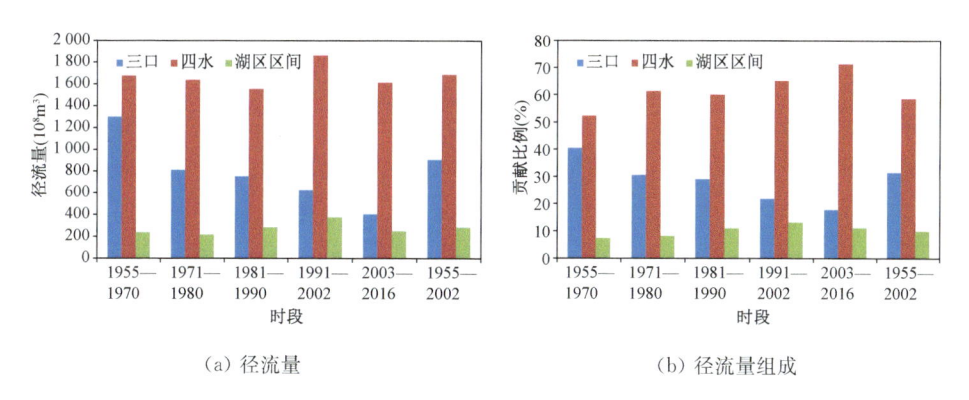

图 2.2-2　洞庭湖湖区水量平衡及组成

2.2.1.3　洞庭湖对长江干流径流量的贡献

洞庭湖分流和汇流影响河段为枝城至螺山河段,以螺山站径流量为基础,分析枝城以上径流量、洞庭湖水量交换及区间产汇流等对干流螺山站径流量的贡献。螺山站径流量主要来自上游枝城站以上,1955—2002 年和 2003—2016 年的比例分别为 69.3% 和 67.56%,来自洞庭湖水体交换的比例分别为 30.81% 和 30.97%,枝城—螺山段长江干流河道区间的比例为 −0.11% 和 1.46%(图 2.2-3)。

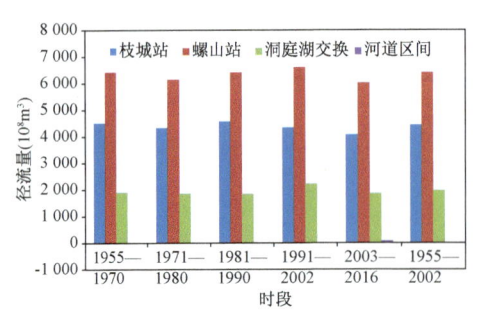

(a) 径流量变化　　　　　　　　　　(b) 径流量组成百分比

图 2.2-3　枝城站—螺山站径流量组成

2.2.2　汉江对长江干流径流量的贡献

汉口站的径流量组成为上游螺山站、汉江入汇及河道区间汇流,其中河道区间汇流包含了皇庄站至入江口门、螺山—汉口区间的产汇流。汉口站径流量主要来自上游螺山站以上,1955—2002 年和 2003—2015 年的比例分别为 90.71% 和 88.99%,来自汉江流域的比例分别为 6.59% 和 6.18%,汉江皇庄以下及螺山—汉口段长江干流河道区间的总比例为 2.70% 和 4.83%(图 2.2-4)。2014—2015 年期间,汉江皇庄站径流量占汉口站总径流量的比例为 3.83%,低于 2003—2013 年期间的 6.86%,南水北调工程调水作用是汉江流域径流量偏低的主要原因。

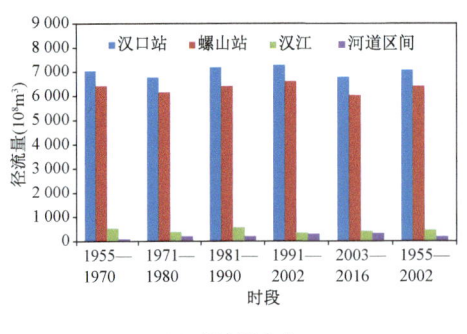

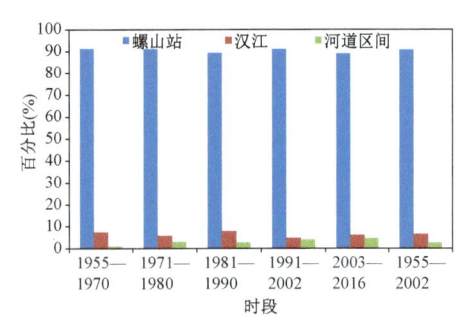

(a) 径流量变化　　　　　　　　　　(b) 径流量组成百分比

图 2.2-4　螺山站—汉口站径流量组成

2.2.3 大通站径流量组成

大通站径流量主要来自上游汉口站、鄱阳湖入汇径流量以及汉口—大通河段干线河道区间的降雨及汇流(图2.2-5)。1955—2002年和2003—2015年来自汉口站的比例分别为79.18%和78.95%，来自鄱阳湖入汇的比例分别为16.87%和17.51%，汉口—大通站长江干流河道区间的比例为3.95%和3.54%，比例变化较小。

(a) 径流量变化　　　　　　　　　(b) 径流量组成百分比

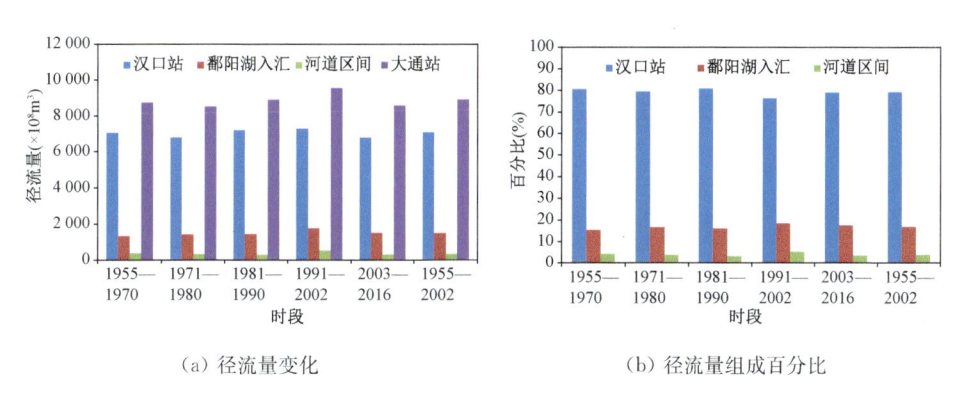

图 2.2-5　汉口站—大通站径流量组成

2.2.4 长江中下游径流量组成及贡献

宜昌站至枝城站之间由于清江入汇，径流量为增加趋势；枝城站至监利站之间存在洞庭湖三口的分流作用，径流量沿程减少；监利站至大通站之间分别存在洞庭湖、汉江、鄱阳湖及河道区间的入汇作用，径流量沿程增加(图2.2-6)。

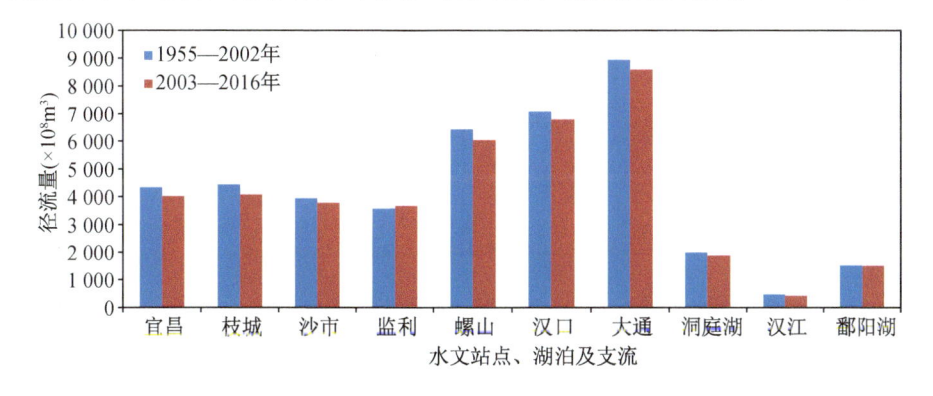

图 2.2-6　长江中下游各水文站、湖泊及支流的径流量变化

1955—2002 年和 2003—2016 年期间,大通站径流量来自宜昌站的比例分别为 48.56% 和 46.93%,洞庭湖分汇(城陵矶径流量与三口分流量的差值)的比例分别为 22.13% 和 21.76%,汉江入汇的比例分别为 5.22% 和 4.88%,鄱阳湖入汇的比例分别为 16.87% 和 17.51%,宜昌站—大通站河道区间产汇流的比例分别为 7.22% 和 8.93%(图 2.2-7)。整体上,大通站径流量组成的比例关系相对稳定。

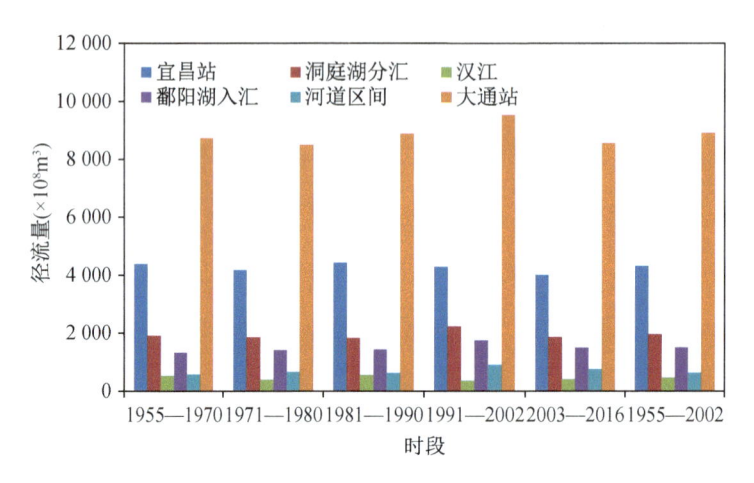

(a) 径流量

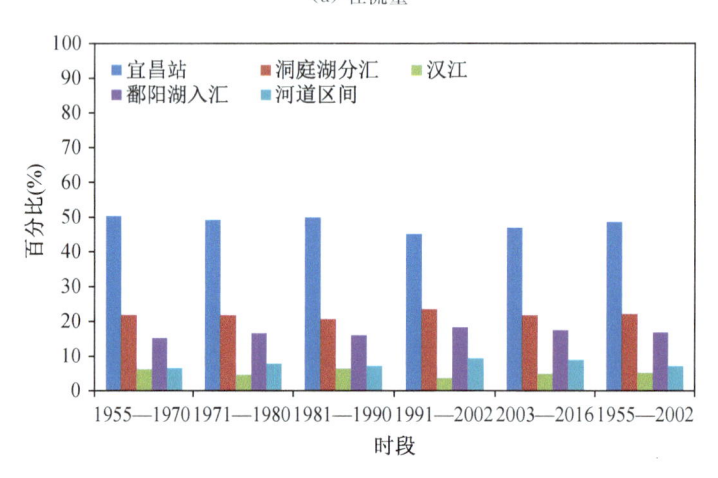

(b) 径流量组成百分比

图 2.2-7 宜昌站—大通站径流量组成

2.3 长江入海泥沙量变化

2.3.1 输沙总量变化

1955—2015 年期间(表 2.3-1),长江中下游干流各水文站的输沙量均为减少趋势。2003—2015 年与 1955—2002 年期间比较,宜昌站、枝城站、沙市站、监利站、螺山站、汉口站及大通站的减幅分别为 92.28%、90.91%、86.52%、81.10%、78.29%、74.31%和 67.14%,减幅向下游逐渐减少。

表 2.3-1　长江中下游干流输沙量变化统计表　　　单位:10^8 t

输沙量 年份 水文站	宜昌	枝城	沙市	监利	螺山	汉口	大通
1955—1970	5.44	5.56	4.32	3.72	4.16	4.50	4.99
1971—1980	4.80	4.89	4.51	3.96	4.50	4.12	4.26
1981—1990	5.41	5.79	4.67	4.61	4.67	4.17	4.27
1991—2002	3.92	3.95	3.52	3.15	3.20	3.12	3.27
2003—2015	0.38	0.46	0.57	0.72	0.89	1.03	1.40
1955—2002	4.92	5.06	4.23	3.81	4.10	4.01	4.26
变化率(%)	−92.28	−90.91	−86.52	−81.10	−78.29	−74.31	−67.14

注:变化率为 2003—2016 年与 1955—2002 年比较。

1955—2016 年期间,宜昌站、枝城站、沙市站、监利站、螺山站、汉口站和大通站的输沙量最小年份分别为 2015 年、2015 年、2015 年、2016 年、2011 年、2006 年和 2011 年,最大年份分别为 1998 年、1998 年、1968 年、1988 年、1981 年、1964 年和 1964 年。各水文站的输沙量自 20 世纪 80 年代开始出现阶段性减少,三峡水库蓄水初期减幅增加,2006 年以来减幅有所降低,输沙量维持较低水平(图 2.3-1)。

2.3.2 输沙年内变化

1987 年以来,长江中下游及流域入海大通水文站的输沙率均为减少态势。在年内过程上,洪季各水文站的输沙率减小值高于枯季,其中 7 月的数值减小程度最大(图 2.3-2)。

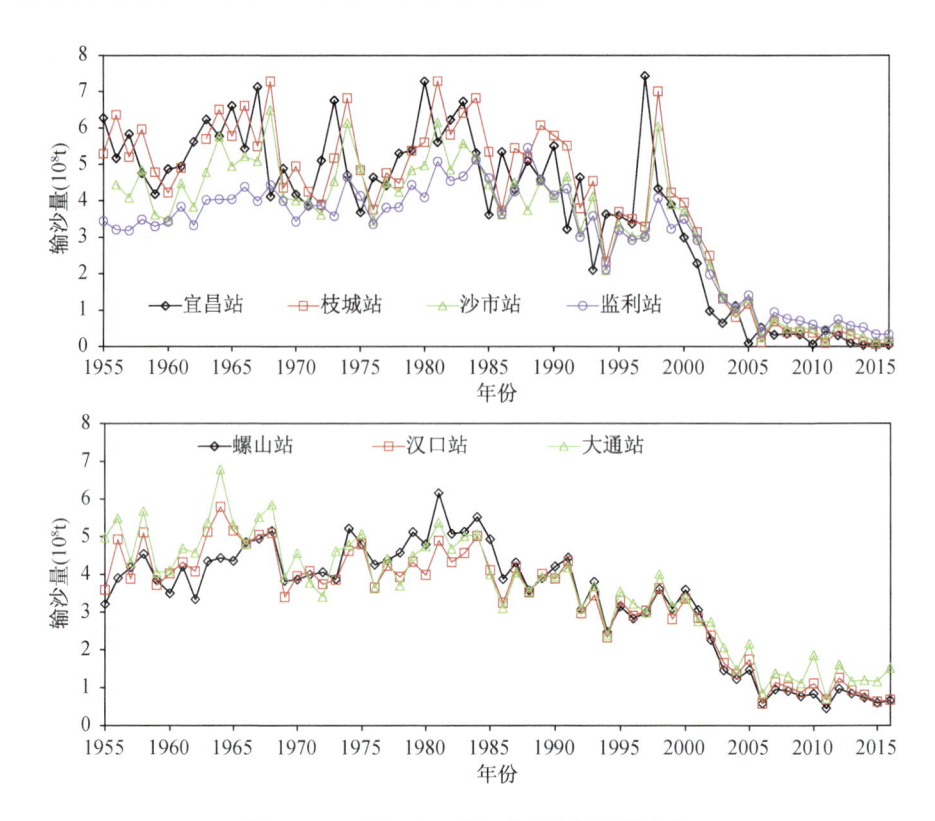

图 2.3-1 长江中下游各水文站输沙量变化

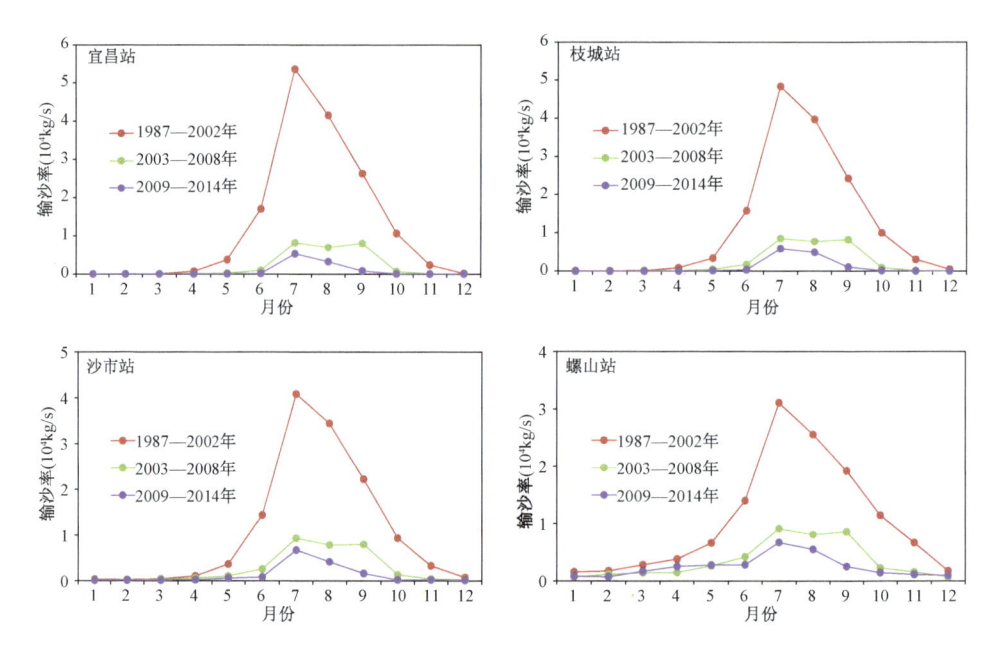

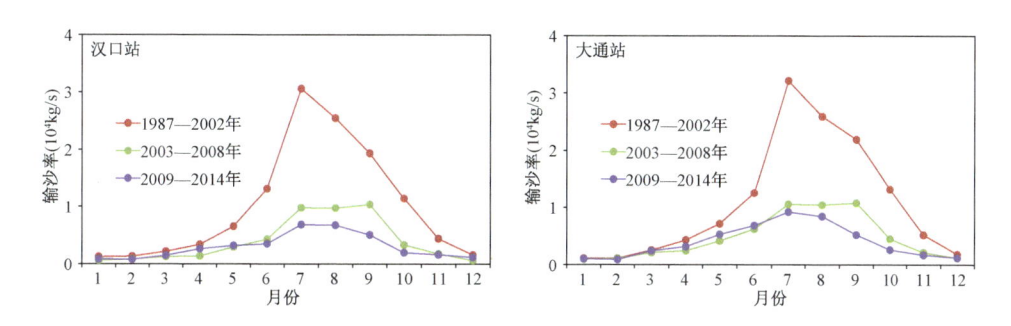

图 2.3-2 月均输沙率变化

2.3.3 流域入海泥沙颗粒特征

整理大通站 1956—2010 年悬沙不同粒径级泥沙百分比和输移量数据(图 2.3-3,图 2.3-4),粒径级划分为 $d\leqslant31~\mu m$、$31~\mu m<d\leqslant63~\mu m$ 和 $d>63~\mu m$。结果表明:$d\leqslant31~\mu m$ 百分比 1956—1986 年期间变化不大,1986—2005 年期间为增加趋势,2006—2010 年期间为减小趋势,输运量上 1956—2005 年变化不大,2006—2010 年期间大幅度减小;$31~\mu m<d\leqslant63~\mu m$ 悬沙百分比 1955—1985 年期间变化不大,1986 年开始为阶段性减小趋势,时间段为 1986—2000 年、2001—2006 年和 2007—2010 年,输运量上 1956—1985 年变化不大,1986—2000 年为减小趋势,2001—2010 年量值变化不大,但数值最小;$d>63~\mu m$ 悬沙百分比 1956—2002 年为减小趋势,2003—2012 年略有增加趋势,但低于蓄水前多年均值,1956—2012 年期间的输运量整体为减小趋势,2003—2010 年期间的年均输运量仅为 2 320 万 t/a。

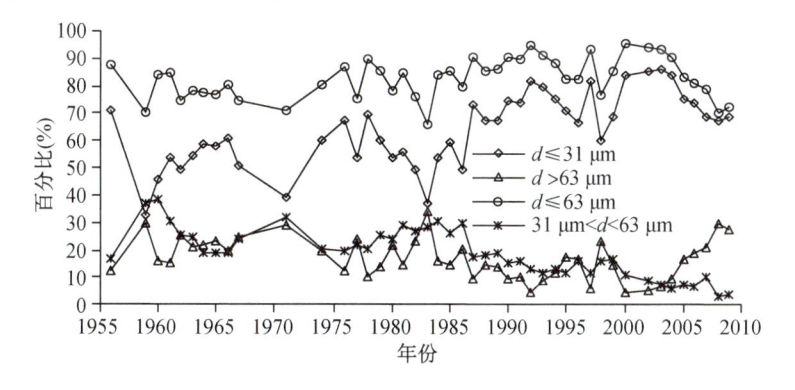

图 2.3-3 不同粒径泥沙百分比变化

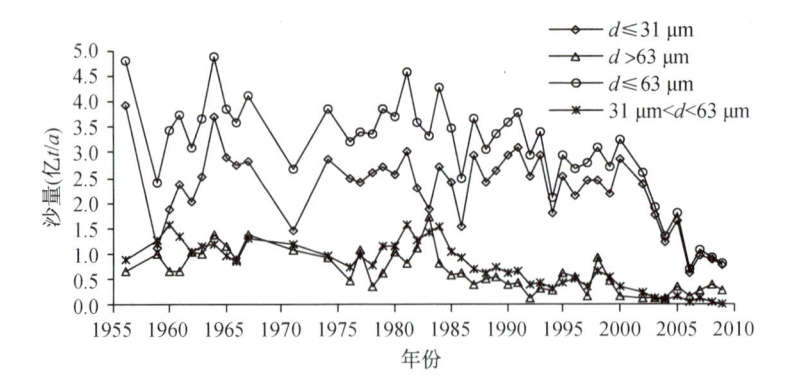

图 2.3-4 不同粒径泥沙的输移量

2.4 输沙量来源组成及贡献

2.4.1 洞庭湖输沙量组成

2.4.1.1 三口分沙比

三峡水库蓄水运用前,下荆江系统裁弯、葛洲坝水利枢纽等作用导致荆江河床冲刷下切、同流量水位下降,三口分流道河床淤积,三口口门段河床调整,受这些因素影响,荆江三口分流能力一直处于衰减之中,分沙比也为减少趋势。三峡工程蓄水运用后,2003—2015 年三口分沙比为 19.87%,较蓄水前 1999—2002 年期间的 16.39%略有增加(表 2.4-1,图 2.4-1)。

表 2.4-1 洞庭湖三口不同时段平均输沙量及分沙比对照表　　单位:10⁴ t

输沙量 年份 水文站	枝城	新江口	沙道观	弥陀寺	康家岗	管家铺	三口合计	三口分沙比(%)
1956—1966	55 300	3 450	1 900	2 400	1 070	10 800	19 590	35.42
1967—1972	50 400	3 330	1 510	2 130	460	6 760	14 190	28.15
1973—1980	51 300	3 420	1 290	1 940	22	4 220	11 090	21.62
1981—1998	49 100	3 370	1 050	1 640	180	3 060	9 300	18.94
1999—2002	34 600	2 280	570	1 020	110	1 690	5 670	16.39
2003—2016	4 612	373	113	129	12	290	917	19.87

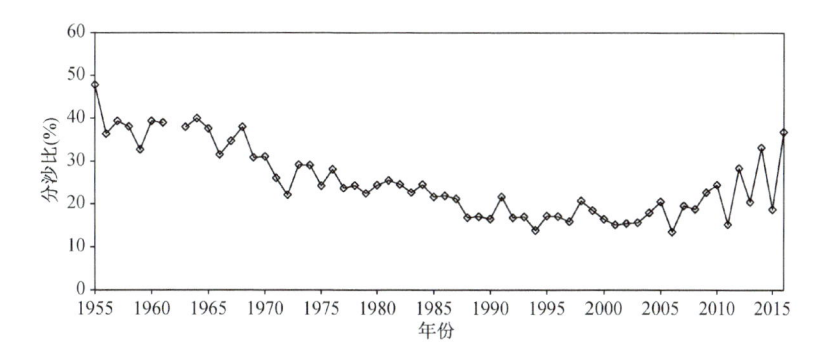

图 2.4-1　洞庭湖三口分沙比变化

2.4.1.2　洞庭湖区沙量平衡计算

将洞庭湖作为闭合系统,计算内部的输沙量平衡关系:入流为三口、四水以及湖区区间产流等,其中湖区区间包含了降雨引起的产汇沙量、采砂、自然冲刷等;出流为城陵矶站入长江干流。依据输沙量平衡方法,1955—2006 年期间,三口入湖沙量大于出湖沙量,洞庭湖湖区为淤积趋势;2006—2015 年期间,三口入湖沙量小于出湖沙量,洞庭湖湖区为冲刷趋势。若考虑湖区及三口入湖河段的采砂作用,实际的冲刷量会明显增加(图 2.4-2,图 2.4-3)。

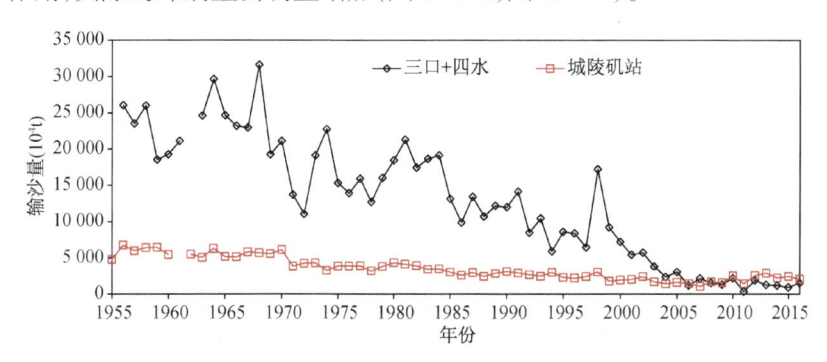

图 2.4-2　洞庭湖三口、四水及城陵矶输沙量变化

2.4.1.3　洞庭湖对长江干流输沙量的贡献

洞庭湖分流和汇流影响河段为枝城至螺山河段,以螺山站输沙量为基础,分析枝城以上输沙量、洞庭湖沙量交换及干线河道冲淤沙量的关系(图 2.4-4,图 2.4-5)。1955—1987 年期间,螺山站输沙量小于枝城站,此期间洞庭湖湖区为淤积趋势,枝城—螺山长江干流河道为冲刷趋势;1988—2002 年期间,螺山站输沙量小于枝城站,此期间洞庭湖湖区为淤积趋势,但淤积趋势减缓,枝城—螺山

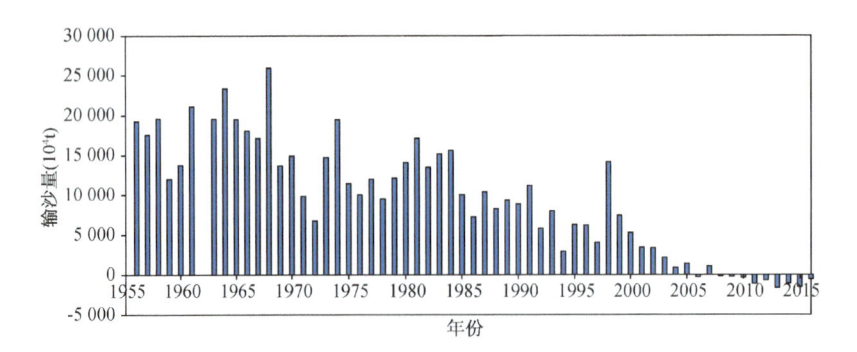

图 2.4-3 洞庭湖区沙量平衡计算

长江干流河道为淤积趋势;2003—2015年期间,螺山站输沙量大于枝城站,此期间洞庭湖湖区为冲刷趋势,枝城—螺山长江干流河道也为冲刷趋势(图 2.4-5)。在 2003—2015 年期间,螺山站输沙量约 51.48% 来自枝城站,37.09% 来自枝城—螺山长江干流河道冲刷补给,约 11.43% 来自洞庭湖湖区交换作用。

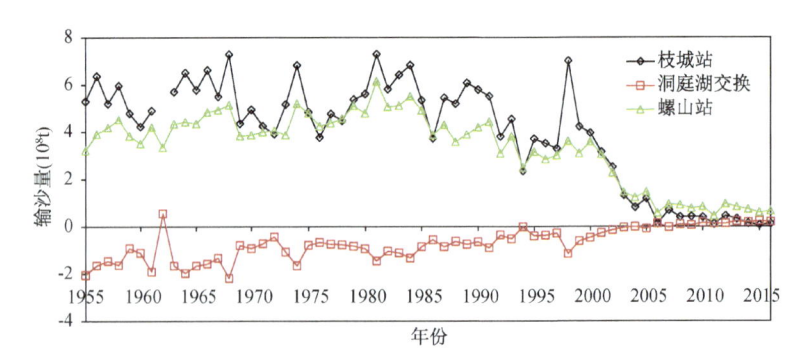

图 2.4-4 枝城、螺山及洞庭湖湖区交换沙量变化

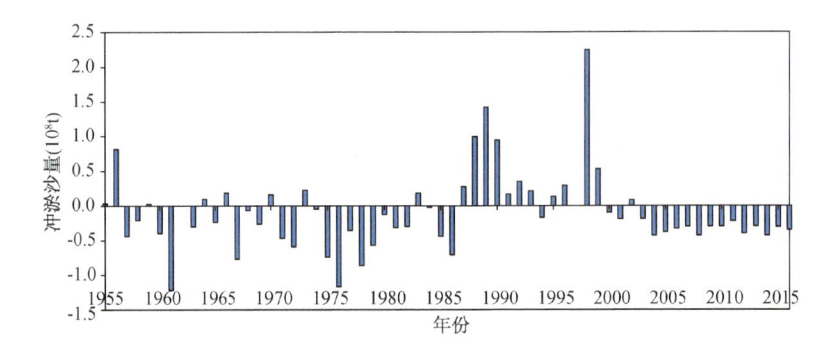

图 2.4-5 枝城—螺山区间长江干流河道冲淤的沙量

2.4.2 汉江对长江干流输沙量的贡献

汉口站的输沙量组成为上游螺山站、汉江入汇及螺山至汉口区间长江干流河道冲淤沙量(图2.4-6,图2.4-7)。1955—2002年期间,汉口站输沙量小于螺山站,整体上螺山—汉口段长江干流河道为淤积趋势。2003—2015年期间,汉口站输沙量大于螺山站,整体上螺山—汉口段的长江干流河道为冲刷态势。2003—2015年期间,汉口站输沙量来自螺山站的比例为86.29%,来自汉江入汇沙量的比例为5.62%,来自螺山—汉口段的长江干流河道冲刷的沙量比例为8.09%。

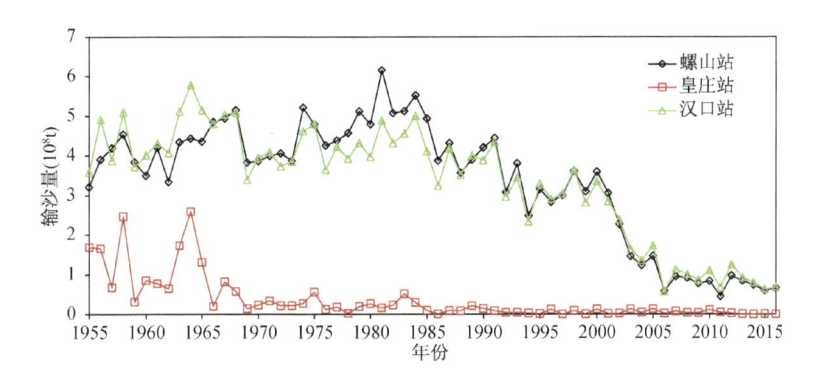

图 2.4-6 螺山、汉口及汉江输沙量变化

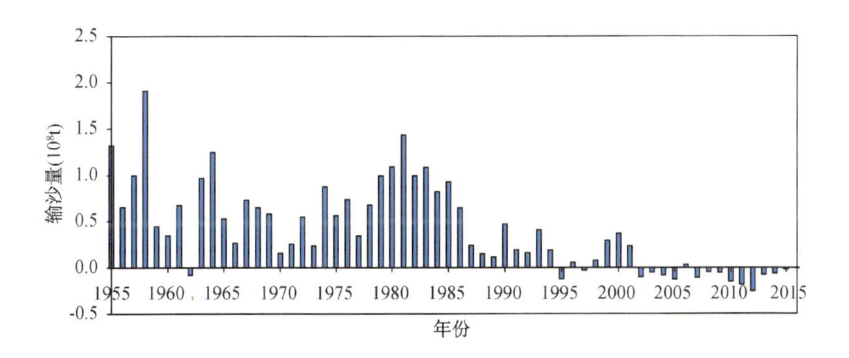

图 2.4-7 螺山—汉口区间长江干流河道冲淤的沙量

2.4.3 鄱阳湖输沙量组成

2.4.3.1 鄱阳湖区沙量平衡计算

将鄱阳湖作为闭合系统,计算湖区的输沙量平衡关系:入流为五河(赣江、修

水、抚河、信江、饶河),出流为湖口站入长江干流。依据输沙量平衡方法,1955—1998年期间,鄱阳湖五河入湖的输沙量大于出湖湖口站的输沙量,鄱阳湖湖区为淤积趋势;1999—2015年期间,鄱阳湖五河入湖沙量小于出湖湖口站的沙量,鄱阳湖湖区为冲刷趋势。若考虑湖区及五河入湖河道的采砂作用,实际的冲刷量可能更大(图2.4-8,图2.4-9)。

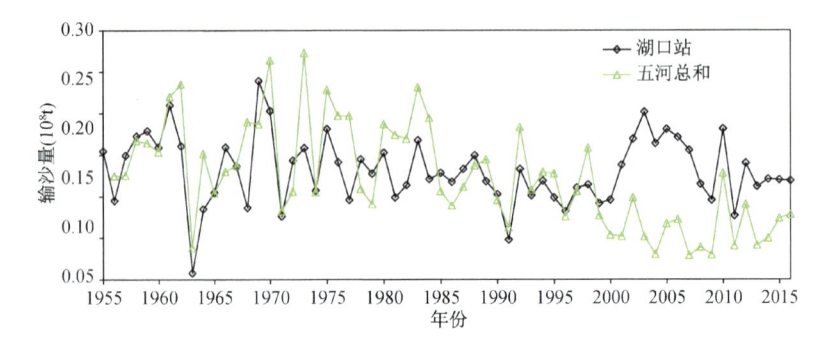

图 2.4-8　鄱阳湖五河及湖口站输沙量变化

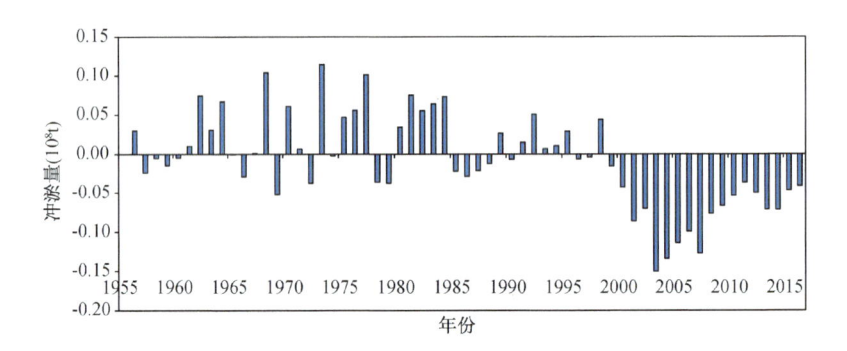

图 2.4-9　鄱阳湖区沙量平衡计算

2.4.3.2　鄱阳湖对长江干流输沙量的贡献

大通站的输沙量组成为上游汉口站、鄱阳湖入汇及干流河道区间冲淤沙量。1955—2015年期间,大通站输沙量整体大于汉口站,大通站输沙量来自汉口站比例为92.31%,来自鄱阳湖入汇沙量比例为3.63%,来自汉口—大通段长江干流河道冲刷的比例为4.07%(图2.4-10,图2.4-11)。2003—2015年期间,大通站沙量来自汉口站比例为73.82%,来自鄱阳湖入汇沙量比例为10.01%,来自汉口—大通段长江干流河道冲刷的比例为16.17%。

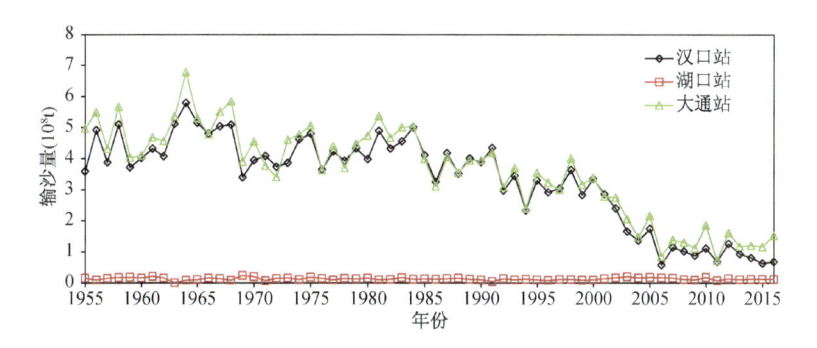

图 2.4-10　汉口、大通及湖口的输沙量变化

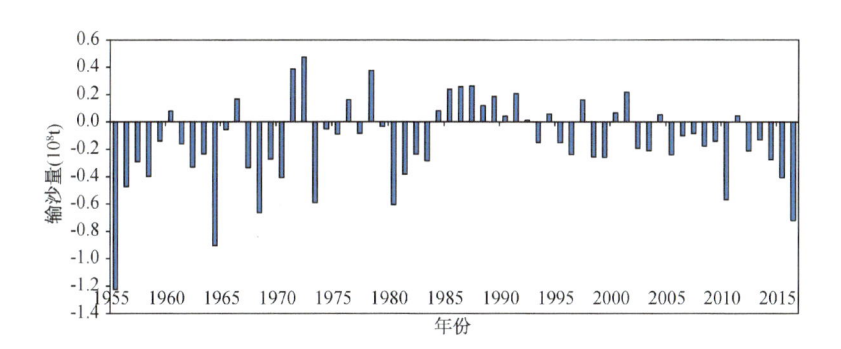

图 2.4-11　汉口—大通区间长江干流河道冲淤的沙量

2.4.4　长江中下游输沙量组成及贡献

1955—2002 年期间,宜昌—枝城河段的输沙量增加,枝城—监利河段为减少趋势,监利—大通河段沿程增加(图 2.4-12)。2003—2015 年期间,输沙量逐渐得到恢复,但量值均小于 1955—2002 年期间,自上至下输沙量沿程增加,这一现象与全球大型水库蓄水后坝下游泥沙输移规律一致。

三峡水库蓄水前,大通站输沙量主要来自宜昌站,洞庭湖分汇的泥沙为净输入,汉江和鄱阳湖为净输出,宜昌—大通段长江干流河道淤积(图 2.4-13a～e)。三峡水库蓄水后,大通站输沙量组成发生显著变化,2003—2015 年期间(图 2.4-13f),大通站输沙量来自宜昌站、洞庭湖分汇、汉江入汇、鄱阳湖入汇及宜昌—大通段干流河道冲刷的比例分别为 27.35%、7.28%、4.13%、9.99% 和 51.25%,即大通站输沙量主要来自宜昌—大通段干流河道冲刷补给作用。

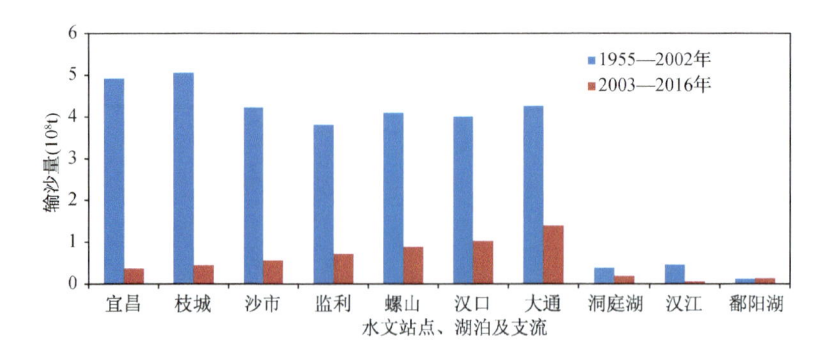

图 2.4-12　长江中下游各水文站、湖泊及支流的输沙量变化

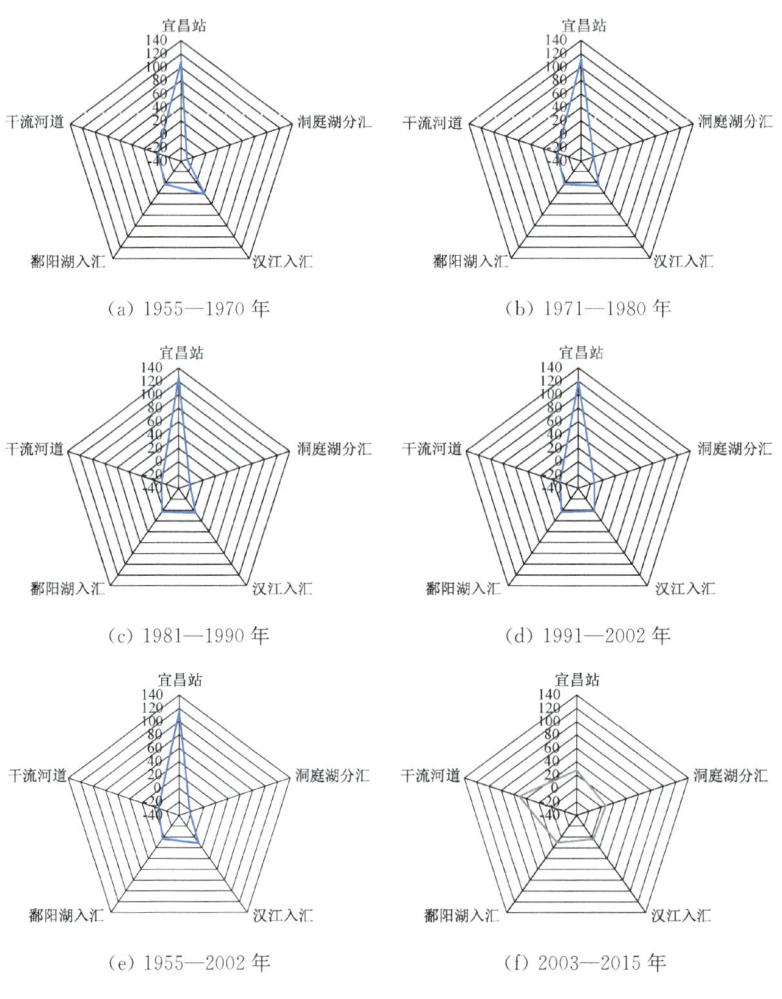

图 2.4-13　大通站来沙量组成分析

2.5 本章小结

(1) 三峡工程运行后,长江中下游及入海的径流量出现小幅下降,主要与气候变化、江湖关系、支流入汇关系等调整有关;径流年内过程发生显著变化,受水库调蓄的影响出现了洪季径流量减少、枯季径流量增加的变化特征。三峡工程运行后,长江中下游及入海的沙量为显著减少态势,入海沙量的减幅为67.19%。

(2) 三峡水库蓄水前,大通站输沙量主要来自宜昌站,洞庭湖分汇的泥沙为净输入,汉江和鄱阳湖为净输出,宜昌—大通段长江干流河道淤积。2003—2015年期间,大通站输沙量来自宜昌站、洞庭湖分汇、汉江入汇、鄱阳湖入汇及宜昌—大通段干流河道冲刷的比例分别为27.35%、7.28%、4.13%、9.99%和51.25%,即大通站输沙量主要来自宜昌—大通段干流河道冲刷的补给作用。

第 3 章 长江口径潮流水动力平衡关系及调整趋势研究

本章重点分析长江口汊道分流关系、滞流点、滞沙点等变化,采用数学模型计算手段,研究径流、潮流水动力对滞流点变化范围的影响,分析三峡工程运行对各汊道滞流点活动范围的影响程度。

3.1 长江口潮位与汊道分流比变化

收集 1996—2011 年长江口河口段部分测站潮位和潮差数据(付桂,2013),分析长江口河口段潮差和潮位的变化特征。选取的测站为:石洞口、吴淞、南门、长兴、横沙、北槽中、中浚、牛皮礁、南槽东和绿华山等潮位站(图 3.1-1)。

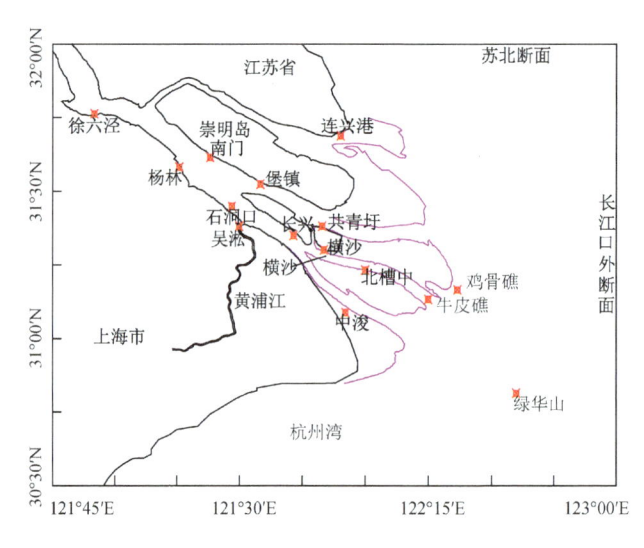

图 3.1-1 长江口河口段潮位站布设位置

3.1.1 南支和北支潮汐与汊道分流分沙关系

(1) 潮位特征

高潮位变化特征(图3.1-2):1998年、1999年和2010年河口段高潮位普遍偏高,这主要与该时期长江流域大洪水出现的水位抬升作用有关。

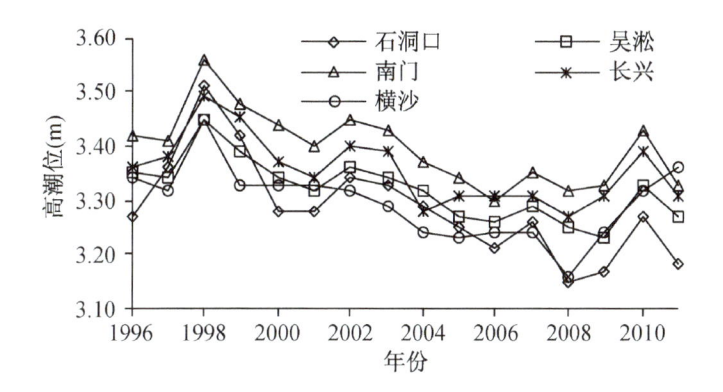

图3.1-2 长江口河口段高潮位变化

低潮位变化特征(图3.1-3):1998年、1999年和2010年河口段低潮位普遍偏高,这主要与该时期长江流域大洪水出现的水位抬升作用有关。

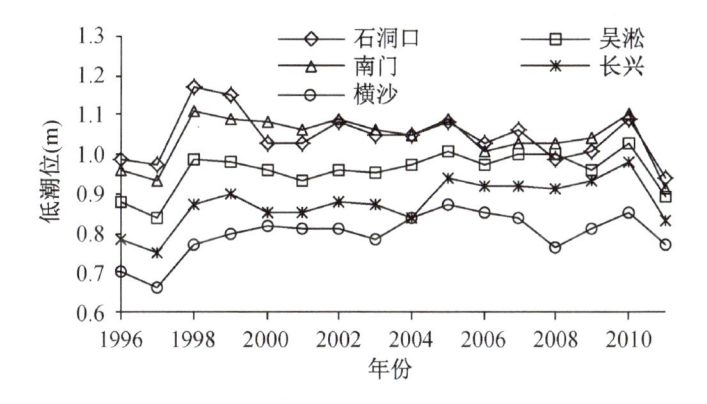

图3.1-3 长江口河口段低潮位变化

平均水面变化特征(图3.1-4):石洞口、吴淞、南门、长兴和横沙潮位站在1998年和2010年平均水面较高,上述潮位站所在区域受径流和潮流共同影响,而恰逢这时期长江流域大洪水,也是平均水面抬升的重要原因。

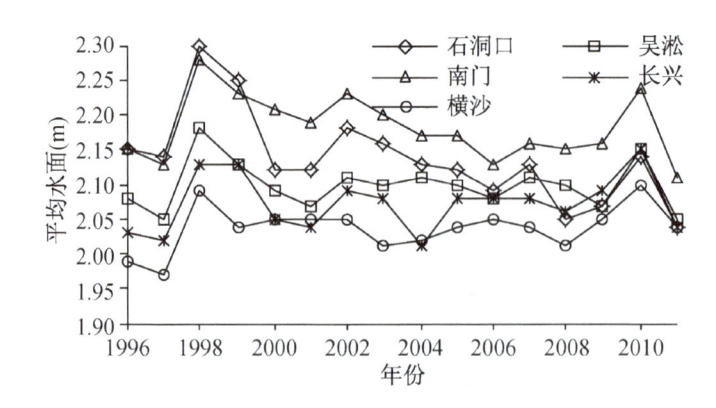

图 3.1-4　长江口河口段平均水面变化

1958—1997 年期间，长江口北支上段青龙港和下段三条港的最高和最低潮位均为增加态势，1997—2009 年期间均表现为减小趋势(图 3.1-5)。

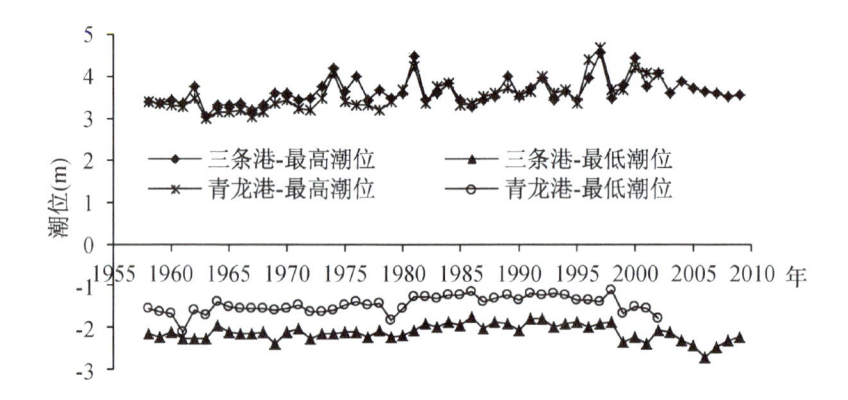

图 3.1-5　北支潮位站潮位极值特征

(2) 分流分沙关系

长江口一级分汊段南支和北支分流比的变化特征(图 3.1-6)：1958—1987 年期间，南支分流比为增加态势，1998—2005 年期间分流关系较为稳定，但较 1958—1987 年期间整体上存在减小态势；1958—2010 年期间，北支分沙比减小，但北支泥沙倒灌南支现象仍较为严重(图 3.1-7)。

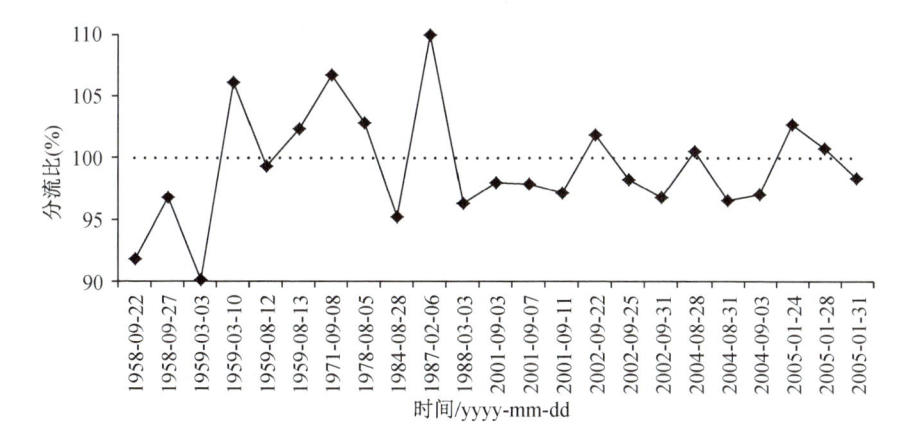

图 3.1-6　长江口南支分流比变化特征

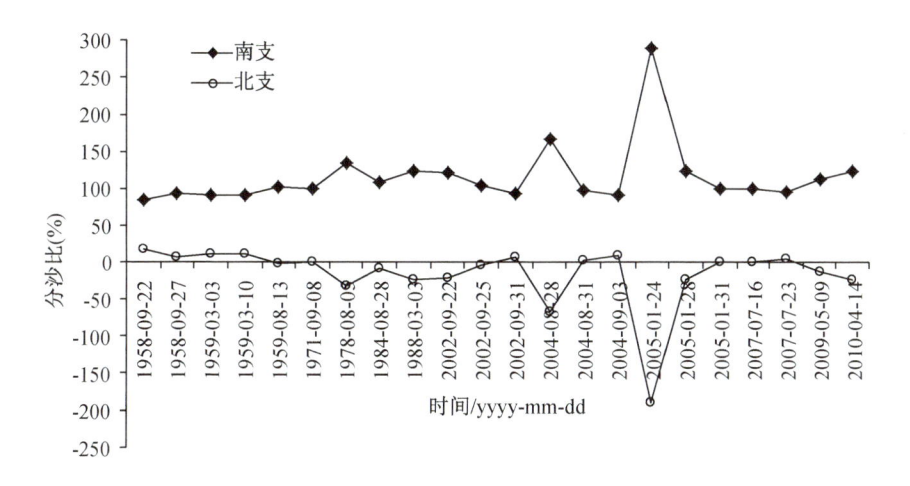

图 3.1-7　长江口南支和北支分沙比变化

3.1.2　南港、北港河段潮汐及分流分沙关系

(1) 潮位特征

长江口南港和北港分别选取堡镇站和高桥站的最高和最低潮位变化(图3.1-8),分析表明:1965—2000 年期间,最高潮位和最低潮位均为增加态势,2000—2009 年期间为减小趋势。

1970—1985 年期间,南港和北港的堡镇站、高桥站高潮位均为增加趋势,堡镇站高于高桥站,2002—2009 年期间整体为减小趋势,且高桥站高于堡镇站(图3.1-9)。1970—1985 年期间,堡镇站低潮位高于高桥站,且略有减小趋势,

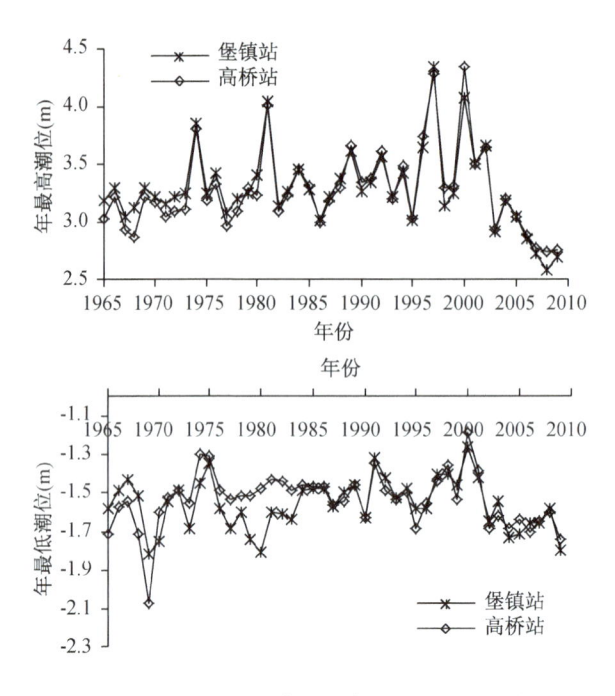

图 3.1-8　长江口堡镇站和高桥站极值潮位特征

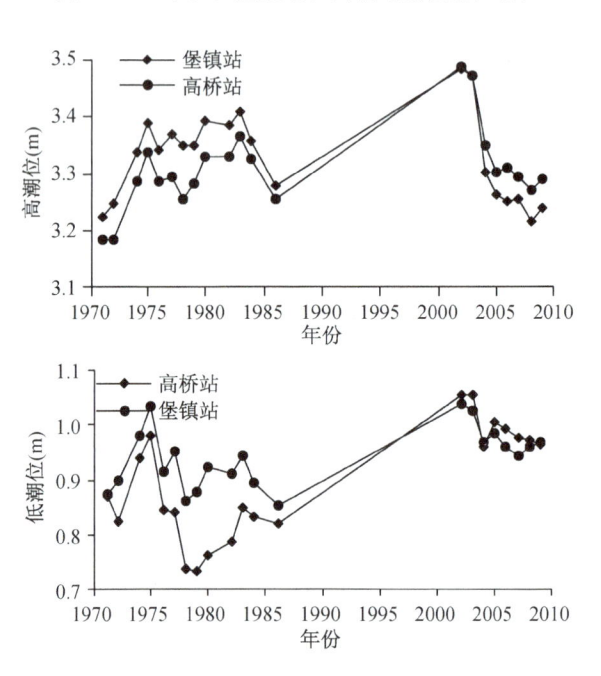

图 3.1-9　高桥站和堡镇站潮位变化

2002—2009年期间高桥站高于堡镇站,且出现减小趋势。1970—1985年期间,堡镇站潮差高于高桥站,且整体为增加趋势,2002—2009年期间高桥站高于堡镇站,且整体为减小趋势(图3.1-10)。1970—1985年和2002—2009年期间高潮位、低潮位及潮差的变化特征不同,表明两个时期南港和北港分流关系存在一定的差异。

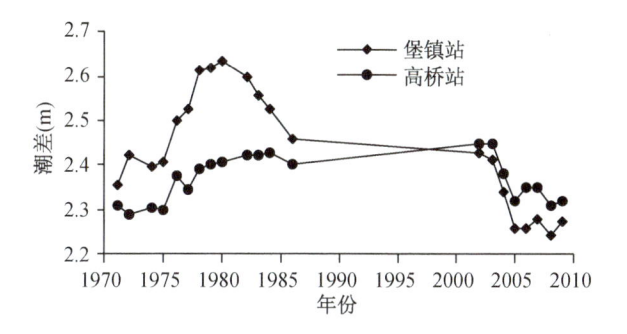

图3.1-10 长江口堡镇站和高桥站潮差变化

(2) 分流分沙关系

长江口南港和北港分流比和分沙比的变化特征(图3.1-11):1958—2012年期间,长江口南港和北港分流比和分沙比多年维持相对稳定的状态,数值在50%左右波动。

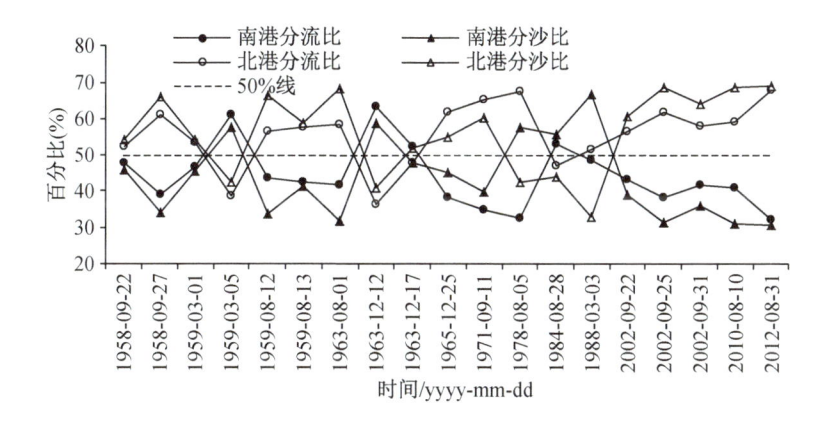

图3.1-11 长江口南港和北港分流比和分沙比变化

3.1.3 南、北槽河段潮汐及分流分沙关系

(1) 潮位特征

北槽高潮位和低潮位的变化特征(图 3.1-12):1996—2008 年期间,横沙站和北槽中站高潮位均为减小趋势,2008—2011 年期间为增加趋势;2000—2011 年期间,牛皮礁潮位站高潮位为增加趋势;横沙站和北槽中站高潮位为交替变化,1996—2002 年期间横沙站高于北槽中站及牛皮礁站,其后的 2002—2011 年期间横沙站低于北槽中站和牛皮礁站;低潮位横沙站＞北槽中站＞牛皮礁站,1996—2004 年期间横沙站、北槽中站和牛皮礁站为增加趋势,其后的 2004—2011 年为减小趋势。1996—1998 年期间,横沙站平均潮位为增加趋势,1998—2011 年期间变化不大,北槽中站平均潮位为持续增加趋势,2001—2006 年期间牛皮礁站平均潮位为增加趋势,2006—2011 年为减小趋势(图 3.1 13)。1996—1998 年期间北槽潮差为增加态势,1998—2005 年为减小态势,2005—2011 年为增加态势(图 3.1-14)。

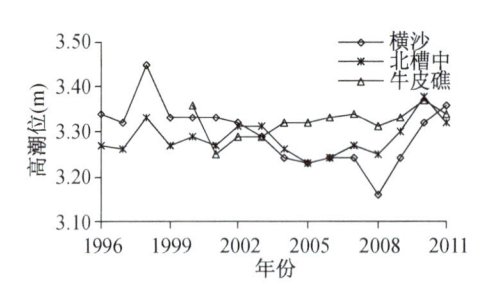

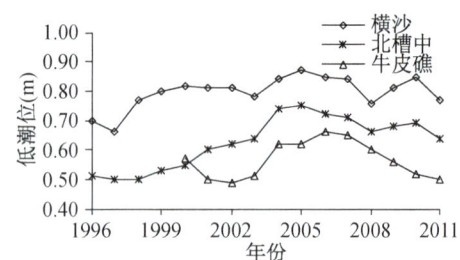

图 3.1-12 北槽潮位变化特征(1996—2011 年)

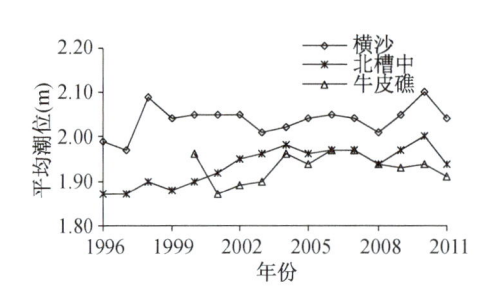

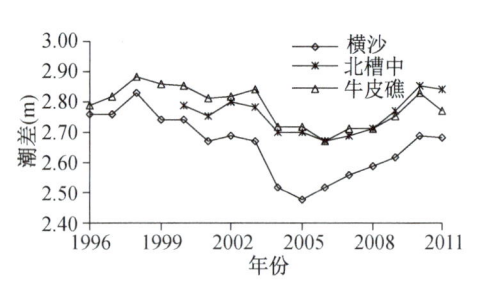

图 3.1-13 北槽平均潮位变化

图 3.1-14 北槽潮差变化特征

长江口南槽潮位变化特征 (图 3.1-15):1996—1998 年期间,中浚站高潮位为增加趋势,1998—2003 年期间变化不大,2004—2011 年期间中浚站和南槽东站均为增加趋势。1996—2006 年期间,南槽东站和中浚站低潮位均为增加趋

势,2006—2011年期间为减小趋势。1996—2011年期间,中浚站和南槽东站平均潮位均为增加趋势(图3.1-16);1996—1998年期间,中浚站潮差为增加趋势,1998—2006年期间为减小趋势,2006—2011年期间为增加趋势,2003—2011年期间南槽东站为先减小后增加,分界年份为2006年(图3.1-17)。

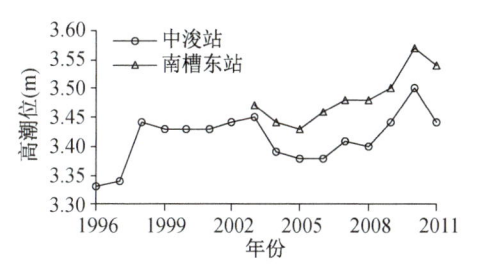

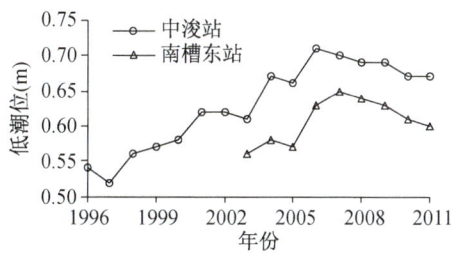

图3.1-15　南槽潮位变化特征(1996—2011年)

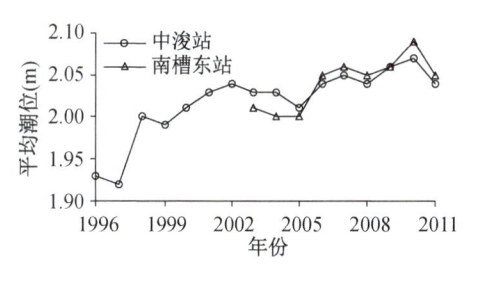

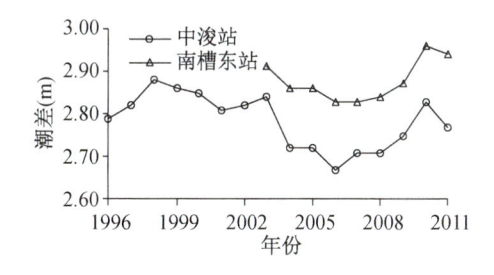

图3.1-16　南槽平均潮位变化　　　　**图3.1-17　南槽潮差变化特征**

(2) 分流分沙关系

1998—2012年期间,长江口北槽上断面和下断面的分流比和分沙比均为减小态势,北槽深水航道一期工程实施期间的分流比和分沙比变化幅度较大,二期工程和三期工程实施期间的分流关系较稳定,但相对于一期工程为减少态势,二期工程期间的减小幅度相对较小(图3.1-18)。1998年8月—2001年2月期间,北槽上断面分流比大于下断面,2001年2月—2006年8月期间上断面和下断面差异较小,2006年8月—2009年11月期间上断面大于下断面。这一变化主要是在2001年之后导堤之间存在越过导堤的水量,对北槽下断面水量进行补充,使得2001年2月—2009年11月期间上断面分流比小于下断面。

1998—2000年期间,北槽上断面分沙比大于下断面,2001—2003年上断面和下断面差异不大,2004—2009年期间上断面分沙比大于下断面,主要与2004—2009年期间导堤之间存在大量的越堤沙有关(图3.1-19)。

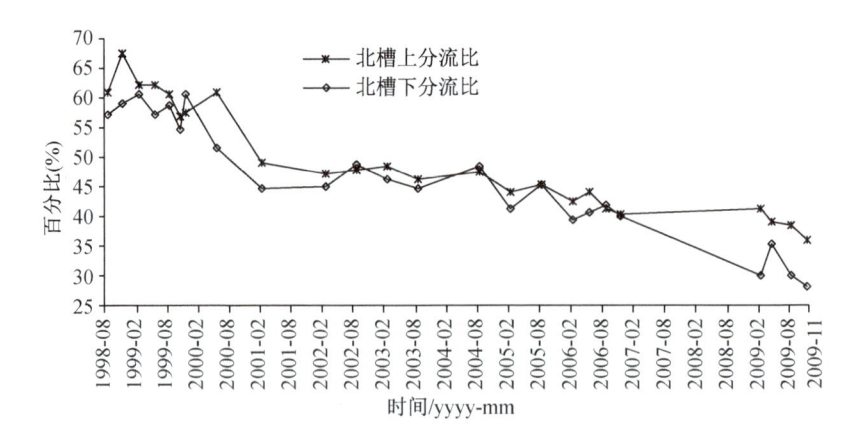

图 3.1-18　长江口北槽分流比变化

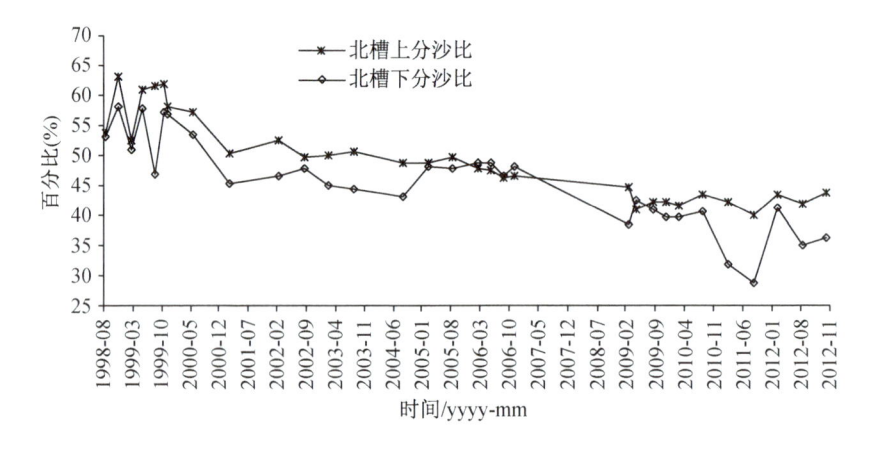

图 3.1-19　长江口北槽分沙比变化

3.2　长江口滞流点位置及范围研究

3.2.1　长江口南槽滞流点变化特征及趋势

顾伟浩等(1985)根据优势流理论,利用1960—1980年南槽疏浚前后6个测次的水文资料(表3.2-1),拟合3个主要影响因素下的南槽滞流点变化经验曲线,经验曲线见公式(3.2-1)。

$$L = -33.0112 + 13.0285 \times H - 11.7110 \times Q - 6.3533 \times h$$

(3.2-1)

式中：L 为滞流点距九段沙东水文站距离，km；H 为水深，m；Q 为大通站流量，$10^4 \text{m}^3/\text{s}$；h 为中浚潮差，m。

表 3.2-1　南槽滞流点位置变化（顾伟浩 等，1985）

时间(年/月)	大通站流量($10^4 \text{m}^3/\text{s}$)	中浚潮差(m)	水深(m)	滞流点位置(km)
1960年2月	0.87	3.42	8.25	43.8
1960年8月	4.16	2.08	8.25	13.0
1963年7月	3.42	2.20	8.25	23.2
1975年7月	4.67	3.12	9.25	14.8
1978年8月	3.01	2.01	9.25	41.0
1980年6月	4.07	1.34	9.25	31.0

实测资料分析显示，2005年8月南槽大潮时期滞流点位置距九段沙东水文站15.12 km，2007年2月大潮时位置为39.87 km，将水文数据代入公式(3.2-1)中进行计算的结果与实测结果较为接近，表明该公式仍可用于南槽滞流点位置计算。

3.2.2　长江口北槽滞流点变化特征及趋势

数据资料来源分为两部分，其一为文献关于滞流点和滞沙点的描述，其二为长江口实测的水文泥沙数据资料(表 3.2-2)，文献数据点位置如图 3.2-1 所示。实测水、沙资料格式为六点法测量，依照相同的标准进行数据同化处理。

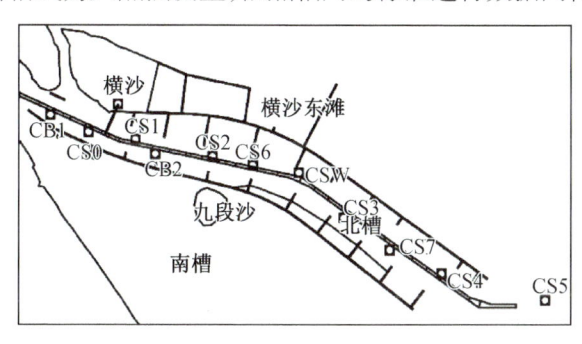

图 3.2-1　长江口北槽历年测点布置

表 3.2-2 历年测点名称、时间、潮型、流量及来源

时间	潮型	流量(m³/s)	测点名称及来源	时间	潮型	流量(m³/s)	测点名称
1978—1980	大、小潮	30 000~46 000	钟修成等, 1988	2002-08	大潮	47 000~47 600	CB1,CB2,CSW,CS0~CS5
1984—1990	大、小潮	28 500~36 000	顾传浩等, 1985; 张栋梁等, 1993	2004-05	大潮	17 500~18 000	CB1,CB2,CSW,CS0~CS5
1996-09	大、小潮	49 000~50 000	1#,2#,3#,4#	2005-08	大、中潮	37 000~37 200	CSW,CS1~CS7
1997-03	大、小潮	14 000~15 000	1#,2#,3#,4#	2006-08	大、小潮	33 000~36 500	
1999-06-10	大、小潮	48 200~49 000	CS1~CS4	2007-02	大、小潮	11 000~12 000	CB1,CB2
2000-02	大、小潮	10 000~13 000	CS1~CS4	2007-08	大、中潮	52 000~53 000	CB1,CB2,CSW,CS0~CS7
2000-08	大、中潮	39 000~39 500	CS1~CS5				

1978—1980 年期间的洪季滞流点活动范围为 10~20 km 之间,集中于北槽上段(顾伟浩 等,1985;钟修成 等,1988)。1984—1990 年期间,北槽滞流点活动范围集中于 0~43 km 之间,其枯季活动范围为 0~30 km,洪季活动范围为 9~43 km。对比 1984 年疏浚前后滞流点活动范围可以看出,航道疏浚工程实施后洪季滞流点活动范围略有下移(图 3.2-2)。这一变化的原因为疏浚后落潮分流比明显大于疏浚前(图 3.2-3),即下泄径流增加使得年际间洪季的径流动力高于潮流动力,从而导致滞流点活动范围下移。

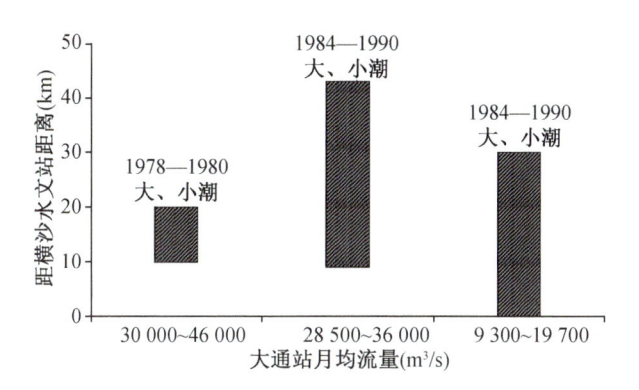

图 3.2-2 1984 年前后北槽滞流点变化

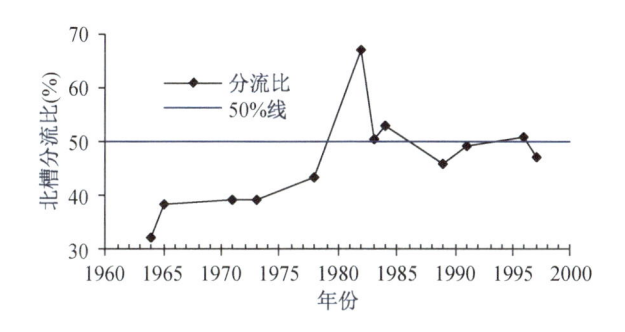

图 3.2-3 1960—2000 年期间北槽分流比变化

北槽深水航道整治工程自 1998 年开始实施,2009 年竣工,12 年间进行了长系列的水文泥沙测验。当流量为 50 000 m³/s 左右时,1996 年大潮、小潮的活动范围为横沙水文站以东 37~42 km,1999 年大潮、小潮活动范围为横沙水文站以东 40~55 km,而 2002 年大潮时滞流点变化范围为 48~50 km,2007 年大潮、中潮变化范围为 54.2~59.7 km(图 3.2-4)。因此,1996 年以来在流域洪季

50 000 m³/s的条件下,大潮时滞流点位置呈下移趋势。同理,大通站流量为 40 000 m³/s左右时,2000年8月、2005年8月、2006年8月小潮滞流点活动范围经历了下移和上溯的过程(图3.2-5)。

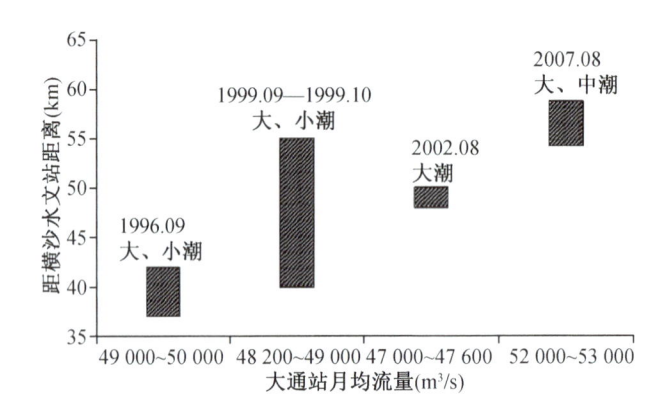

图 3.2-4 50 000 m³/s 滞流点变化

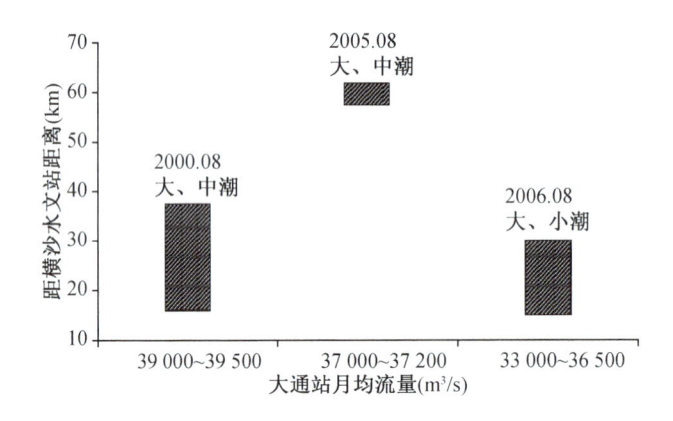

图 3.2-5 大通站 40 000 m³/s 滞流点变化

1997年3月、2000年2月、2004年5月及2007年2月大通站流量数值相近,进行滞流点变化范围比较分析(图3.2-6),分析表明:1997年3月无工程条件下,大潮、小潮北槽滞流点变化范围在横沙水文站以东25.0~30.0 km,2000年2月大潮、小潮滞流点变化范围在横沙水文站以东26.4~40.0 km,2004年大潮时滞流点活动区域为40.0~45.0 km,其小潮活动范围大于45.0 km,2007年2月大潮、小潮北槽滞流点活动范围为12.0~18.0 km。综上分析可知,1997、2000、2004年枯季小潮时北槽滞流点活动区域向海移动,但2007年2月大潮、小潮时滞流点位置均上溯。

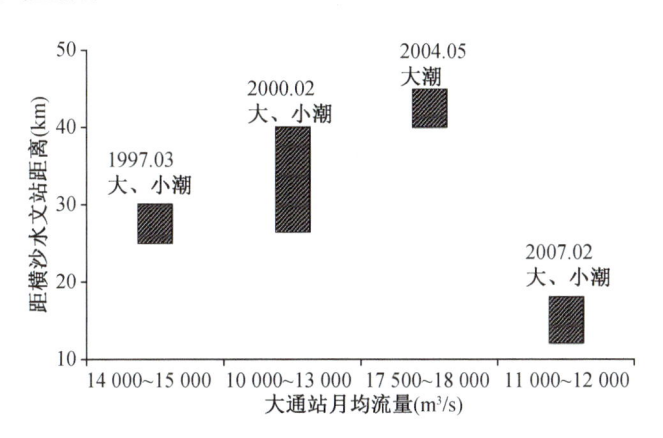

图 3.2-6　枯季滞流点变化

3.2.3　北槽滞流点变化原因分析

1964—1983 年期间,北槽分流比的均值为 44.3%,1984—1997 年期间落潮分流比均值为 49.16%(图 3.2-3)。1984 年北槽进行了航道疏浚工程,滞流点活动范围略有下移,主要与北槽落潮分流比增加,径流水动力相对增加,落潮优势增加有关。1998—2002 年期间,北槽的平均分流比为 53.06%(图 3.2-7),分流比处于较高水平,与北槽深水航道一期工程过程中引流作用有关。北槽河槽内径潮水动力对比过程中,落潮优势增加,涨潮优势减弱,虽然北槽深水航道工程的实施会一定程度增加床面阻力,但仍未使得水动力发生转变,即一期工程实施过程中滞流点位置出现下移态势。

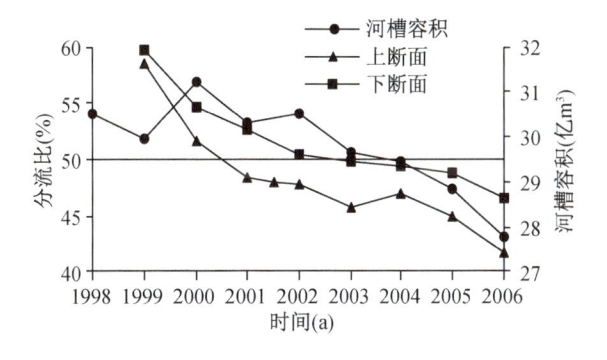

图 3.2-7　北槽落潮分流比变化图

2002年5月—2005年3月期间为二期工程,其间的平均落潮分流比为44.86%,较工程前和一期工程期间均有所下降。2005—2009年期间为三期工程,其间的落潮分流比为继续减小态势,1998—2002年期间河槽容积变化不大,2002年之后逐渐减小(图3.2-7)。建立2002—2006年分流比和河槽容积曲线关系,呈正相关关系,北槽丁坝坝田区淤积至0 m进行估算,中潮位以下河槽容积减小约3.3亿 m³,北槽落潮分流比将减小至35.5%左右(图3.2-7)。Dronkers等(1998)研究认为:如果河槽变得宽浅,同时潮间带面积亦有所增大,则涨潮优势增加,落潮优势减弱,如英国Mersey河口;相反,如果河槽面积变得窄深,并伴随潮间带面积减小,则涨潮优势减弱,落潮优势增强。1998—2006年期间,长江口北槽全潮的平均水深减小(图3.2-8),使得北槽径潮水动力对比中的落潮流优势减弱,涨潮流动力相对增加,使得滞流点活动范围出现上溯态势,这在2006年和2007年滞流点变化中得到了验证。

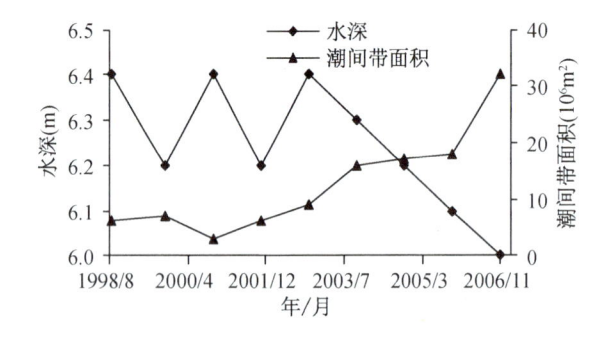

图3.2-8 北槽地貌参数变化(刘杰,2008)

3.3 长江口径潮流水动力数学模型建立与验证

ECOMSED模型起源于20世纪80年代普林斯顿大学开发的POM模式,其后不断地完善开发了ECOM计算模式,并引入沉积物沉积、输运及再悬浮等概念,最终发展形成。ECOMSED模型是适用于河流、河口、海湾、湖泊和水库等浅水环境的三维数学模型,集成水动力模块、沉积物输运模块、风浪模块、热通量模块、水质模块和颗粒物示踪模块等,可以模拟水流、温度、盐度、沉积物及示踪剂的时空变化规律,且可关闭其中几个模块,独立运行实际所需的模块进行运算。

在河口区域,由于浅水和潮流作用的影响,水体垂向混合现象剧烈,垂向湍流涡粘系数和扩散系数大,且随时空变化,因此模型采用二阶湍流闭合子模型给出垂向混合系数;为了更方便地处理浅水区域的底部地形,垂向采用 σ 坐标系统(图 3.3-1);水平方向为了更好地拟合岸线,网格采用正交曲线网格的 Arakawa C 交错网格(图 3.3-2);对时间的差分格式,水平采用显格式,而垂向采用隐格式以减小对垂向时间步长的限制;时间步长分离,包含两个模态(图 3.3-3),外模态是二维的水动力模型,忽略垂向结构,仅考虑水平对流和扩散,使用较小的时间步长,内模态为三维水动力模型,使用较长的时间步长。

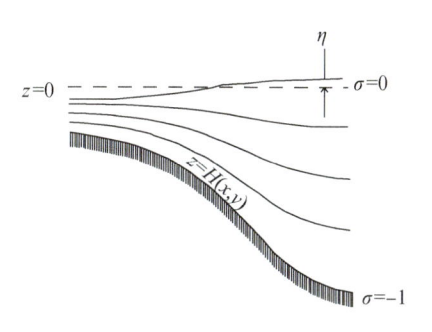

图 3.3-1 σ 坐标系统

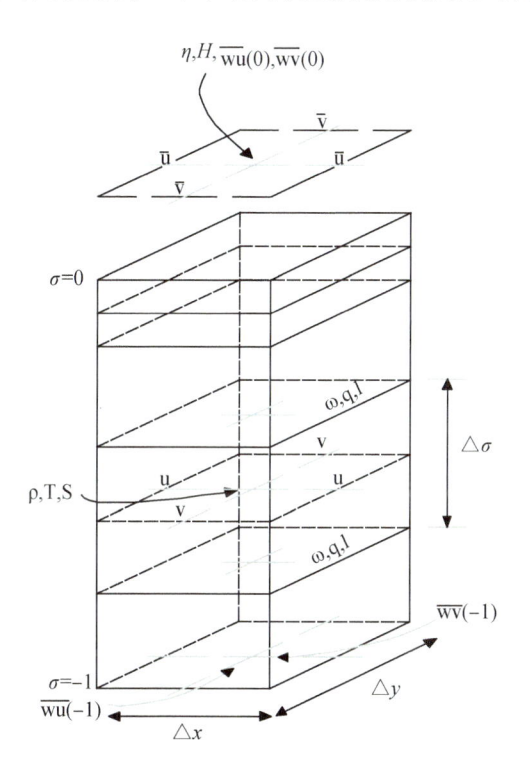

图 3.3-2 Arakawa C 交错网格架构图

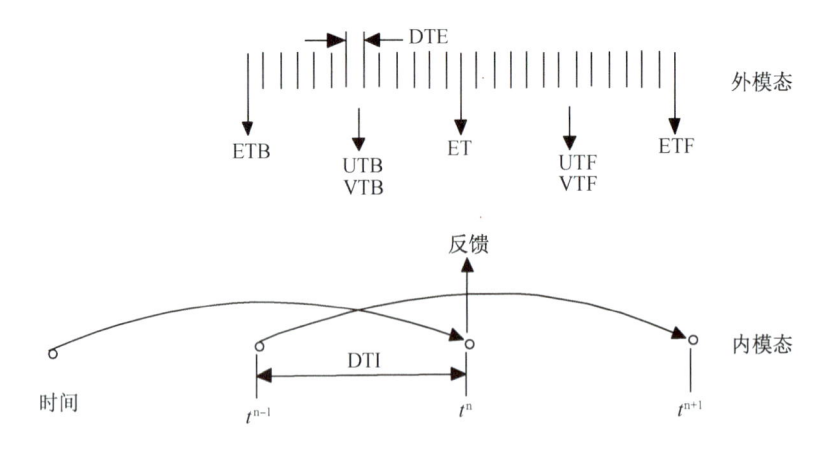

图 3.3-3　内模态与外模态概化图

3.3.1　水动力模块

考虑一个坐标系统,坐标 x 方向向东,y 方向向北,z 方向垂直向上。自由表面位于 $z=0(x,y,t)$,底部位于 $z=-H(x,y)$。$\overline{V}$ 是 (U,V) 中的水平速度向量,∇ 是水平梯度算子,则连续性方程为:

$$\nabla \cdot \overline{V} + \frac{\partial W}{\partial z} = 0 \qquad (3.3\text{-}1)$$

雷诺运动方程为:

$$\frac{\partial U}{\partial t} + \overline{V} \cdot \nabla U + W\frac{\partial U}{\partial z} - fV = -\frac{1}{\rho_0}\frac{\partial P}{\partial x} + \frac{\partial}{\partial z}\left(K_M \frac{\partial U}{\partial z}\right) + F_x \qquad (3.3\text{-}2)$$

$$\frac{\partial V}{\partial t} + \overline{V} \cdot \nabla V + W\frac{\partial V}{\partial z} + fU = -\frac{1}{\rho_0}\frac{\partial P}{\partial y} + \frac{\partial}{\partial z}\left(K_M \frac{\partial V}{\partial z}\right) + F_y \qquad (3.3\text{-}3)$$

$$\rho g = -\frac{\partial P}{\partial z} \qquad (3.3\text{-}4)$$

其中,ρ_0 为参考密度,ρ 为原地密度,g 为重力加速度,P 为压力,K_M 为湍流混合的垂直涡动扩散系数,f 通过运用 β 平面近似引入。

z 方向上的压力可以通过合并运动方程中的垂直分量来获得,从 z 到自由表面 η,可得:

$$P(x,y,z,t) = P_{atm} + g\rho_0\eta + g\int_z^0 \rho(x,y,z',t)dz' \quad (3.3\text{-}5)$$

其中,大气压力 P_{atm} 假设为常数。

温度和盐度的守恒方程可表示为:

$$\frac{\partial \theta}{\partial t} + \overline{V} \cdot \nabla\theta + W\frac{\partial \theta}{\partial z} = \frac{\partial}{\partial z}\left(K_H \frac{\partial \theta}{\partial z}\right) + F_\theta \quad (3.3\text{-}6)$$

$$\frac{\partial S}{\partial t} + \overline{V} \cdot \nabla S + W\frac{\partial S}{\partial z} = \frac{\partial}{\partial z}\left(K_H \frac{\partial S}{\partial z}\right) + F_S \quad (3.3\text{-}7)$$

其中,θ 表示温度,S 为盐度。热和盐的湍流混合的垂直涡动扩散系数用 K_H 表示。使用这个温度和盐度时,密度为:

$$\rho = \rho(\theta, S) \quad (3.3\text{-}8)$$

其中,ρ 为密度,密度的变化与温度和盐度有关。

模型在计算时,首先要确定模型的边界条件和初始条件。

3.3.1.1 边界条件

在自由表面 $z = \eta(x, y)$ 的边界条件为:

$$\rho_0 K_M\left(\frac{\partial U}{\partial z}, \frac{\partial V}{\partial z}\right) = (\tau_{ox}, \tau_{oy}) \quad (3.3\text{-}9\text{a})$$

$$\rho_0 K_H\left(\frac{\partial \theta}{\partial z}, \frac{\partial S}{\partial z}\right) = (\dot{H}, \dot{S}) \quad (3.3\text{-}9\text{b})$$

$$q^2 = B_1^{2/3} u_{\tau s}^2 \quad (3.3\text{-}9\text{c})$$

$$q^2 l = 0 \quad (3.3\text{-}9\text{d})$$

$$W = U\frac{\partial \eta}{\partial x} + V\frac{\partial \eta}{\partial y} + \frac{\partial \eta}{\partial t} \quad (3.3\text{-}9\text{e})$$

其中,(τ_{ox}, τ_{oy}) 是携带摩擦速度 u_τ 的表面风应力矢量。当表面存在风浪时,式(3.3-9d)混合长度从 0 开始存在争议。这个错误是由波高的近表面层引起的。$B_1^{2/3}$ 是从湍流闭合关系中得到的经验常数(数值为 6.51)。海洋热通量是 $\dot{H}$ 和 $\dot{S} = S(0)[\dot{E}-\dot{P}]/\rho_0$,而 $(\dot{E}-\dot{P})$ 表示蒸发沉淀表面质量流量率,$S(0)$ 代表盐度。在水域的边界和底部,θ 和 S 的梯度为 0,即没有平流、扩散热和盐通量通过边界。下边界为:

$$\rho_0 K_M\left(\frac{\partial U}{\partial z}, \frac{\partial V}{\partial z}\right) = (\tau_{bx}, \tau_{by}) \tag{3.3-10a}$$

$$q^2 = B_1^{2/3} u_{tb}^2 \tag{3.3-10b}$$

$$q^2 l = 0 \tag{3.3-10c}$$

$$W_b = -U_b \frac{\partial H}{\partial x} - V_b \frac{\partial H}{\partial y} \tag{3.3-10d}$$

其中，u_{tb} 为底部摩擦应力(τ_{bx}，τ_{by})引起的摩擦速度。

$$\vec{\tau}_b = \rho_0 C_D |V_b| V_b \tag{3.3-11}$$

阻力系数 C_D 为：

$$C_D = \left[\frac{1}{\kappa} \ln(H + z_b)/z_0\right]^{-2} \tag{3.3-12}$$

其中，z_b 和 V_b 是网格点和接近底部的网格点中的相应速度，κ 是卡门常数。式(3.3-11)和(3.3-12)的联合湍流闭合源 K_M 的最终结果为：

$$V = (\vec{\tau}_b / \kappa u_{tb}) \ln(z/z_0) \tag{3.3-13}$$

一般 C_D 选取式(3.3-12)和0.0025中大的一个，参数 z_0 依赖于当地的底部粗糙度。

3.3.1.2 开边界条件

开边界存在两种类型——流入和流出。温度和盐度边界条件为：

$$\frac{\partial}{\partial t}(\theta, S) + U_n \frac{\partial}{\partial n}(\theta, S) = 0 \tag{3.3-14}$$

当下标 n 是边界的法线方向时，可计算。湍流动能和宏观量($q^2 l$)是在边界上，通过各自的方程，忽略水平对流来计算的。

对于坐标系统，普通的 x, y, z 坐标系针对水深变化明显的区域效果是不理想的，因此将表面和底部改为坐标面，即 σ 坐标系，能够较好地处理浅海变化的海底地形，如图3.3-1。

控制内外模型的方程从 (x, y, z, t) 变为 (x^*, y^*, σ, t^*) 坐标，即：

$$\begin{cases} x^* = x \\ y^* = y \\ \sigma = \dfrac{z-\eta}{H+\eta} \\ t^* = t \end{cases} \quad (3.3\text{-}15)$$

则在 σ 坐标系中可得：

$$\frac{\partial G}{\partial x} = \frac{\partial G}{\partial x^*} - \frac{\partial G}{\partial \sigma}\left(\frac{\sigma}{D}\frac{\partial D}{\partial x^*} + \frac{1}{D}\frac{\partial \eta}{\partial x^*}\right) \quad (3.3\text{-}16a)$$

$$\frac{\partial G}{\partial y} = \frac{\partial G}{\partial y^*} - \frac{\partial G}{\partial \sigma}\left(\frac{\sigma}{D}\frac{\partial D}{\partial y^*} + \frac{1}{D}\frac{\partial \eta}{\partial y^*}\right) \quad (3.3\text{-}16b)$$

$$\frac{\partial G}{\partial z} = \frac{1}{D}\frac{\partial G}{\partial \sigma} \quad (3.3\text{-}16c)$$

$$\frac{\partial G}{\partial t} = \frac{\partial G}{\partial t^*} - \frac{\partial G}{\partial \sigma}\left(\frac{\sigma}{D}\frac{\partial D}{\partial t^*} + \frac{1}{D}\frac{\partial \eta}{\partial t^*}\right) \quad (3.3\text{-}16d)$$

其中 G 为任意变量，当 $z=\eta$ 时 $\sigma=0$，$z=-H$ 时 $\sigma=-1$。则垂向速度可定义为：

$$\omega = W - U\omega\sigma\frac{\partial D}{\partial x^*} + \frac{\partial \eta}{\partial x^*} - V\sigma\frac{\partial D}{\partial y^*} + \frac{\partial \eta}{\partial y^*} - \left(\sigma\frac{\partial D}{\partial t^*} + \frac{\partial \eta}{\partial t^*}\right)$$

$$(3.3\text{-}17)$$

边界条件由式(3.3-9e)和(3.3-10d)改变为：

$$\omega(x^*, y^*, 0, t^*) = 0 \quad (3.3\text{-}18a)$$

$$\omega(x^*, y^*, -1, t^*) = 0 \quad (3.3\text{-}18b)$$

另外，变量 G 可表示为：

$$\overline{G} = \int_{-1}^{0} G \, d\sigma \quad (3.3\text{-}19)$$

3.3.1.3 模式分裂技术

控制动态海岸、河口和湖泊循环的方程包含快速移动的外部重力波和缓慢移动的内部重力波。根据计算机将垂直整合方程(外模式)从纵向结构方程(内模式)中分隔开来是可取的。其中,模式分裂技术首先计算自由表面高程。

外模式方程通过在垂向上整合内模式方程消除垂直结构。从 $\sigma=-1$ 到 $\sigma=0$,可得到一个关于表面高程的方程:

$$\frac{\partial \eta}{\partial t}+\frac{\partial \overline{U}D}{\partial x}+\frac{\partial \overline{V}D}{\partial y}=0 \qquad (3.3-20)$$

动量方程通过垂直整合得:

$$\frac{\partial \overline{U}D}{\partial t}+\frac{\partial \overline{U^2}D}{\partial x}+\frac{\partial \overline{U}\overline{V}D}{\partial y}-f\overline{V}D+gD\frac{\partial \eta}{\partial x}-D\overline{F_x}=-\overline{wu}(0)+\overline{wu}(-1)$$

$$-\frac{\partial \overline{DU'^2}}{\partial x}-\frac{\partial \overline{DU'V'}}{\partial y}-\frac{gD^2}{\rho_0}\frac{\partial}{\partial x}\int_{-1}^{0}\int_{\sigma}^{0}\rho d\sigma' d\sigma+\frac{gD}{\rho_0}\frac{\partial D}{\partial x}\int_{-1}^{0}\int_{\sigma}^{0}\sigma'\frac{\partial \rho}{\partial \sigma}d\sigma' d\sigma$$

$$(3.3-21)$$

$$\frac{\partial \overline{V}D}{\partial t}+\frac{\partial \overline{U}\overline{V}D}{\partial x}+\frac{\partial \overline{V^2}D}{\partial y}+f\overline{U}D+gD\frac{\partial \eta}{\partial y}-D\overline{F_y}=-\overline{wv}(0)+\overline{wv}(-1)$$

$$-\frac{\partial \overline{DU'V'}}{\partial x}-\frac{\partial \overline{DV'^2}}{\partial y}-\frac{gD^2}{\rho_0}\frac{\partial}{\partial y}\int_{-1}^{0}\int_{\sigma}^{0}\rho d\sigma' d\sigma+\frac{gD}{\rho_0}\frac{\partial D}{\partial y}\int_{-1}^{0}\int_{\sigma}^{0}\sigma'\frac{\partial \rho}{\partial \sigma}d\sigma' d\sigma$$

$$(3.3-22)$$

其中,压力从方程(3.3-5)得到,垂直整合的速度可定义为:

$$(\overline{U},\overline{V})=\int_{-1}^{0}(U,V)d\sigma \qquad (3.3-23)$$

表层风应力分量为 $-\overline{wu}(0)$ 和 $-\overline{wv}(0)$,底部应力分量为 $-\overline{wu}(-1)$ 和 $-\overline{wv}(-1)$。在式(3.3-21)和(3.3-22)中的条件 U'^2,$U'V'$ 和 V'^2 表示偏离垂直整合(平均)速度和作为分散条件的速度的垂直平均。这样可得:

$$(\overline{U'^2},\overline{V'^2},\overline{U'V'})=\int_{-1}^{0}(U'^2,V'^2,U'V')d\sigma \qquad (3.3-24)$$

其中,$(U',V')=(U-\overline{U},V-\overline{V})$,$\overline{F_x}$ 和 $\overline{F_y}$ 是横向动量扩散的平均,可定义为:

$$D\overline{F_x}=\frac{\partial}{\partial x}\Big[2A_M\frac{\partial \overline{U}D}{\partial x}\Big]+\frac{\partial}{\partial y}\Big[A_M\Big(\frac{\partial \overline{U}D}{\partial y}+\frac{\partial \overline{V}D}{\partial x}\Big)\Big] \qquad (3.3-25)$$

$$D\overline{F_y} = \frac{\partial}{\partial y}\left[2A_M \frac{\partial \overline{V}D}{\partial y}\right] + \frac{\partial}{\partial x}\left[A_M\left(\frac{\partial \overline{U}D}{\partial y} + \frac{\partial \overline{V}D}{\partial x}\right)\right] \quad (3.3\text{-}26)$$

该计算方法是为了解决外模式方程,浅水波方程(3.3-20)、(3.3-21)和(3.3-22),用短时间阶去解决潮汐运动。图 3.3-3 说明了内外模式的时间阶进程。

3.3.1.4 正交曲线坐标系统变换

连续性方程:

$$h_1 h_2 \frac{\partial \eta}{\partial t} + \frac{\partial h_2 U_1 D}{\partial \xi_1} + \frac{\partial h_1 U_2 D}{\partial \xi_2} + h_1 h_2 \frac{\partial \omega}{\partial \sigma} = 0 \quad (3.3\text{-}27a)$$

其中:

$$\omega = W - \frac{1}{h_1 h_2}\left[h_2 U_1\left(\sigma \frac{\partial D}{\partial \xi_1} + \sigma \frac{\partial \eta}{\partial \xi_1}\right) + h_2 U_1\left(\sigma \frac{\partial D}{\partial \xi_2} + \sigma \frac{\partial \eta}{\partial \xi_2}\right)\right] - \left(\sigma \frac{\partial D}{\partial t} + \sigma \frac{\partial \eta}{\partial t}\right)$$

$$(3.3\text{-}27b)$$

雷诺方程:

$$\frac{\partial h_1 h_2 U_1 D}{\partial t} + \frac{\partial h_2 U_1^2 D}{\partial \xi_1} + \frac{\partial h_1 U_1 U_2 D}{\partial \xi_2} + h_1 h_2 \frac{\partial \omega U_1}{\partial \sigma} + D U_2\left(-U_2 \frac{\partial h_2}{\partial \xi_1} + U_1 \frac{\partial h_1}{\partial \xi_2}\right.$$

$$\left. - h_1 h_2 f\right) = -g D h_2\left(\frac{\partial \eta}{\partial \xi_1} + \frac{\partial H_0}{\partial \xi_1}\right) - \frac{g D^2 h_2}{\rho_0}\int_\sigma^0\left[\frac{\partial \rho}{\partial \xi_1} - \frac{\sigma}{D}\frac{\partial D}{\partial \xi_1}\frac{\partial \rho}{\partial \sigma}\right]d\sigma$$

$$- D\frac{h_2}{\rho_0}\frac{\partial P_a}{\partial \xi_1} + \frac{\partial}{\partial \xi_1}\left(2A_M \frac{h_2}{h_1}D\frac{\partial U_1}{\partial \xi_1}\right) + \frac{\partial}{\partial \xi_2}\left(A_M \frac{h_1}{h_2}D\frac{\partial U_1}{\partial \xi_2}\right) + \frac{\partial}{\partial \xi_2}\left(A_M D\frac{\partial U_2}{\partial \xi_1}\right)$$

$$+ \frac{h_1 h_2}{D}\frac{\partial}{\partial \sigma}\left(K_M \frac{\partial U_1}{\partial \sigma}\right)$$

$$(3.3\text{-}28)$$

$$\frac{\partial h_1 h_2 U_2 D}{\partial t} + \frac{\partial h_2 U_1 U_2 D}{\partial \xi_1} + \frac{\partial h_1 U_2^2 D}{\partial \xi_2} + h_1 h_2 \frac{\partial \omega U_2}{\partial \sigma} + D U_1\left(-U_1 \frac{\partial h_1}{\partial \xi_2} + U_2 \frac{\partial h_2}{\partial \xi_1}\right.$$

$$\left. + h_1 h_2 f\right) = -g D h_1\left(\frac{\partial \eta}{\partial \xi_2} + \frac{\partial H_0}{\partial \xi_2}\right) - \frac{g D^2 h_1}{\rho_0}\int_\sigma^0\left[\frac{\partial \rho}{\partial \xi_2} - \frac{\sigma}{D}\frac{\partial D}{\partial \xi_2}\frac{\partial \rho}{\partial \sigma}\right]d\sigma - D\frac{h_1}{\rho_0}\frac{\partial P_a}{\partial \xi_2}$$

$$+ \frac{\partial}{\partial \xi_2}\left(2A_M \frac{h_1}{h_2}D\frac{\partial U_2}{\partial \xi_2}\right) + \frac{\partial}{\partial \xi_1}\left(A_M \frac{h_2}{h_1}D\frac{\partial U_2}{\partial \xi_1}\right) + \frac{\partial}{\partial \xi_1}\left(A_M D\frac{\partial U_1}{\partial \xi_2}\right)$$

$$+ \frac{h_1 h_2}{D}\frac{\partial}{\partial \sigma}\left(K_M \frac{\partial U_2}{\partial \sigma}\right)$$

$$(3.3\text{-}29)$$

温度的传输：

$$h_1 h_2 \frac{\partial \theta D}{\partial t} + \frac{\partial h_2 U_1 \theta D}{\partial \xi_1} + \frac{\partial h_1 U_2 \theta D}{\partial \xi_2} + h_1 h_2 \frac{\partial \omega \theta}{\partial \sigma}$$
$$= \frac{\partial}{\partial \xi_1}\left(\frac{h_2}{h_1} A_H D \frac{\partial \theta}{\partial \xi_1}\right) + \frac{\partial}{\partial \xi_2}\left(\frac{h_1}{h_2} A_H D \frac{\partial \theta}{\partial \xi_2}\right) + \frac{h_1 h_2}{D} \frac{\partial}{\partial \sigma}\left(K_H \frac{\partial \theta}{\partial \sigma}\right) \quad (3.3-30)$$

盐度的传输：

$$h_1 h_2 \frac{\partial S D}{\partial t} + \frac{\partial h_2 U_1 S D}{\partial \xi_1} + \frac{\partial h_1 U_2 S D}{\partial \xi_2} + h_1 h_2 \frac{\partial \omega S}{\partial \sigma}$$
$$= \frac{\partial}{\partial \xi_1}\left(\frac{h_2}{h_1} A_H D \frac{\partial S}{\partial \xi_1}\right) + \frac{\partial}{\partial \xi_2}\left(\frac{h_1}{h_2} A_H D \frac{\partial S}{\partial \xi_2}\right) + \frac{h_1 h_2}{D} \frac{\partial}{\partial \sigma}\left(K_H \frac{\partial S}{\partial \sigma}\right) \quad (3.3-31)$$

湍流动能的传输：

$$h_1 h_2 \frac{\partial q^2 D}{\partial t} + \frac{\partial h_2 U_1 q^2 D}{\partial \xi_1} + \frac{\partial h_1 U_2 q^2 D}{\partial \xi_2} + h_1 h_2 \frac{\partial \omega q^2}{\partial \sigma}$$
$$= h_1 h_2 \left\{ 2 \frac{K_M}{D}\left[\left(\frac{\partial U_1}{\partial \sigma}\right)^2 + \left(\frac{\partial U_2}{\partial \sigma}\right)^2\right] + \frac{2g}{\rho_0} K_H \frac{\partial \rho}{\partial \sigma} - 2 \frac{D q^3}{B_1 \ell} \right\} \quad (3.3-32)$$
$$+ \frac{\partial}{\partial \xi_1}\left(\frac{h_2}{h_1} A_H D \frac{\partial q^2}{\partial \xi_1}\right) + \frac{\partial}{\partial \xi_2}\left(\frac{h_1}{h_2} A_H D \frac{\partial q^2}{\partial \xi_2}\right) + \frac{h_1 h_2}{D} \frac{\partial}{\partial \sigma}\left(K_q \frac{\partial q^2}{\partial \sigma}\right)$$

湍流尺度：

$$h_1 h_2 \frac{\partial q^2 \lambda D}{\partial t} + \frac{\partial h_2 U_1 q^2 \lambda D}{\partial \xi_1} + \frac{\partial h_1 U_2 q^2 \lambda D}{\partial \xi_2} + h_1 h_2 \frac{\partial \omega q^2 \lambda}{\partial \sigma}$$
$$= h_1 h_2 \left\{ \frac{\lambda E_1 K_M}{D}\left[\left(\frac{\partial U_1}{\partial \sigma}\right)^2 + \left(\frac{\partial U_2}{\partial \sigma}\right)^2\right] + \frac{\lambda E_1 g}{\rho_0} K_H \frac{\partial \rho}{\partial \sigma} - \frac{D q^3}{B_1} \overline{w} \right\}$$
$$+ \frac{\partial}{\partial \xi_1}\left(\frac{h_2}{h_1} A_H D \frac{\partial q^2 \lambda}{\partial \xi_1}\right) + \frac{\partial}{\partial \xi_2}\left(\frac{h_1}{h_2} A_H D \frac{\partial q^2 \lambda}{\partial \xi_2}\right) + \frac{h_1 h_2}{D} \frac{\partial}{\partial \sigma}\left(K_q \frac{\partial q^2 \lambda}{\partial \sigma}\right)$$

$$(3.3-33)$$

其中，ξ_1 和 ξ_2 是任意水平正交曲线坐标。

3.3.2 模型验证

为避免潮流界范围内的负向水流对计算过程的影响，选取了潮流界的上边界江阴，作为模型计算的上边界，口外 -20 m 等深线以外作为模型计算的下边界。模型全长 242.0 km，最窄处为江阴断面附近，河宽仅 1 700 m，最宽处为口外海域下边界,宽度为 95.8 km。模型采用三角形网格,控制最大网格面积不超过 1 000 000 m²,将崇明岛、长兴岛高滩部分按照不过水进行处理,累计网格总数为 10 547 个,网格示意图和断面位置示意图如图 3.3-4 和图 3.3-5 所示。

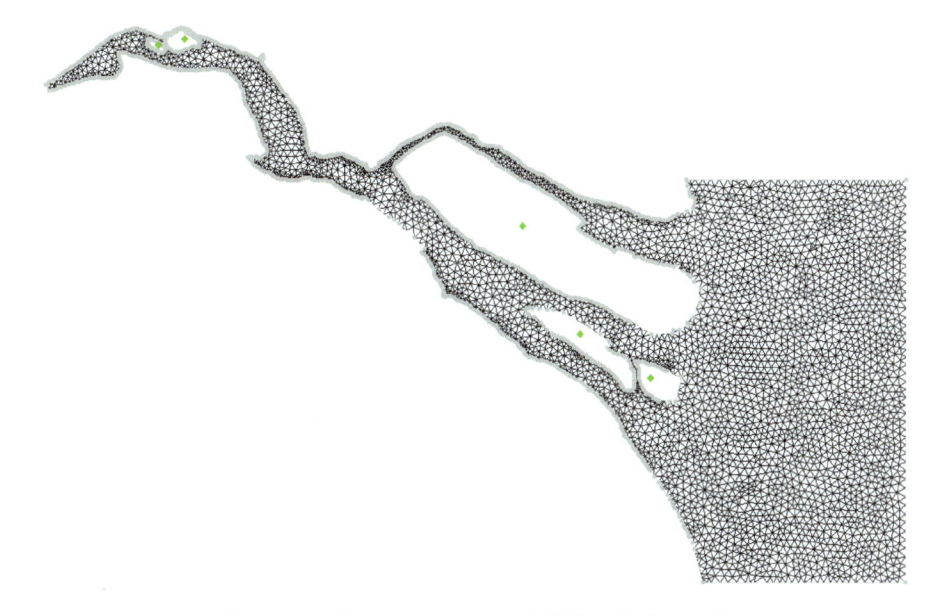

图 3.3-4 长江口江阴—口外数学模型网格示意图

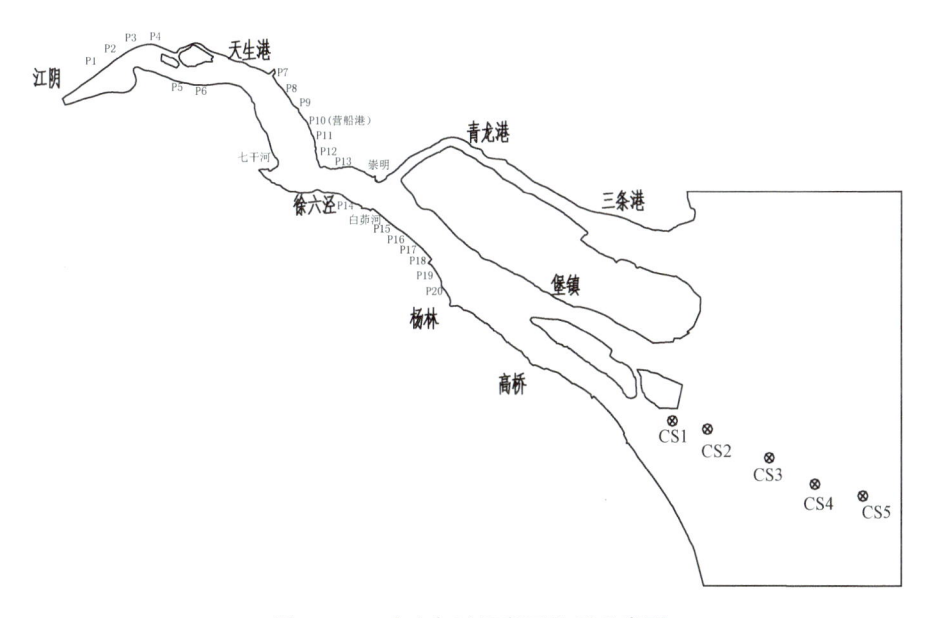

图 3.3-5 率定与验证断面位置示意图

3.3.2.1 潮位验证

以长江口南支的白茆、杨林、吴淞的潮位资料进行验证,通过模型计算,其结果较好地体现了潮位的变化过程,与2004年8月5日为起始日期的实测结果符合良好(图3.3-6)。

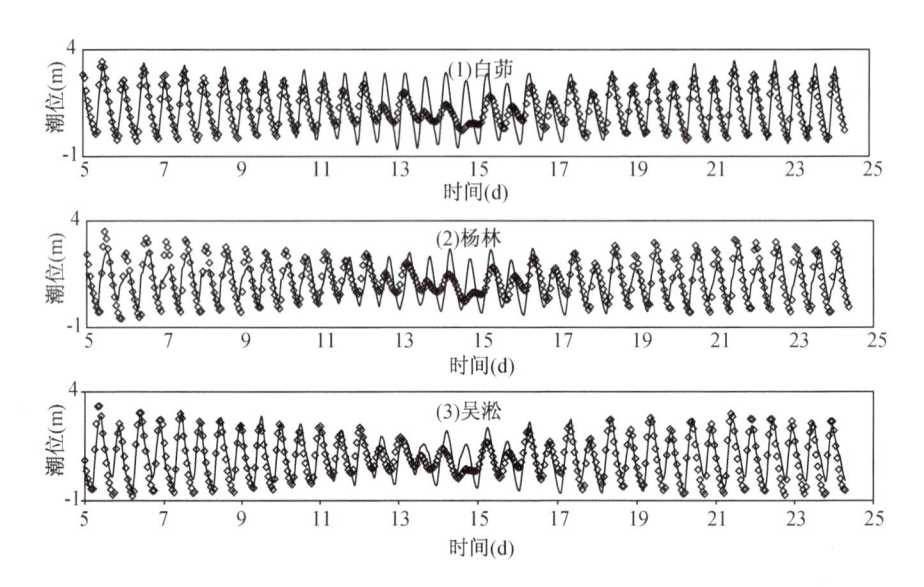

图 3.3-6　2004年8月潮位验证

以2007年2月1日为起始日期,在南槽东站及北槽中站的潮位验证结果如图3.3-7所示,计算值与实测值符合良好。

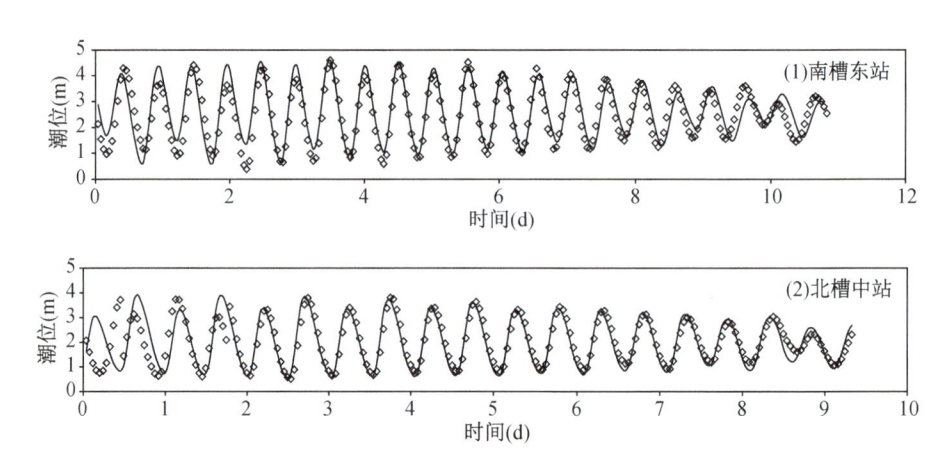

图 3.3-7　2007年2月潮位验证

以 2014 年 9 月 8 日为起始日期,在白茆河、崇头、荡西站的潮位验证结果如图 3.3-8 所示,计算值与实测值符合良好。

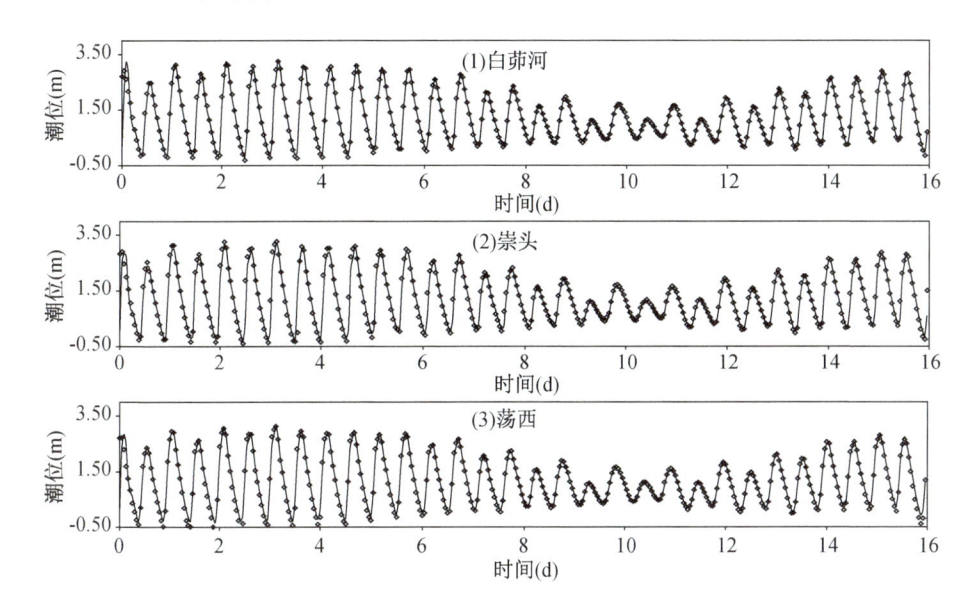

图 3.3-8 2014 年 9 月潮位验证

通过对长江河口不同时期、不同季节的不同测站进行潮位验证分析,潮位计算结果与实测值均符合较好。

3.3.2.2 流速流向验证

以 2004 年 8 月 24 日为起始日期,对白茆站与石化站进行流速流向验证,由图 3.3-9 可以看出,一天内潮流两涨两落,最大流速出现一高一低,落潮时径流与潮流流向一致,历时大于涨潮期,平均流速计算值与实测值偏差在 0.15 m/s 以内。

以 2007 年 2 月 1 日为起始日期,分布在北港、北槽及南槽的三个测点流速流向的验证结果如图 3.3-10 所示,由图可以看出,各测点的流速与流向均符合良好,流速偏差范围在 0.15 m/s 以内。

以 2004 年 9 月 8 日为起始日期,分别对白茆和北支入口(图 3.3-11)的大、中、小潮时的流速流向进行验证,其计算结果与实测值吻合良好,流速偏差在 0.15 m/s 以内。

(a) 白茆站平均流速流向

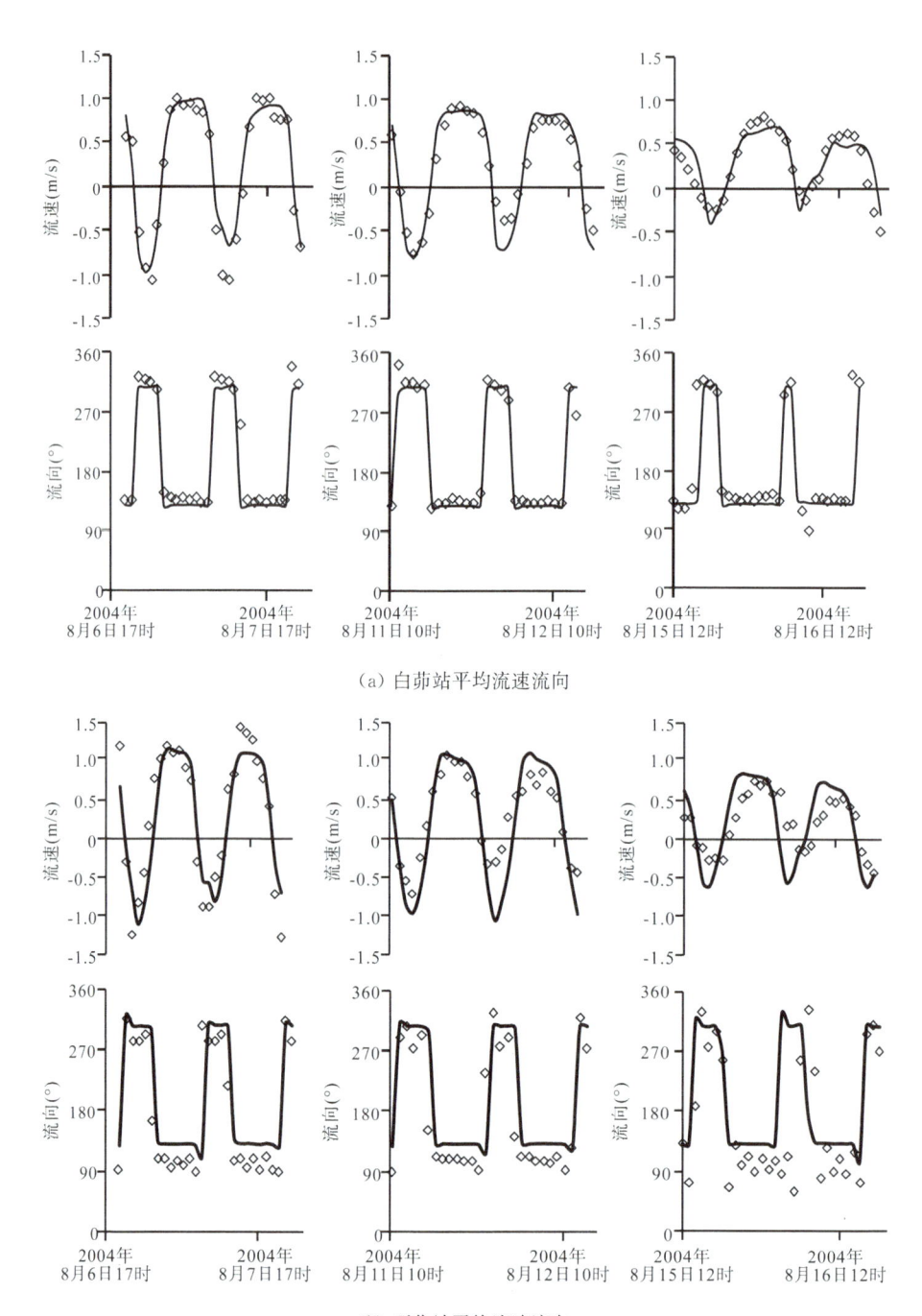

(b) 石化站平均流速流向

图 3.3-9 2004 年 8 月平均流速流向验证

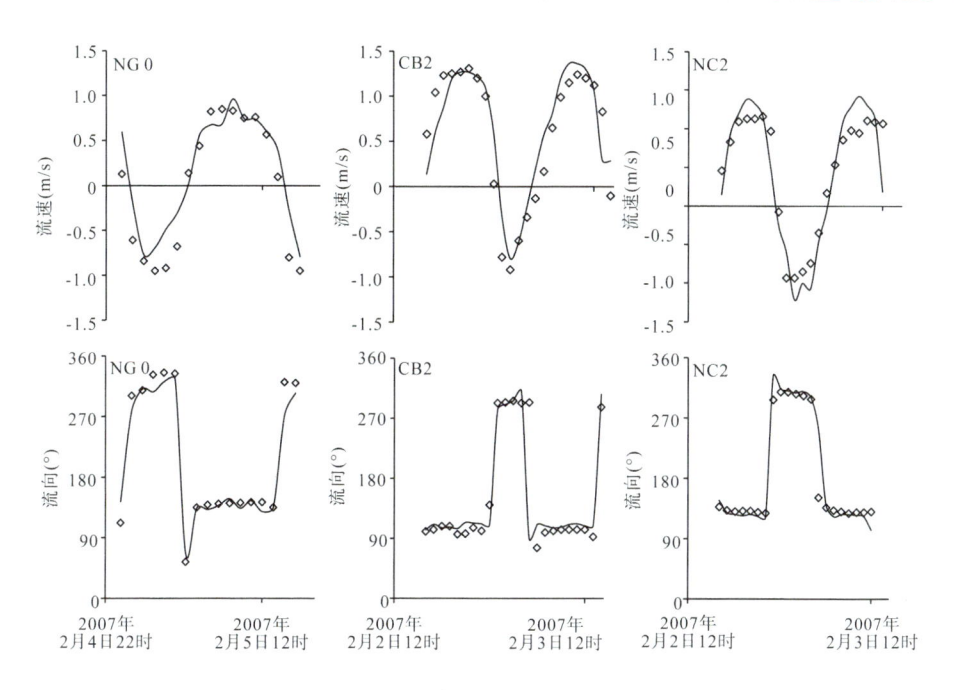

图 3.3-10 2007 年 2 月平均流速流向验证

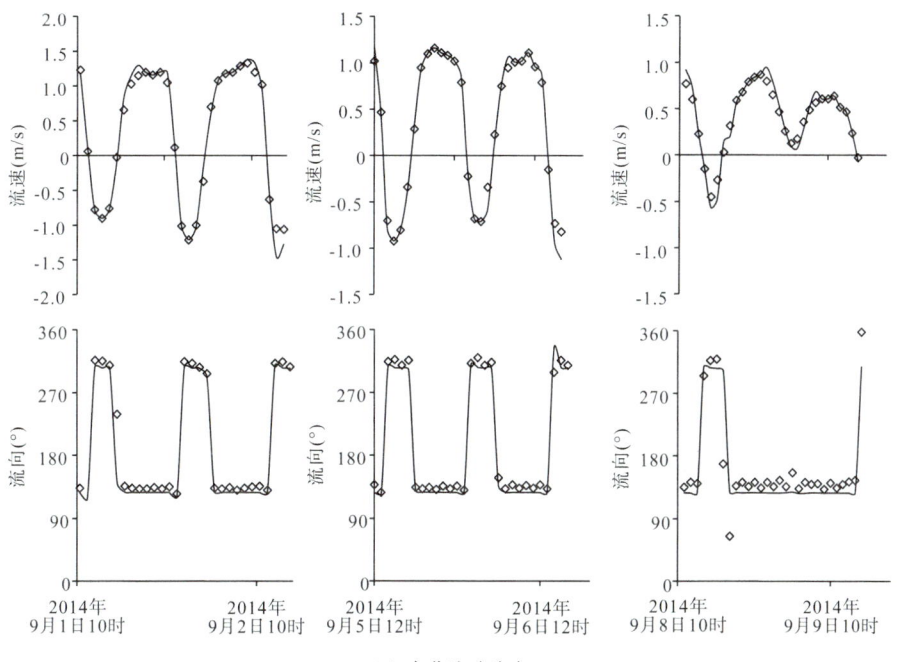

(a) 白茆流速流向

(b) 北支入口处流速流向

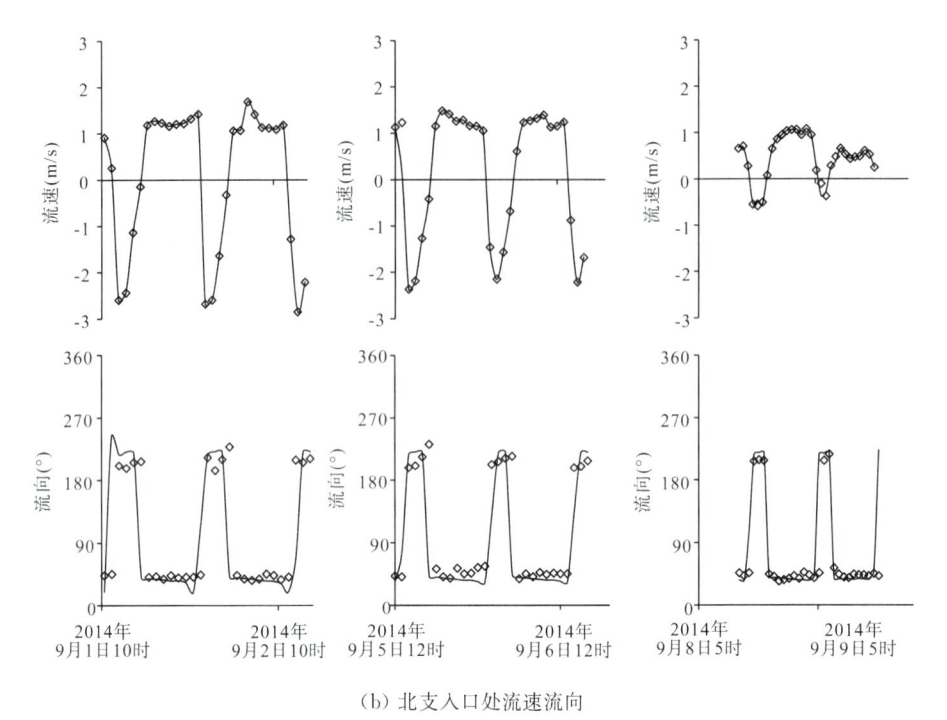

图 3.3-11 2004 年 9 月平均流速流向验证

3.4 长江口径潮流水动力平衡关系的影响分析

3.4.1 模拟计算组合

在径潮流水动力的相互作用中,不仅包括了在径流变化情况下潮汐参数的变化,同样也包括了在潮汐参数调整情况下径流动力过程的变化。为分析潮位波动对径流传播的影响,设计考虑了在径流保持不变的情况下,通过改变外海潮差,计算不同工况下的径流传播特性,来分析径潮流水动力相互作用(图3.4-1)。设计计算组次如下:

计算组次一:设计江阴站恒定流量为 38 000 m³/s,外海下边界潮差自 1.80 m 分别增至 2.80 m、3.80 m。潮位过程采用 2004 年 8 月—9 月绿华山实测潮位过程。

计算组次二:设计江阴站恒定流量为 48 000 m³/s,外海下边界潮差自 1.80 m

分别增至 2.80 m、3.80 m。潮位过程采用 2004 年 8 月—9 月绿华山实测潮位过程。

计算组次三:设计江阴站恒定流量为 58 000 m³/s,外海下边界潮差自 1.80 m 分别增至 2.80 m、3.80 m。潮位过程采用 2004 年 8 月—9 月绿华山实测潮位过程。

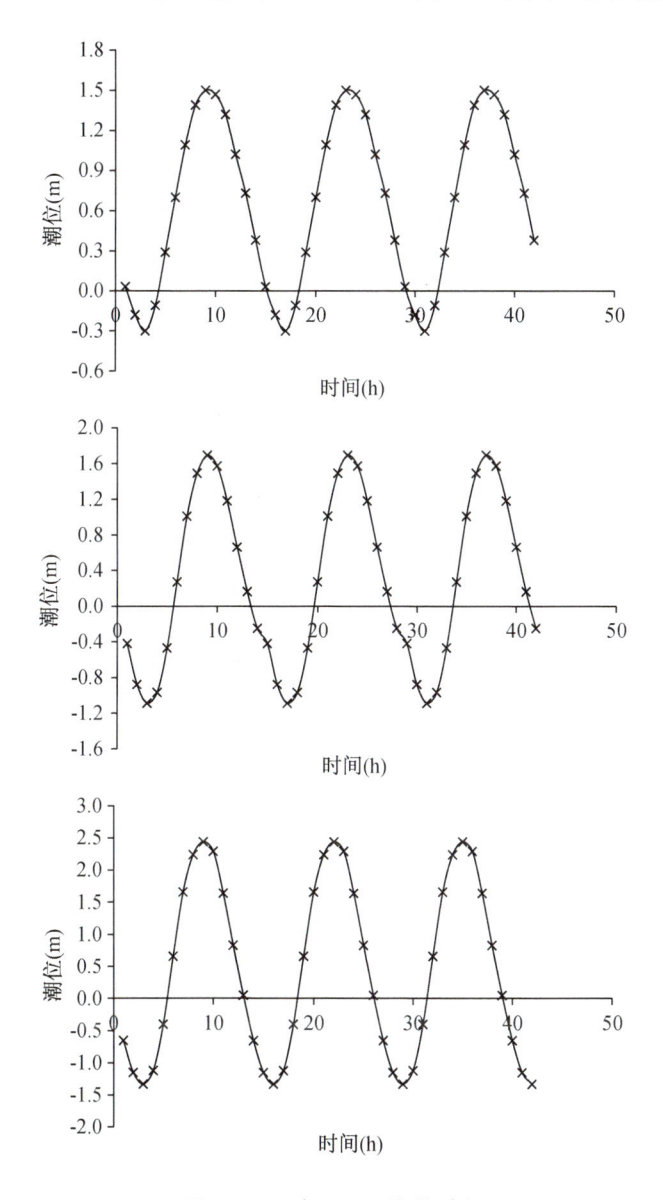

图 3.4-1 各工况下潮位过程

(上图:潮差 1.80 m;中图:潮差 2.80 m;下图:潮差 3.80 m)

在计算组次条件下,选取江阴、天生港、徐六泾、青龙港、三条港、杨林、堡镇、高桥8个测站的潮位、流速作为对象进行分析。沿程测点布置如图3.3-5所示。

计算组次一(表3.4-1):当江阴站径流流量维持在38 000 m³/s时,绿华山潮差逐渐由1.80 m增至3.80 m的过程中,潮流界位置自P11点上移至P9点,最终上移至P6点。潮差每抬升1 m,潮流界位置上溯约10 km。从各站潮位变化来看,伴随着绿华山潮位的波动,上游各站潮位均发生了与之相适应的变化特征,各站潮差均有不同程度的增加。

计算组次二(表3.4-2):当江阴站径流流量维持在48 000 m³/s时,绿华山潮差逐渐由1.80 m增至3.80 m的过程中,潮流界位置自P15上移至P11点,最终上移至P9点。潮差每抬升1 m,潮流界位置分别上溯30 km、10 km。从各站潮位变化来看,伴随着绿华山潮位的波动,上游各站潮位均发生与之相适应的抬升和降低的变化特征,各站潮差均有不同程度的增加。

计算组次三(表3.4-3):当江阴站径流流量维持在58 000 m³/s时,绿华山潮差逐渐由1.80 m增至3.80 m的过程中,潮流界位置自杨林站上移至P11点,最终上移至P9点。潮差每抬升1 m,潮流界位置分别上溯约40 km、25 km。从各站潮位变化来看,伴随着绿华山潮位的波动,上游各站潮位均发生了与之相适应的变化特征,各站潮差均有不同程度的增加。

表3.4-1 计算组次一各站潮位变化　　　　　　　　　　　　单位:m

江阴站流量 Q=38 000 m³/s		天生港	徐六泾	青龙港	三条港	杨林	堡镇	高桥
3.8 m	高潮位	3.01	2.51	2.56	2.59	2.51	2.50	2.53
	低潮位	1.17	0.77	0.34	−0.93	0.38	0.15	0.06
	潮差	1.84	1.74	2.22	3.52	2.13	2.35	2.47
2.8 m	高潮位	2.30	1.87	1.85	1.82	1.84	1.81	1.83
	低潮位	0.91	0.50	0.11	−0.96	0.15	−0.03	−0.12
	潮差	1.39	1.37	1.74	2.78	1.69	1.84	1.95
1.8 m	高潮位	2.22	1.86	1.83	1.59	1.76	1.73	1.74
	低潮位	1.18	0.82	0.42	−0.20	0.53	0.38	0.31
	潮差	1.04	1.04	1.41	1.79	1.23	1.35	1.43

第3章 长江口径潮流水动力平衡关系及调整趋势研究

表 3.4-2 计算组次二各站潮位变化 单位:m

江阴站流量 Q=48 000 m³/s		天生港	徐六泾	青龙港	三条港	杨林	堡镇	高桥
3.8 m	高潮位	3.22	2.72	2.69	2.60	2.66	2.62	2.63
	低潮位	1.55	1.00	0.47	−0.90	0.53	0.28	0.17
	潮差	1.67	1.72	2.22	3.50	2.13	2.34	2.46
2.8 m	高潮位	2.52	2.08	1.96	1.83	1.99	1.93	1.94
	低潮位	1.29	0.73	0.22	−0.94	0.30	0.08	−0.01
	潮差	1.23	1.35	1.74	2.77	1.69	1.85	1.95
1.8 m	高潮位	2.37	1.99	1.90	1.59	1.88	1.81	1.82
	低潮位	1.52	1.01	0.51	−0.20	0.64	0.46	0.39
	潮差	0.85	0.98	1.39	1.79	1.24	1.35	1.43

表 3.4-3 计算组次三各站潮位变化 单位:m

江阴站流量 Q=58 000 m³/s		天生港	徐六泾	青龙港	三条港	杨林	堡镇	高桥
3.8 m	高潮位	3.43	2.91	2.82	2.62	2.81	2.73	2.73
	低潮位	1.93	1.23	0.59	−0.88	0.69	0.40	0.29
	潮差	1.50	1.68	2.23	3.50	2.12	2.33	2.44
2.8 m	高潮位	2.74	2.26	2.05	1.84	2.14	2.04	2.04
	低潮位	1.68	0.97	0.34	−0.92	0.45	0.19	0.10
	潮差	1.06	1.29	1.71	2.76	1.69	1.85	1.94
1.8 m	高潮位	2.55	2.11	1.96	1.60	1.97	1.87	1.88
	低潮位	1.87	1.22	0.61	−0.19	0.77	0.55	0.47
	潮差	0.68	0.89	1.35	1.79	1.20	1.32	1.41

综上分析,在径流条件不变的情况下,外海潮汐强度的增强不断向上游衰减,当径流流量分别为 38 000 m³/s、48 000 m³/s 和 58 000 m³/s 时,外海潮差自 1.8 m 增至 2.8 m 时,三条港潮差分别增 0.99 m、0.98 m 和 0.97 m;青龙港潮差分别增 0.33 m、0.35 m 和 0.36 m;南支杨林潮差分别增 0.45 m、0.46 m 和 0.47 m;北港堡镇潮差分别增 0.50 m、0.50 m 和 0.53 m;南港高桥潮差分别增 0.53 m、0.52 m 和 0.53 m;徐六泾潮差分别增 0.33 m、0.37 m 和 0.41 m;天生港潮差分别增 0.35 m、0.38 m 和 0.38 m。潮差在潮流上溯的过程中不断衰减,

从放宽段上溯至束窄段的过程中,潮差减小幅度较大,三条港至青龙港,杨林至徐六泾均为同样的特征。

3.4.2 径流变化对径潮相互作用的影响

在上述分析的基础上,进一步开展数学计算,对径流变化下潮汐动力的响应变化进行分析,进一步研究在径潮相互作用中径流动力变化的影响。设计工况如下:

计算组次四:设计外海潮差为1.80 m,潮位过程采用2004年8月—9月绿华山实测潮位过程。江阴站恒定流量分别为38 000 m^3/s、48 000 m^3/s和58 000 m^3/s。

计算组次五:设计外海潮差为2.80 m,潮位过程采用2004年8月—9月绿华山实测潮位过程。江阴站恒定流量分别为38 000 m^3/s、48 000 m^3/s和58 000 m^3/s。

计算组次六:设计外海潮差为3.80 m,潮位过程采用2004年8月—9月绿华山实测潮位过程。江阴站恒定流量分别为38 000 m^3/s、48 000 m^3/s和58 000 m^3/s。

选取江阴、天生港、徐六泾、青龙港、三条港、杨林、堡镇、高桥8个测站的潮位、流速作为对象进行分析,计算结果如表3.4-4至表3.4-6所示。

在计算组次四条件下,绿华山潮差维持在1.80 m时,伴随着径流总量自38 000 m^3/s增至48 000 m^3/s、58 000 m^3/s过程中,潮流界位置自P11点下移至P15点并进一步下移至杨林站,流量每增加10 000 m^3/s,潮流界下移约30 km。伴随着径流的增强,各站潮位均有所抬升,但江阴—徐六泾潮差有所降低,北支进口青龙港的潮差有所降低,其余下游各站基本不受径流影响。

在计算组次五条件下,绿华山潮差维持在2.80 m时,伴随着径流总量自38 000 m^3/s增至48 000 m^3/s、58 000 m^3/s过程中,潮流界位置自P9点下移至P11点并进一步下移至P14点,流量每增加10 000 m^3/s,潮流界分别下移10 km、25 km。伴随着径流的增强,各站潮位均有所抬升,但江阴—徐六泾潮差有所降低,包括北支青龙港在内的下游各站基本不受径流影响。

在计算组次六条件下,绿华山潮差维持在3.80 m时,伴随着径流总量自38 000 m^3/s增至48 000 m^3/s、58 000 m^3/s过程中,潮流界位置自P6点下移至P9点并进一步下移至P11点,流量每增加10 000 m^3/s,潮流界下移10~15 km。伴随着径流的增强,各站潮位均有所抬升,但江阴—天生港段的潮差有所降低,包括徐六泾在内的其余下游各站基本不受径流影响。

第3章 长江口径潮流水动力平衡关系及调整趋势研究

表 3.4-4　计算组次四各站潮位变化　　　　　　　　　　　　　　　　单位：m

绿华山潮差：1.8 m		天生港	徐六泾	青龙港	三条港	杨林	堡镇	高桥
38 000 m³/s	高潮位	2.22	1.86	1.83	1.59	1.76	1.73	1.74
	低潮位	1.18	0.82	0.42	−0.20	0.53	0.38	0.31
	潮差	1.04	1.04	1.41	1.79	1.23	1.35	1.43
48 000 m³/s	高潮位	2.37	1.99	1.90	1.59	1.88	1.81	1.82
	低潮位	1.52	1.01	0.51	−0.20	0.64	0.46	0.39
	潮差	0.85	0.98	1.39	1.79	1.23	1.35	1.43
58 000 m³/s	高潮位	2.55	2.11	1.96	1.60	1.97	1.87	1.88
	低潮位	1.87	1.22	0.61	−0.19	0.77	0.55	0.47
	潮差	0.68	0.89	1.35	1.79	1.21	1.32	1.41

表 3.4-5　计算组次五各站潮位变化　　　　　　　　　　　　　　　　单位：m

绿华山潮差：2.8 m		天生港	徐六泾	青龙港	三条港	杨林	堡镇	高桥
38 000 m³/s	高潮位	2.30	1.87	1.85	1.82	1.84	1.81	1.83
	低潮位	0.91	0.50	0.11	−0.96	0.15	−0.03	−0.12
	潮差	1.39	1.37	1.74	2.78	1.68	1.85	1.95
48 000 m³/s	高潮位	2.52	2.08	1.96	1.83	1.99	1.93	1.94
	低潮位	1.29	0.73	0.22	−0.94	0.30	0.08	−0.01
	潮差	1.23	1.35	1.74	2.77	1.69	1.85	1.95
58 000 m³/s	高潮位	2.74	2.26	2.05	1.84	2.14	2.04	2.04
	低潮位	1.68	0.97	0.34	−0.92	0.45	0.19	0.10
	潮差	1.06	1.30	1.71	2.76	1.68	1.85	1.94

表 3.4-6　计算组次六各站潮位变化　　　　　　　　　　　　　　　　单位：m

绿华山潮差：3.8 m		天生港	徐六泾	青龙港	三条港	杨林	堡镇	高桥
38 000 m³/s	高潮位	3.01	2.51	2.56	2.59	2.51	2.50	2.53
	低潮位	1.17	0.77	0.34	−0.93	0.38	0.15	0.06
	潮差	1.84	1.74	2.22	3.52	2.13	2.34	2.48

(续表)

绿华山潮差:3.8 m		天生港	徐六泾	青龙港	三条港	杨林	堡镇	高桥
48 000 m³/s	高潮位	3.22	2.72	2.69	2.60	2.66	2.62	2.63
	低潮位	1.55	1.00	0.47	−0.90	0.53	0.28	0.17
	潮差	1.67	1.72	2.23	3.51	2.13	2.34	2.46
58 000 m³/s	高潮位	3.43	2.91	2.82	2.62	2.81	2.73	2.73
	低潮位	1.93	1.23	0.59	−0.88	0.69	0.40	0.29
	潮差	1.51	1.67	2.22	3.49	2.12	2.33	2.44

综上所述,以三条港站潮差与径流流量比值定义潮径比参数,当潮径比小于0.89时,临界界面下移至徐六泾以下;当潮径比小于0.58时,临界界面可移动至青龙港附近;当潮径比小于0.38时,临界界面可以下移至堡镇附近。外海潮汐强度多年来变化幅度不大,因三峡水库的调蓄作用,使得汛期削峰,大洪水消失,临界界面最大下移距离缩短,径流控制河段范围缩小;枯季水库的补水作用将使得潮汐控制河段最大上溯距离缩小,因此,三峡水库调蓄以及梯级水库联调后,径流潮汐临界界面的上下移动范围将有所缩小。

3.4.3 地形变化对径潮水动力相互作用的影响

长时间尺度上,径潮水动力作用强度的调整主要与地形的长周期变化有关,尤其是人类活动直接改变了局部河床地貌形态。采用控制变量方法,设置不同区域的地形冲淤调整条件,模拟计算地形冲淤调整对径潮水动力关系的影响。

计算组次七:充分考虑北支河段进一步淤浅的可能性,会改变南支和北支的分流关系,拟对北支的中上段河床加高0.2 m(图3.4-2)。

计算组次八:计算组次七考虑了北支的可能淤浅,对应南支会出现一定幅度的淤积,设置南支河段冲刷0.2 m的计算组次(图3.4-3)。

计算组次九:计算组次七中北支中上段设置为淤积状态,口门区域受潮汐影响动力可能增强,设置北支口外拦门沙冲刷0.2 m(图3.4-4)。

计算组次十:南支口门的拦门沙为陆海水动力交互影响,近年来实测资料显示,拦门沙的水下三角洲、前缘潮滩均为冲刷态势,设置南支口外拦门沙冲刷0.2 m的计算组次(图3.4-5)。

模拟计算均采用江阴径流总量为48 000 m³/s,下边界潮位过程变化如图

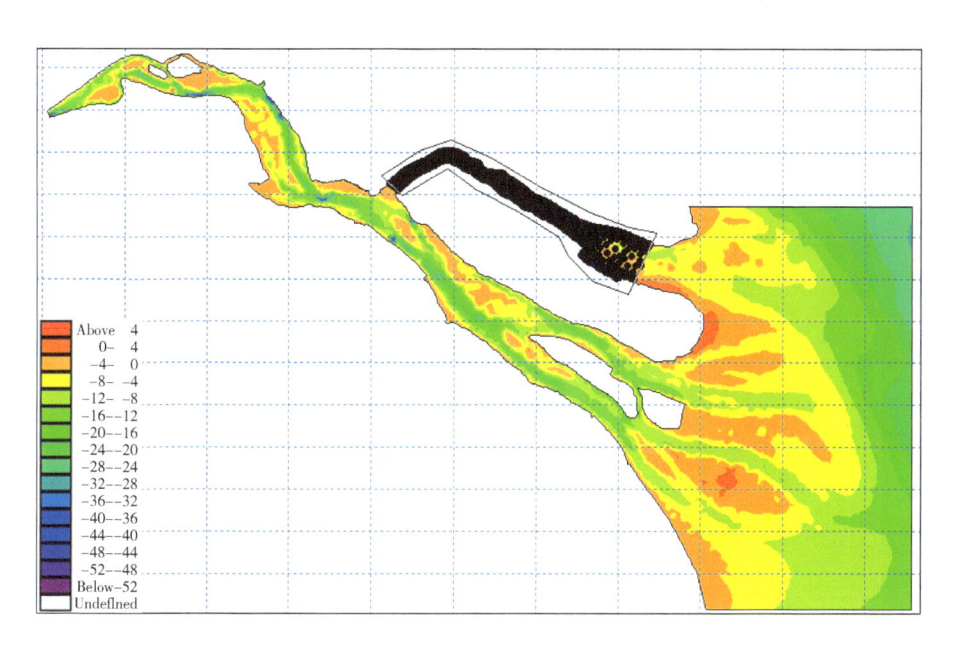

图 3.4-2　北支淤积范围示意图(黑色加粗点为淤积范围)

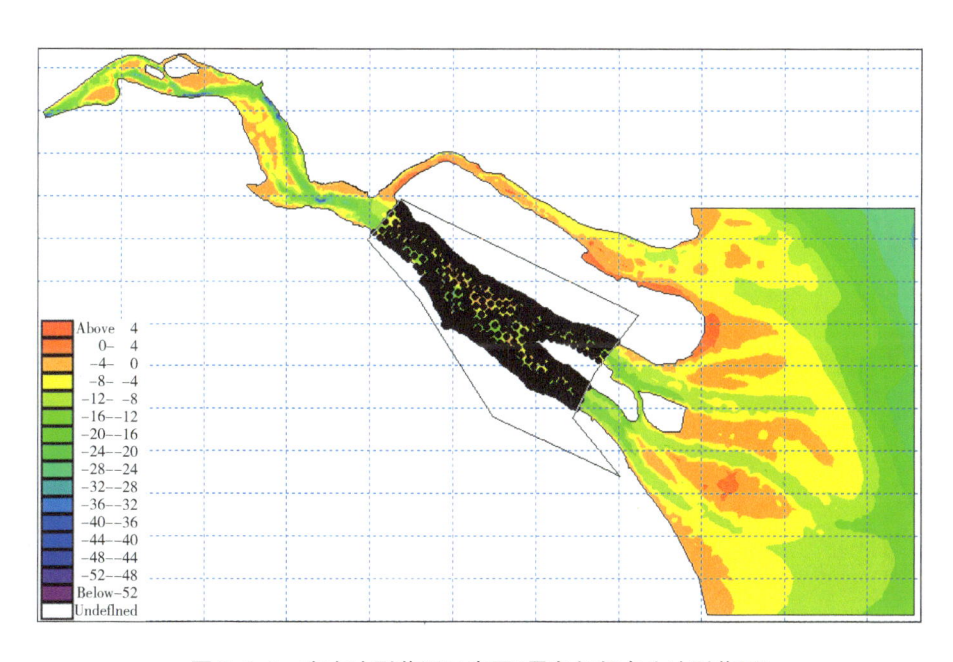

图 3.4-3　南支冲刷范围示意图(黑色加粗点为冲刷范围)

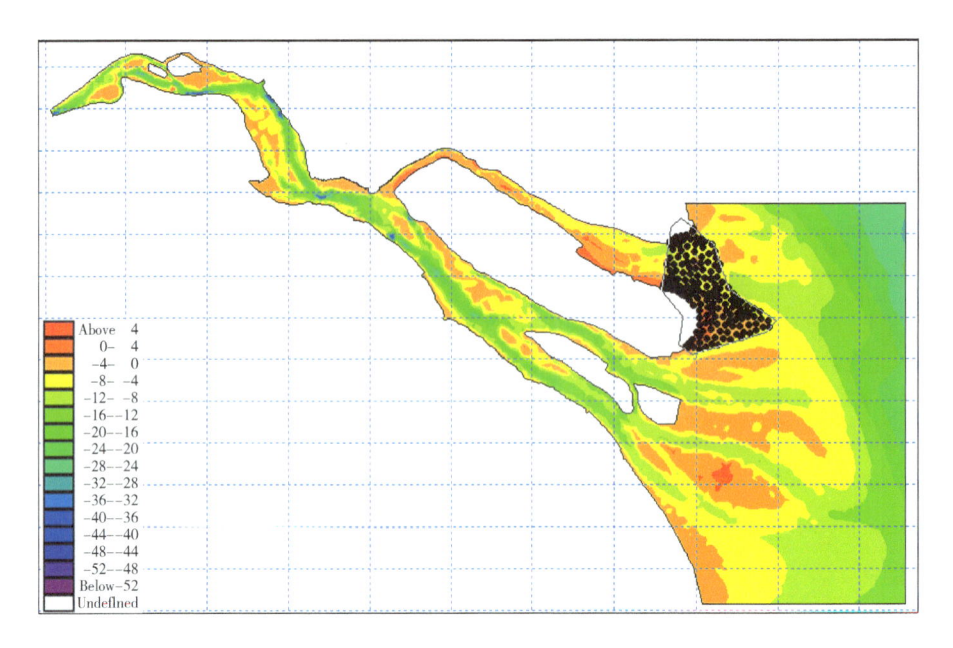

图 3.4-4　北支拦门沙冲刷范围示意图(黑色加粗点为冲刷范围)

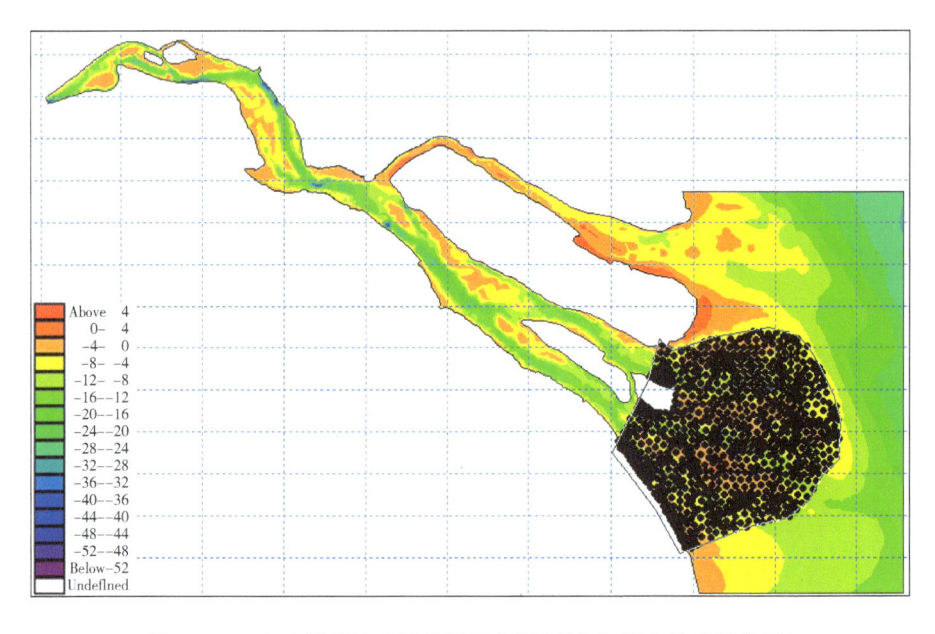

图 3.4-5　南支拦门沙冲刷范围示意图(黑色加粗点为冲刷范围)

3.4-6所示。

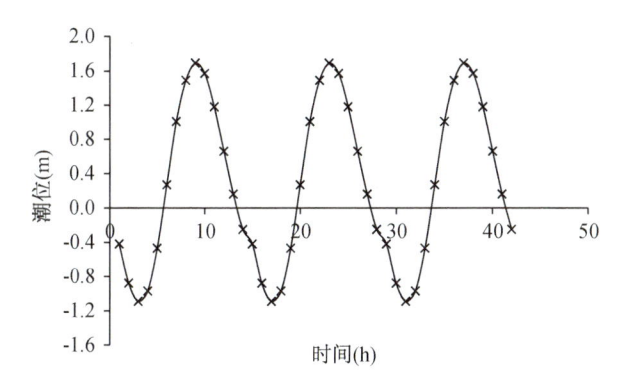

图 3.4-6　模型下边界绿华山潮位变化过程

模拟计算结果如表 3.4-7 和表 3.4-8 所示。

表 3.4-7　地形变化前后各站潮位　　　　　　　　　　　单位：m

	天生港	徐六泾	青龙港	三条港	杨林	堡镇	高桥	
高潮位	2.520	2.082	1.960	1.830	1.992	1.929	1.938	初始值
低潮位	1.291	0.734	0.223	−0.937	0.301	0.079	−0.009	
潮差	1.229	1.347	1.737	2.768	1.691	1.850	1.947	
高潮位	2.518	2.081	1.925	1.823	1.994	1.931	1.941	组次七
低潮位	1.294	0.738	0.279	−0.928	0.303	0.081	−0.008	
潮差	1.224	1.343	1.646	2.751	1.691	1.851	1.948	
高潮位	2.517	2.073	1.952	1.829	1.979	1.917	1.926	组次八
低潮位	1.265	0.700	0.207	−0.938	0.287	0.081	0.000	
潮差	1.252	1.373	1.746	2.767	1.691	1.836	1.927	
高潮位	2.523	2.084	1.964	1.842	1.994	1.931	1.942	组次九
低潮位	1.289	0.730	0.220	−0.954	0.295	0.071	−0.019	
潮差	1.234	1.354	1.744	2.796	1.700	1.860	1.961	
高潮位	2.528	2.086	1.962	1.831	1.997	1.936	1.945	组次十
低潮位	1.282	0.721	0.217	−0.937	0.279	0.051	−0.040	
潮差	1.245	1.366	1.745	2.768	1.718	1.885	1.986	

表 3.4-8　地形变化前后各站涨急流速、落急流速变化　　　　单位：m

	天生港	徐六泾	青龙港	三条港	杨林	堡镇	高桥	
涨急流速	0.232	−0.222	−0.259	−0.716	−0.237	−0.463	−0.397	初始值
落急流速	0.785	0.793	0.425	0.622	0.661	0.798	0.766	
涨急流速	0.233	−0.221	−0.224	−0.718	−0.236	−0.462	−0.396	组次七
落急流速	0.784	0.792	0.412	0.622	0.662	0.799	0.767	
涨急流速	0.227	−0.232	−0.259	−0.717	−0.240	−0.465	−0.395	组次八
落急流速	0.789	0.802	0.420	0.621	0.654	0.790	0.754	
涨急流速	0.230	−0.226	−0.264	−0.723	−0.240	−0.469	−0.398	组次九
落急流速	0.785	0.795	0.426	0.626	0.663	0.803	0.768	
涨急流速	0.226	−0.232	−0.255	−0.716	−0.245	−0.473	−0.408	组次十
落急流速	0.787	0.798	0.424	0.622	0.668	0.807	0.778	

结合地形变化前后流速、潮位、潮差变化的分析，不同区域地形、地貌变化对潮位、流速的影响存在差异。

北支淤积后(计算组次七)：青龙港潮位、潮差变化最为显著。伴随着北支中上段的淤积，三条港和青龙港高潮位降低、低潮位抬升，平均潮位有所抬升。其中，青龙港变幅大于三条港，三条港潮差相较外海稳定的 2.8 m 潮差，变幅较小。由于北支潮差减小，纳潮量降低使得天生港—徐六泾河段低潮位均有不同程度的抬升，且下游大于上游。南支各站高低潮位均有所抬升。伴随着地形和潮位变化，涨急流速与落急流速也发生了相应变化，三条港涨急流速增大(绝对值，下同)，其余各站涨急流速均减小。三条港落急流速增大，而天生港、徐六泾和青龙港落急流速减小。南支落急流速略有增大。

南支冲刷后(计算组次八)：天生港—徐六泾河段高低潮位均有降低。北支青龙港变化趋势与徐六泾基本一致，潮差增幅略小于徐六泾，三条港潮位基本不变。南支杨林站高低潮位减幅一致，潮差基本不变，堡镇、高桥站低潮位抬升、高潮位降低，潮差减小。从涨落急流速来看，天生港—徐六泾由于潮差的增大，涨潮流增强，涨急流速增大(天生港减小)，落急流速也为增大态势。北支青龙港涨急流速不变，落急流速减小，三条港基本不变。南支河段杨林、堡镇涨急流速增大，落急流速减小。南港高桥站涨急、落急流速均有所减小。

北支拦门沙冲刷后(计算组次九)：潮差增大，高潮位抬升、低潮位降低，平均潮位变化不大。从流速变化来看，整体上涨急流速、落急流速均有增大。

南支拦门沙冲刷后(计算组次十)：沿程各站高潮位抬升、低潮位降低，平均潮位降低。潮差各站均有所增强，北支青龙港同样受到较为明显的影响，北支三条港基本不受影响。从流速变化来看，天生港—徐六泾河段以及南支河段内，涨落急流速均有增大，北支青龙港涨落急流速均有所减小，三条港基本不变。

综上分析可以发现，由于河口区域涨落潮流存在分异现象，局部地形的调整对整个河口潮差、流速等均有一定影响。结合径潮水动力相互作用的分析，总结局部地形调整对径潮水动力相互作用的影响机制，主要认识如下：

(1) 北支淤积造成了进入河口的潮动力减弱，自三条港上溯至天生港的潮差为减小态势，平均潮位略有抬升。由于北支淤积会使得南支的分流量增大，引起南支潮位存在一定幅度的抬升。

(2) 南支冲刷后，南支河段涨急流速变化小于落急流速变化，南支的潮汐动力相对减弱。南支冲刷增大了南支落潮流时期的输运动力，即北支涨潮流会相应增强；天生港—徐六泾的高潮位变化不大，但低潮位降幅较大，这是因为南支冲刷后使得落潮流比降增大，天生港—徐六泾潮差增大、平均潮位降低。

(3) 拦门沙冲刷引起潮动力增强效果较为显著，北支拦门沙冲刷后使得整个河口区域的潮汐动力增强。南支口外拦门沙冲刷后，对南支潮动力增强明显，对北支影响较小。

(4) 三条港的潮位、潮差等参数变化，主要受外海潮差、北支附近冲淤变化等综合影响。

3.5 径潮动力对长江口滞流点影响的数学模型研究

河口拦门沙的形成及发育与滞流点、最大浑浊带泥沙特征等关系密切，厘清滞流点的径潮流水动力、局部地貌形态等变化，对河口区航道水深资源利用、滩涂保护及生态环境安全等有重要意义。

3.5.1 径潮作用对滞流点的影响

滞流点是河口最大浑浊带形成的重要组成部分，也是表征河口拦门沙河段水动力的关键指标。滞流点概念最早见于 Simmons(1972)对优势流的论述，即在感潮河口将各测点的全潮流速过程线中落潮单宽流量过程线面积除以涨潮和落潮单宽流量面积绝对值之和,若商大于50%,以落潮优势流为主,若商小于50%,以涨潮优势流为主,其商为50%时,表明涨潮落潮流程相等,这个位置为滞流点位置。

3.5.2 径流变化条件下滞流点位置变化

设置不同的径流流量条件,潮汐参数选取大潮和小潮,计算长江口区域的滞流点位置变化(图3.5-1)。

无论大潮和小潮,滞流点位置均随流量的增大而向下移动。其中,当流量小于16 300 m³/s时,北支滞流点位于进口处,当流量为16 300 m³/s时,大潮时滞流点位置仍靠近北支进口处,小潮时滞流点位置下移,可达北支口门附近。长江口南支各汊道和北支进行比较,在入海流量相同时,北支滞流点的变动范围最大。大通站流量自6 800 m³/s增至27 000 m³/s的过程中,北港的滞流点位置下移距离较大,流量为63 000 m³/s时,滞流点处于横沙东滩5 m等深线头部区域;北槽滞流点的变动范围较小,集中在中段偏下区域,也是北槽−12.5 m深水航道疏浚维护的集中区域;南槽滞流点位置与北槽的变化类似。从南槽和北槽的比较上看,北槽滞流点位置相对集中,南槽范围略大于北槽,这与北槽现状拦门沙范围小于南槽的特征基本一致。

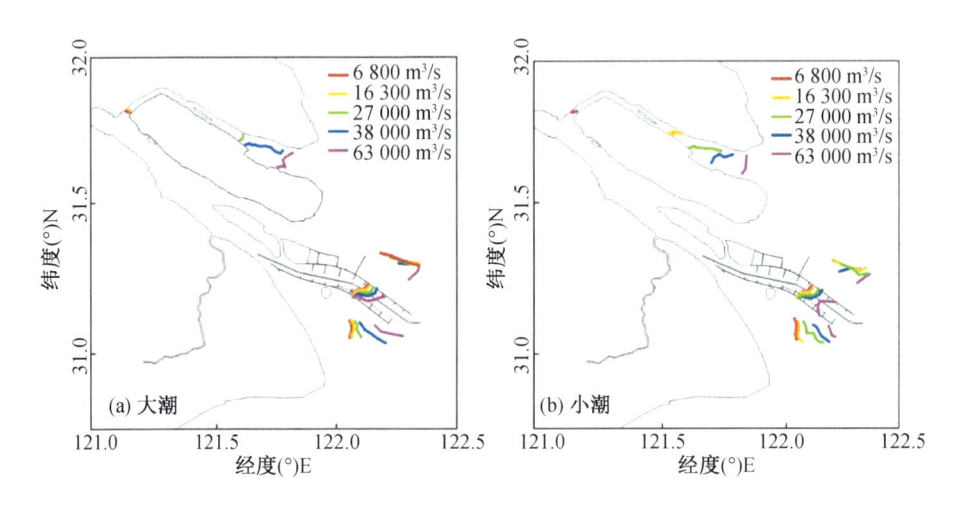

图3.5-1 滞流点随入海流量的变化

提取图3.5-1中滞流点位置变动范围数据,长江口各汊道中均选取大潮时期、入海流量为6 800 m³/s时滞流点位置为该汊道的零点,并增加2个流量级的计算结果,以便分析滞流点随流量变化的规律。其他入海流量条件下滞流点位置与该零点位置距离关系如图 3.5-2 所示。

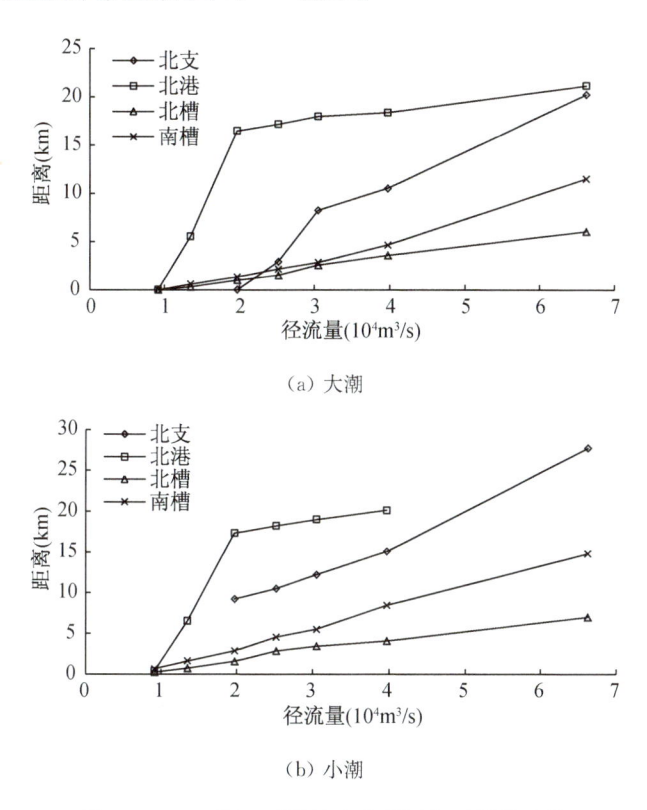

(a) 大潮

(b) 小潮

图 3.5-2　不同区域滞流点位置随径流量的变化

以流量每增加 10 000 m³/s 的数值进行换算,分析对应的滞流点变化距离。由图 3.5-2 和图 3.5-3 可知,大潮和小潮时期滞流点位置变化与流量的关系基本一致。当入海径流流量高于某一数值时,北支滞流点位置变动距离较大,这一时期的流量为 16 300～27 000 m³/s;当入海径流流量低于 20 000 m³/s 时,北港滞流点位置变化较大,高于 20 000 m³/s 时滞流点位置变化相对较小;南槽和北槽的滞流点位置随流量增加上下迁移,每增加 10 000 m³/s 的流量,滞流点变动相对距离无显著差异。随着入海径流流量的增加,长江口各汊道的滞流点位置均为下移态势,其中北支大流量时期的下移幅度最大,变幅自小至大顺序依次为北槽、南槽、北港。随着入海径流流量的增大,北支滞流点位置的变动距离呈现两种形式的变化,在 16 300～27 000 m³/s 时存在明显的转折点,而南槽和北槽无明显的转折点。

(a) 北支

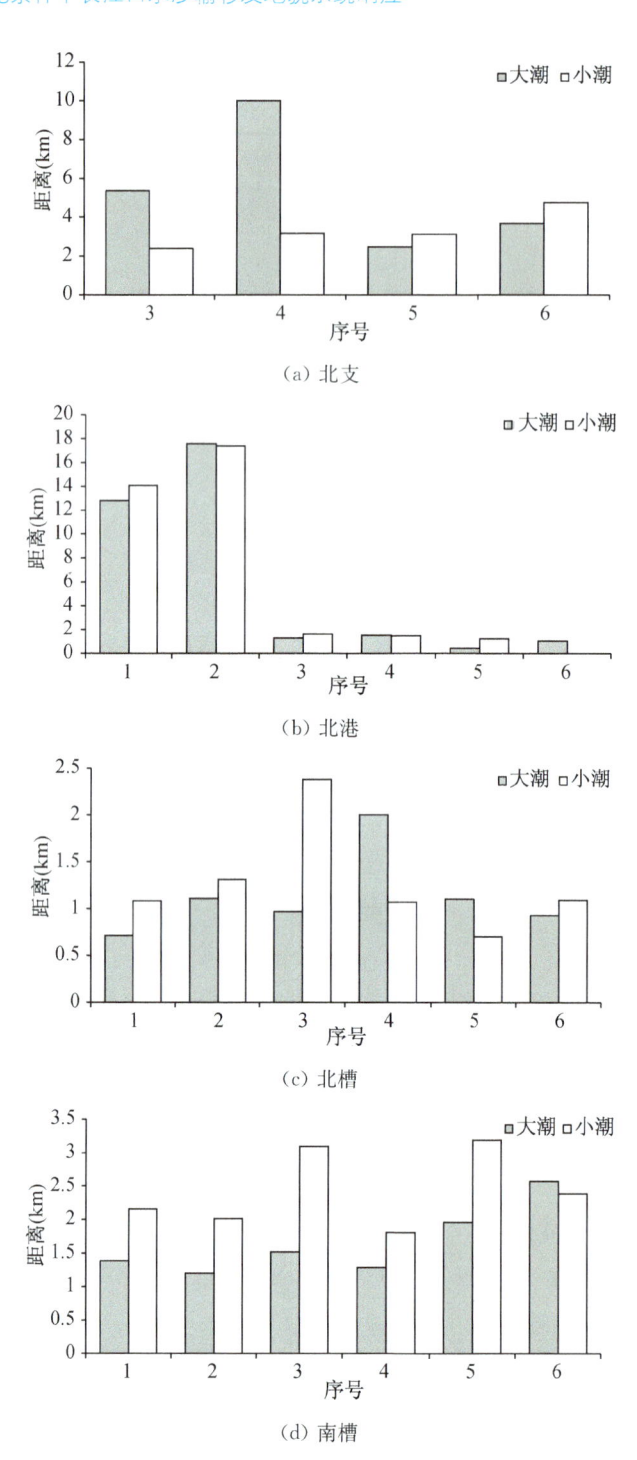

(b) 北港

(c) 北槽

(d) 南槽

图 3.5-3 滞流点随流量的变化

将大潮和小潮期间的滞流点位置进行比较(图3.5-4),北支滞流点位置差异最大,其次为南槽、北港、北槽。当流域入海径流流量在 30 000~40 000 m³/s 区间时,北支滞流点位置的差异较为显著。其余各入海汊道,基本遵循随着入海径流流量增大,滞流点位置变化的差异逐渐增大的规律。

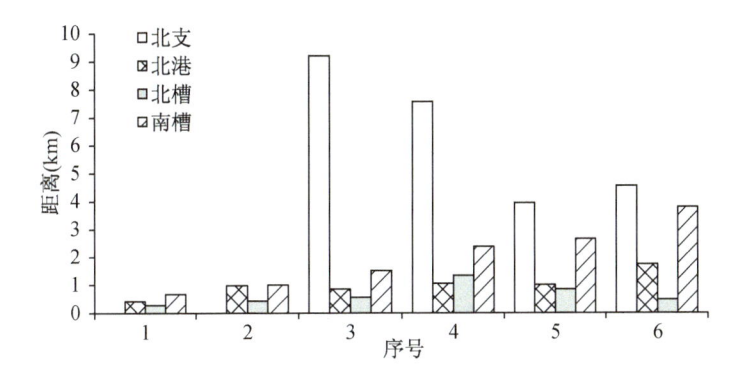

图 3.5-4　滞流点在不同流量级下大、小潮时的差异

3.5.3　潮流作用对滞流点位置的影响

选取入海径流流量为 16 300 m³/s 和 38 000 m³/s,口外大潮和小潮的潮型进行组合模拟计算滞流点位置的变化。选取坐标位置(31.1°N,122.1°E)作为动力参照点,该位置在计算过程中的各周期的潮差表示如图3.5-5所示。分别计算入海流量 16 300 m³/s、38 000 m³/s 情况下的滞流点位置(图3.5-6)。

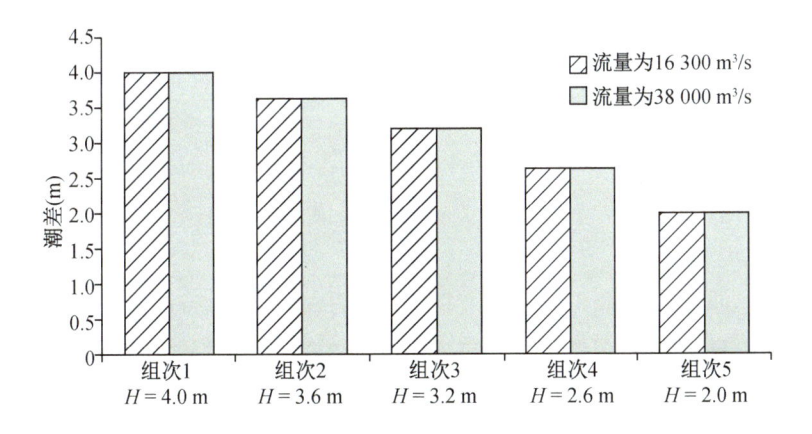

图 3.5-5　潮差的变化过程

将这 5 个潮周期内滞流点的位置表示如图 3.5-6 所示,随着潮差的减小,滞流点逐渐向外移动。在相同的潮汐作用下,北支变化最明显,其次为南槽、北港、北槽。其中,北支滞流点变化范围远大于其他区域,由于北港滞流点活动范围较大,该处考虑下边界位置。

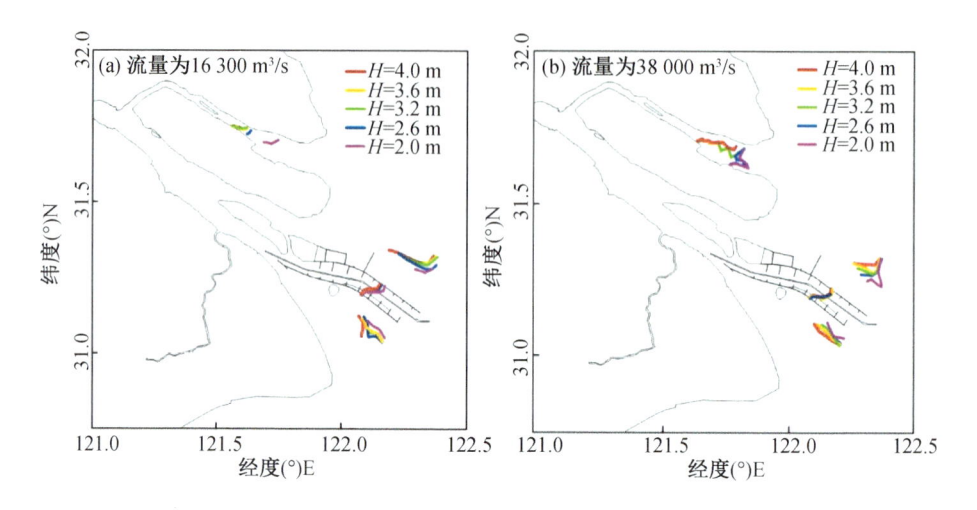

图 3.5-6　滞流点位置随潮差的变化

3.6　流域大型水利工程运行对长江口滞流点位置变化的影响

3.6.1　滞流点变动范围

分析纵向断面、活动范围及横向断面,模拟计算各代表流量级下的长江口各汊道滞流点的变化范围及变化趋势。

3.6.1.1　纵向断面变化

在分析优势流的优势度时,分为纵向分布和横向分布进行描述,纵断面的选取如图 3.6-1 所示。

模拟计算得到月均的优势度(图 3.6-2),分析认为:月均流量在 6 800～63 000 m³/s 区间时,北支滞流点位置范围在 121.37°E～121.82°E,北港滞流点位置范围在 121.45°E～122.27°E,北槽滞流点在 122.11°E～122.17°E,南槽滞流点在 121.80°E～122.20°E。其中,北支的滞流点位置最靠里,北港滞流点范围最大,其次为南槽,北槽滞流点范围最小。

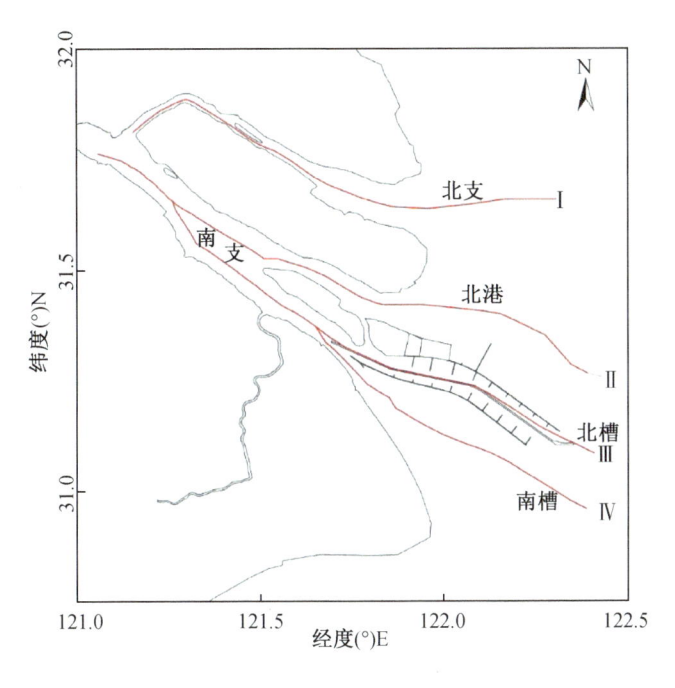

图 3.6-1　纵向分布断面

3.6.1.2　滞流点变化范围

在长江口各汊道均存在一段区域作为滞流点的中心区域,当流量增大或减小时,滞流点向下或向上运动,认为中心区域是在流域入海平均流量情况下得到的滞流点范围。北支为 121.67°E,北港为 121.95°E～122.24°E,北槽为 122.12°E,南槽为 122.13°E,由图 3.6-3 可以看出,北支滞流点位置最靠内侧,北港滞流点

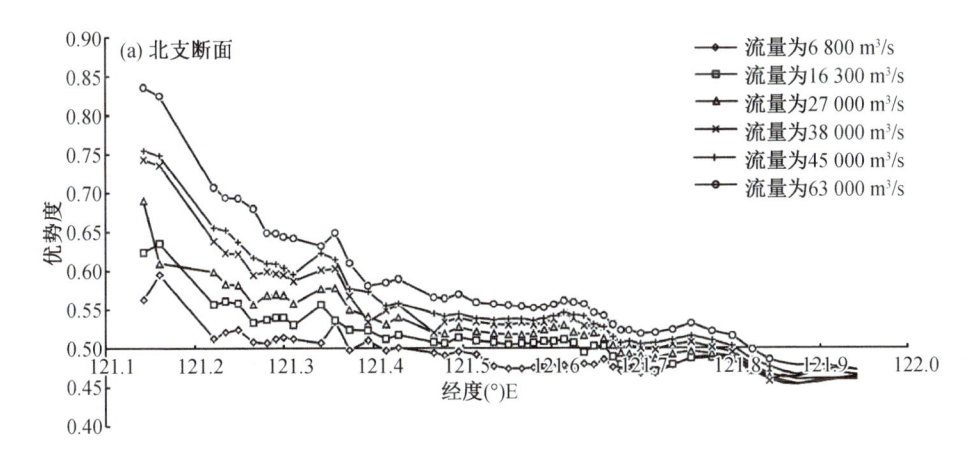

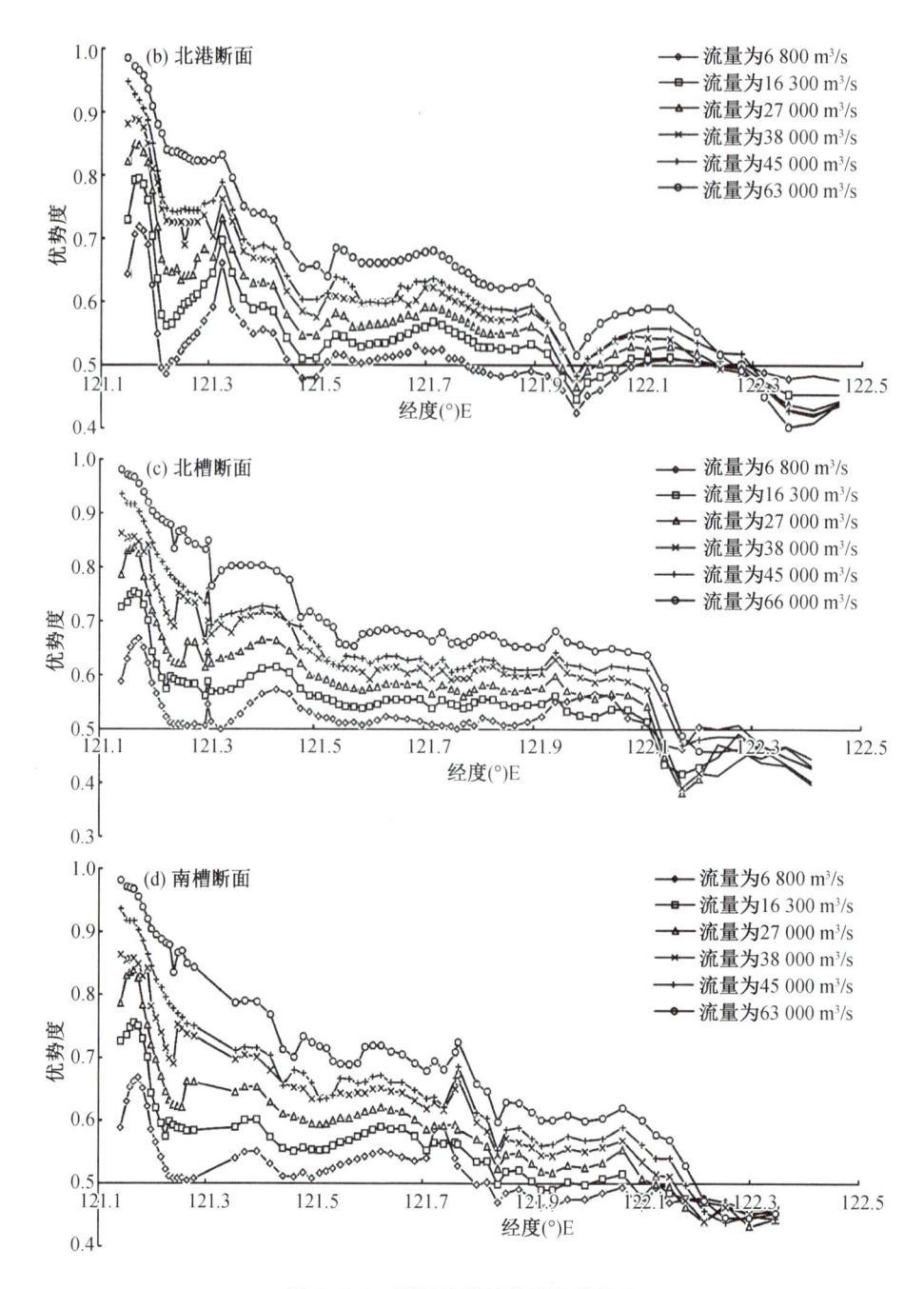

图 3.6-2 不同流量的落潮流优势度

活动范围最大,其次为南槽,北槽滞流点活动范围最小。越向上游的区域,各流量级下优势度位置的差距越大,越向下游位置的差距越小,表明自上而下,径流作用对水动力的影响程度逐渐减弱。

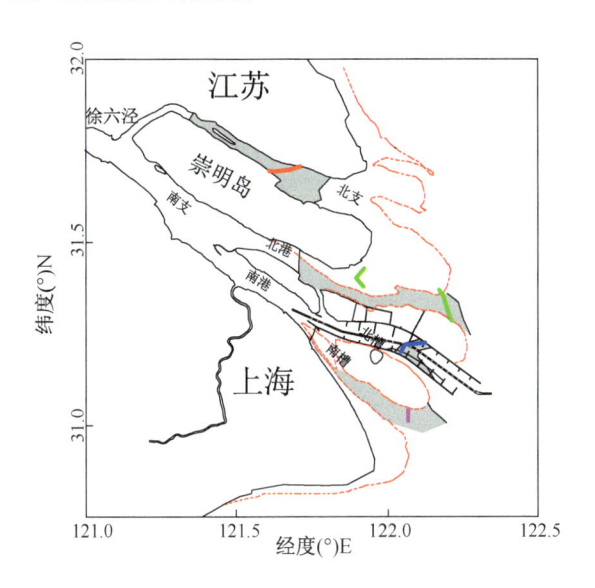

图 3.6-3 滞流点活动范围及中心区域

滞流点是在一定地貌条件下径流和潮汐动力的近似平衡点,天然情况下其变化的空间范围较为稳定。流域大型水利工程改变入海径流过程后,河口地貌系统调整相对滞后且缓慢,即径流是改变滞流点变化的主要因素。长江口多级分汊河口,各汊道的径潮动力差异显著,流域重大水利工程对径流的改变包括量级和持续时间,由此引起滞流点位置的变化在长江口各汊道间存在明显差异。

根据特征流量持续时间,分析不同时期滞流点的活动范围及其活动频率。三峡水库蓄水运用以后,枯期流量增大,汛期流量调平。1—4月、7月及12月流域入海月均径流流量呈增大趋势,其余月份均为减小趋势。10 000 m³/s 以下的流量天数为减小趋势,10 000~20 000 m³/s 持续天数增加,50 000 m³/s 以上的持续天数较少(表3.6-1)。北支枯季滞流点集中活动在 121.47°E~121.67°E 范围内,洪季主要集中活动在 121.67°E~121.82°E,其中1月、2月和12月份的流量处于 10 000~20 000 m³/s 范围内,其滞流点活动范围也较大,即特征流量在 10 000~15 000 m³/s,滞流点位置变动幅度较大。北港滞流点活动范围较大,其下边界位置较为稳定,而上边界变化较为显著。1月、2月和12月北港滞流点的上边界范围较其他月份明显向上游移动,其他月份上边界随流量的增大逐渐向下移动。北槽滞流点枯季在 122.11°E～122.14°E 变动,洪季在 122.14°E～122.17°E 移动。南槽枯季滞流点活动范围在 121.82°E～121.90°E,洪季活动范围在 122.1°E～122.2°E。

表 3.6-1 逐月滞流点的变动范围

月份(月)	流量范围(m^3/s)	滞流点活动范围			
^	^	北支/(°)E	北港/(°)E	北槽/(°)E	南槽/(°)E
1	10 000～15 000	121.47～121.63	121.61～122.24	122.11～122.12	121.82～121.9
2	10 000～15 000	121.47～121.63	121.61～122.24	122.11～122.12	121.82～121.9
3	15 000～20 000	121.63～121.67	121.87～122.24	122.12～122.13	121.90～122.10
4	15 000～30 000	121.63～121.68	121.87～122.26	122.12～122.14	121.90～122.15
5	15 000～45 000	121.63～121.80	121.87～122.28	122.12～122.16	121.90～122.18
6	30 000～50 000	121.68～121.80	121.95～122.28	122.14～122.16	122.15～122.19
7	35 000～63 000	121.72～121.82	121.96～122.28	122.14～122.17	122.12～122.20
8	25 000～55 000	121.67～121.81	121.97～122.28	122.13～122.17	122.11～122.20
9	35 000～45 000	121.72～121.80	121.96～122.28	122.14～122.16	122.12～122.18
10	25 000～30 000	121.67～121.68	121.97～122.26	122.13～122.14	122.11～122.15
11	15 000～30 000	121.63～121.68	121.87～122.26	122.12～122.14	121.90～122.15
12	10 000～20 000	121.47～121.67	121.61～122.24	122.11～122.13	121.82～122.10

3.6.1.3 横向断面变化

长江各汊道滞流点横向断面的位置如图 3.6-4 所示。图 3.6-5 至图 3.6-8 分别为断面Ⅰ～Ⅳ在入海径流流量条件为 6 800 m^3/s、16 300 m^3/s、27 000 m^3/s、38 000 m^3/s、45 000 m^3/s 和 63 000 m^3/s 时落潮流优势度的模拟计算结果。

(1) Ⅰ#断面

南支河段仅在入海径流流量为 6 800 m^3/s 时优势度出现低于 0.5 的情况,北支仅在入海流量为 6 800 m^3/s、16 300 m^3/s 时优势度出现小于 0.5 的情况,其他情况优势度均大于 0.5。1#断面位置的南支河段以落潮流占优势,北支河段上段仅在枯水期低流量时期涨潮流占优势,中洪水时期均以落潮流占优势。

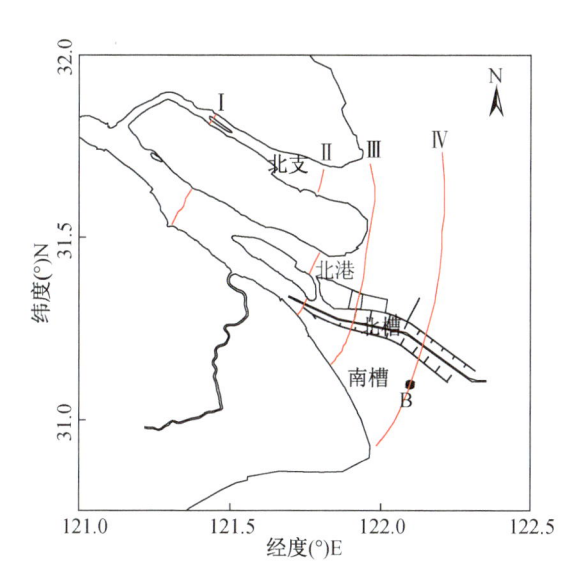

图 3.6-4　横向分布断面

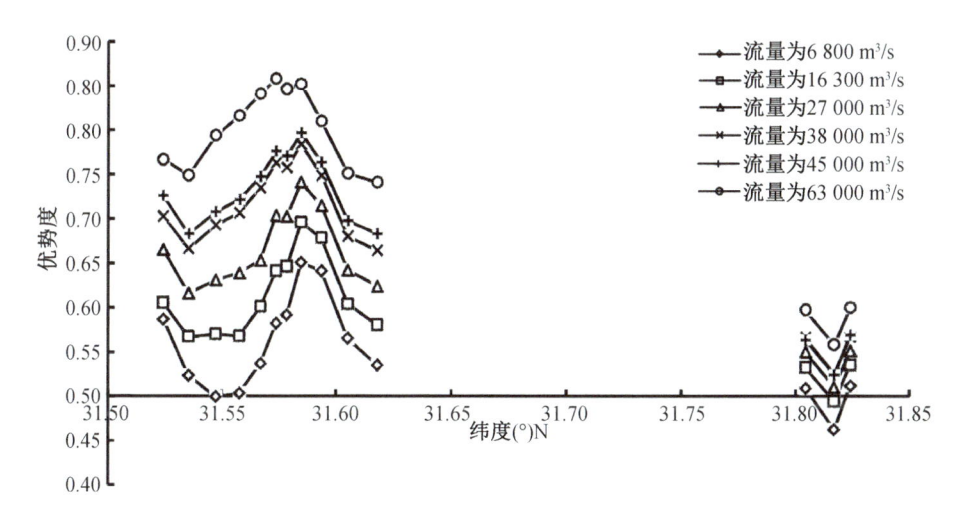

图 3.6-5　Ⅰ♯断面在不同流量下落潮流优势度

（2）Ⅱ♯断面

南港和北港在入海径流流量为 6 800 m³/s 时优势度小于 0.5，北支在入海径流流量为 6 800～45 000 m³/s 时优势度均小于 0.5。2♯断面位置的南北港区域仍以落潮流占优势，北支中下段仅在大流量时期以落潮流占优势，中小水时期以涨潮流占优势。

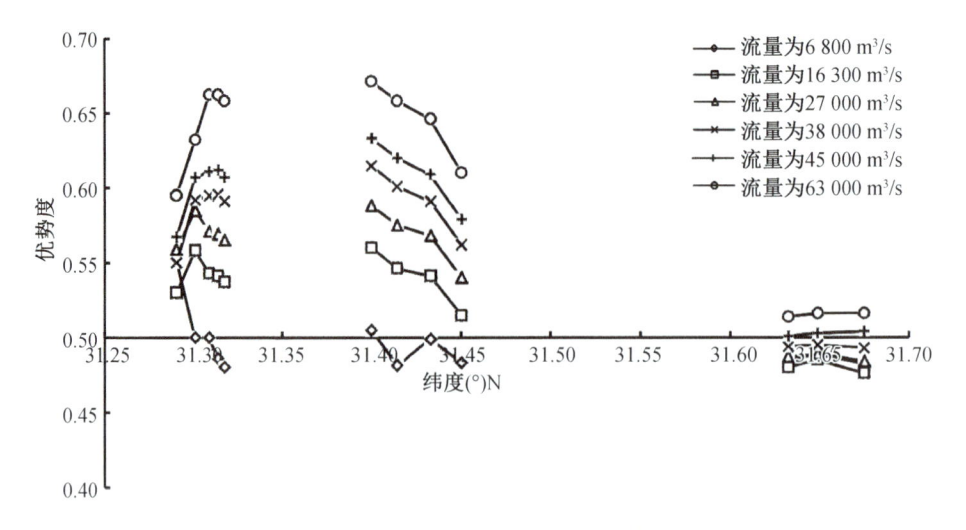

图 3.6-6　Ⅱ♯断面在不同流量下落潮流优势度

(3) Ⅲ♯断面

各代表流量下,南槽南汇边滩区域均以落潮流占优势;当径流流量大于 16 300 m³/s 时,南槽以落潮流占优;各代表流量下,九段沙滩体、横沙东滩南侧区域以落潮流占优势,北槽内以涨潮流占优势,该断面位置为最大浑浊带和拦门沙区域,也是 12.5 m 深水航道疏浚维护的集中区域。当径流流量大于 27 000 m³/s 时,北港以落潮流占优势;当流量大于 45 000 m³/s 时,北港北滩体以落潮流占优势;当流量小于 63 000 m³/s 时,北支南侧以涨潮流占优势。

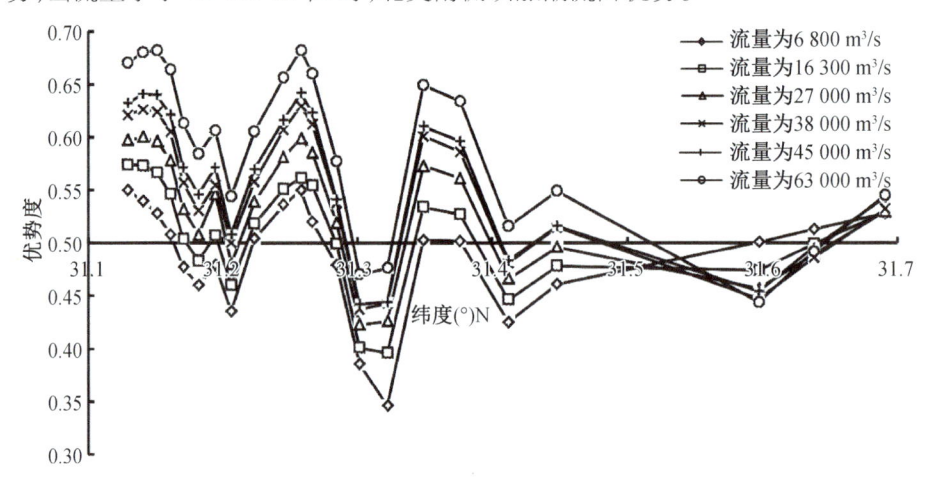

图 3.6-7　Ⅲ♯断面在不同流量下落潮流优势度

(4) Ⅳ♯断面

各代表流量级下,北支均以涨潮流占优势;当流量大于 27 000 m³/s,南槽以落潮流占优势;当流量大于 38 000 m³/s,北槽以落潮流占优势;当流量大于 27 000 m³/s 时,北港以落潮流占优势。

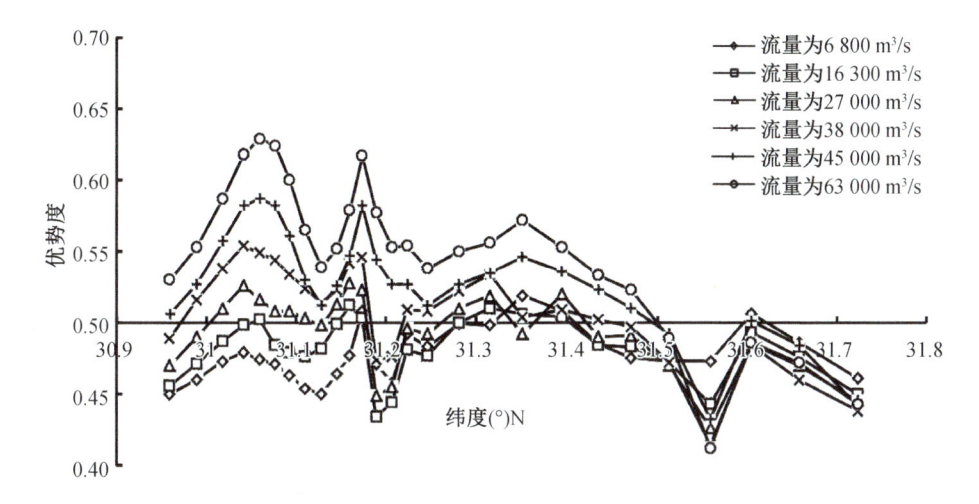

图 3.6-8　Ⅳ♯断面在不同流量下落潮流优势度

综上分析认为,滩体区域的落潮流优势度高于深槽,其中北支优势度最小,其次分别为南槽、北港、北槽。

3.6.2　三峡蓄水后滞流点变化趋势分析

三峡水库蓄水后,枯水期流量增大,丰水期流量降低,径流流量变化幅度较三峡水库蓄水前有所减小。选取三峡水库蓄水前后最枯流量——大潮时期、最大流量——小潮时期为对象,模拟分析三峡水库蓄水对滞流点位置及变动范围的影响(图 3.6-9)。三峡水库蓄水前(1980—2002 年)的最小和最大流量分别为 7 040 m³/s 和 84 300 m³/s,三峡水库蓄水后的最小、最大流量分别为 8 380 m³/s 和 63 000 m³/s。

通过对三峡水库蓄水运用后与蓄水运用前的滞流点位置进行比较,蓄水后长江口各汊道的滞流点变化范围均为缩小态势;三峡水库蓄水运用前后,北支上边界滞流点均靠近进口位置,蓄水后下边界滞流点范围缩小了 3.22 km;北港上边界缩小了 3.34 km,下边界缩小了 1.86 km;北槽上边界缩小了 0.68 km,下边界缩小了 1.03 km;南槽上边界变化不明显,下边界缩小了 1.049 km。下边界变化范围从大至小的顺序依次为北支、北港、南槽、北槽。

三峡水库蓄水运用后,径流过程变化的范围因调蓄作用有所减小,引起长江口各汊道的滞流点范围相应减小。近年来对实测资料分析认为,长江口最大浑浊带范围呈现减小趋势,模拟研究结果与实测变化基本一致。

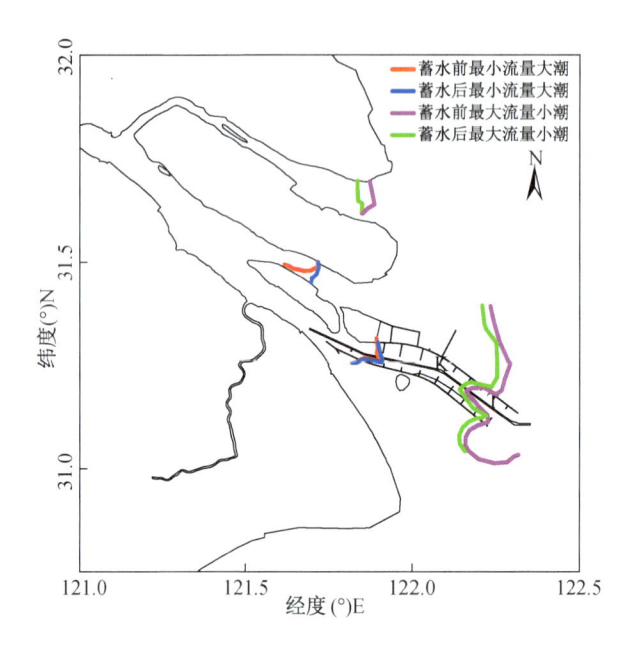

图 3.6-9　三峡水库蓄水前后滞流点的范围

3.6.3　滞流点位置的关系式

长江河口滞流点位置变化受径流、潮流水动力的交互影响,人类活动及长周期地貌系统演变影响着径潮流水动力关系趋向性。滞流点位置变化的研究应重点考虑径流、潮流及地貌3个主控因子。由于长江口为多级分汊型河口,汊道分流关系的调整直接影响汊道内径流、潮流水动力对比关系,进而影响滞流点位置的变化。因此,拟合得到长江各汊道滞流点位置的变化需综合考虑入海径流流量、汊道分流关系、汊道口外潮差及汊道内水深等4个重要因子。滞流点与敏感因子的拟合关系曲线如下:

$$y = \beta_0 + \beta_1 x_0 x_1' + \beta_2 x_2 + \beta_3 x_3 \tag{3.6-1}$$

其中,选择各汊道某一点为零点(一般为汊道进口分流点位置),y 代表滞流点位置与该点的距离，β_0、β_1、β_2、β_3均为系数；x_0为汊道分流比，x_1'为大通月均入海流量，为了计算的方便，令$x_1 = x_0 x_1'$；x_2为汊道口外潮差；x_3为汊道水深。式(3.6-1)即可表示为：

$$y = \beta_0 + \beta_1 x_1 + \beta_2 x_2 + \beta_3 x_3 \tag{3.6-2}$$

采用最小二乘法求式(3.6-2)中的参数β_0、β_1、β_2、β_3的估计值分别为$\hat{\beta}_0$、$\hat{\beta}_1$、$\hat{\beta}_2$、$\hat{\beta}_3$，可化为如下方程组：

$$\begin{cases} l_{11}\hat{\beta}_1 + l_{12}\hat{\beta}_2 + l_{13}\hat{\beta}_3 = l_{1y} \\ l_{21}\hat{\beta}_1 + l_{22}\hat{\beta}_2 + l_{23}\hat{\beta}_3 = l_{2y} \\ l_{31}\hat{\beta}_1 + l_{32}\hat{\beta}_2 + l_{33}\hat{\beta}_3 = l_{3y} \end{cases} \tag{3.6-3}$$

$$l_{ij} = \sum x_i x_j - \frac{1}{n}\left(\sum x_i\right)\left(\sum x_j\right) \quad (i,j = 1,2,3) \tag{3.6-4}$$

$$l_{iy} = \sum x_i x_j - \frac{1}{n}\left(\sum x_i\right)\left(\sum y\right) \quad (i,j = 1,2,3) \tag{3.6-5}$$

对长江口4个汊道分别进行模拟计算，首先，根据已知的北支的数据，如表(3.6-2)所示，计算得到系数矩阵：

$$\mathbf{L} = (l_{ij}) = \begin{bmatrix} 0.063 & 0.014 & 0.115 \\ 0.014 & 0.452 & 1.124 \\ 0.115 & 1.124 & 21.564 \end{bmatrix} \tag{3.6-6}$$

常数项矩阵：

$$\widetilde{\mathbf{B}} = \begin{Bmatrix} l_{1y} \\ l_{2y} \\ l_{3y} \end{Bmatrix} = \begin{bmatrix} -14.780 \\ 8.933 \\ -130.029 \end{bmatrix} \tag{3.6-7}$$

求得$\mathbf{L}$的逆矩阵$\mathbf{L}^{-1}$：

$$\mathbf{L}^{-1} = \mathbf{C} = (c_{ij}) = \begin{bmatrix} 15.971 & -0.306 & -0.069 \\ -0.306 & 2.545 & -0.131 \\ -0.069 & -0.131 & 0.054 \end{bmatrix} \tag{3.6-8}$$

表 3.6-2　北支计算条件

n	径流条件 x_1 分流比 x_0	流量 x_1' (10^4 m³/s)	佘山潮差 x_2 (m)	汊道水深 x_3 (m)	滞流点位置 y (km)
1	0.027	1.630	5.277	3.360	103.154
2	0.027	1.630	4.866	1.450	99.570
3	0.035	2.700	5.284	4.400	96.944
4	0.035	2.700	4.872	4.970	76.281
5	0.039	3.800	5.296	6.330	57.200
6	0.039	3.800	4.875	4.840	46.864
7	0.041	4.500	5.317	6.120	56.525
8	0.041	4.500	4.882	4.920	45.990
9	0.044	6.300	5.340	3.660	55.596
10	0.044	6.300	4.900	2.400	44.672

其中,滞流点位置是指距离佘山站的纵向距离,向上为正值,向下为负值。

得到回归系数的估计值:

$$\hat{b} = \begin{bmatrix} \hat{\beta}_1 \\ \hat{\beta}_2 \\ \hat{\beta}_3 \end{bmatrix} = \boldsymbol{L}^{-1} \tilde{\boldsymbol{B}} = \begin{bmatrix} 15.971 & -0.306 & -0.069 \\ -0.306 & 2.545 & -0.131 \\ -0.069 & -0.131 & 0.054 \end{bmatrix} \begin{bmatrix} -14.780 \\ 8.933 \\ -130.029 \end{bmatrix}$$

$$= \begin{bmatrix} -229.767 \\ 44.300 \\ -7.110 \end{bmatrix}$$

(3.6-9)

则:

$$\hat{\beta}_0 = \overline{y} - \hat{\beta}_1 \overline{x}_1 - \hat{\beta}_2 \overline{x}_2 - \hat{\beta}_3 \overline{x}_3 = -92.673 \qquad (3.6\text{-}10)$$

得到回归方程:

$$y = \hat{\beta}_0 + \hat{\beta}_1 x_1 + \hat{\beta}_2 x_2 + \hat{\beta}_3 x_3 = -92.673 - 229.767 x_1 + 44.300 x_2 - 7.110 x_3$$

(3.6-11)

并进行回归效果的显著性检验,在 $\alpha=0.01$ 下进行,其中:

$$S_T = l_{yy} = \sum y_i^2 - n\bar{y}^2 = 5\ 015.558 \tag{3.6-12}$$

$$S_R = \hat{\beta}_0 + \hat{\beta}_1 l_{1y} + \hat{\beta}_2 l_{2y} + \hat{\beta}_3 l_{3y} = 4\ 716.286 \tag{3.6-13}$$

$$S_e = S_T - S_R = 299.272 \tag{3.6-14}$$

$$F = \frac{S_R}{S_e} \cdot \frac{n-m-1}{m} = 31.518 \tag{3.6-15}$$

查表得 $F_{1-\alpha}(m, n-m-1) = F_{0.99}(3,6) = 9.78$。

即 $F > F_{0.99}(3,6)$,认为径流条件、潮差及水深对滞流点位置呈显著相关。另外,分别对这 3 个因素进行相关性检验,在 $\alpha=0.01$ 下进行,其中:

$$S = \sqrt{\frac{S_e}{n-m-1}} = 7.062,\ t_1 = \frac{\hat{\beta}_1}{S\sqrt{c_{11}}} = -8.141,\ t_2 = \frac{\hat{\beta}_2}{S\sqrt{c_{22}}} = 3.932,$$

$$t_3 = \frac{\hat{\beta}_3}{S\sqrt{c_{33}}} = -4.350。$$

查表得: $t_{1-\frac{\alpha}{2}}(n-m-1) = t_{0.995}(6) = 3.707\ 4$。

即 $|t_1|$、$|t_2|$、$|t_3|$ 均大于 $t_{0.995}(6)$,说明径流条件、潮差及水深 3 个因素均对滞流点位置的线性影响显著。

采用同样的方法,求北港、北槽及南槽的回归方程。北港选取 15 个计算条件,如表 3.6-3 所示。

表 3.6-3 北港计算条件

n	径流条件 x_1 分流比 x_0	流量 $x_1'(10^4\ m^3/s)$	佘山潮差 $x_2(m)$	汊道水深 $x_3(m)$	滞流点位置 $y(km)$
1	0.457	1.630	5.277	8.430	43.494
2	0.457	1.630	4.866	8.620	38.103
3	0.457	1.630	3.628	2.630	27.558
4	0.458	2.700	5.284	9.120	39.970
5	0.458	2.700	4.872	2.860	29.072
6	0.458	2.700	3.652	2.630	27.122

(续表)

n	径流条件 x_1		佘山潮差 x_2(m)	汊道水深 x_3(m)	滞流点位置 y(km)
	分流比 x_0	流量 x_1'(10^4 m^3/s)			
7	0.464	3.800	5.296	2.860	29.500
8	0.464	3.800	4.875	2.740	28.207
9	0.464	3.800	3.678	2.630	26.279
10	0.464	4.500	5.317	2.630	27.703
11	0.464	4.500	4.882	2.630	27.150
12	0.464	4.500	3.688	2.630	25.684
13	0.464	6.300	5.340	3.030	22.446
14	0.464	6.300	4.900	3.960	22.027
15	0.464	6.300	3.717	4.140	21.884

其中，滞流点位置指与佘山站的纵向距离，向上为正，向下为负。

得到回归方程为：

$$y = \hat{\beta}_0 + \hat{\beta}_1 x_1 + \hat{\beta}_2 x_2 + \hat{\beta}_3 x_3 = 21.847 - 4.626 x_1 + 2.120 x_2 + 1.350 x_3$$
(3.6-16)

进行显著性检验，得到在 $\alpha=0.01$ 下，径流条件、潮差及水深 3 个因素均对滞流点位置的线性影响显著。

在北槽，选取 6 个计算条件如表 3.6-4 所示。得到回归方程为：

$$y = \hat{\beta}_0 + \hat{\beta}_1 x_1 + \hat{\beta}_2 x_2 + \hat{\beta}_3 x_3 = -162.712 - 22.928 x_1 + 23.249 x_2 + 12.573 x_3$$
(3.6-17)

表 3.6-4 北槽计算条件

n	径流条件 x_1		佘山潮差 x_2(m)	汊道水深 x_3(m)	滞流点位置 y(km)
	分流比 x_0	流量 x_1'(10^4 m^3/s)			
1	0.288	1.630	5.277	7.490	43.486
2	0.288	1.630	4.866	5.370	7.785
3	0.282	4.500	5.317	6.180	8.805
4	0.282	4.500	4.882	6.900	7.353

(续表)

n	径流条件 x_1		佘山潮差 x_2(m)	汊道水深 x_3(m)	滞流点位置 y(km)
	分流比 x_0	流量 x_1'(10^4 m³/s)			
5	0.284	6.300	5.340	6.900	7.758
6	0.284	6.300	4.900	7.620	6.503

其中,滞流点位置指与佘山站的纵向距离,向上为正值,向下为负值。

进行显著性检验,得到在 $\alpha=0.01$ 下,径流条件、潮差及水深 3 个因素均对滞流点位置的线性影响均显著。

在南槽,选取 6 个计算条件如表 3.6-5 所示。

表 3.6-5 南槽计算条件

n	径流条件 x_1		中浚潮差 x_2(m)	汊道水深 x_3(m)	滞流点位置 y(km)
	分流比 x_0	流量 x_1'(10^4 m³/s)			
1	0.228	1.63	4.413	6.82	−6.183
2	0.228	1.63	4.134	6.68	−16.682
3	0.213	4.5	4.386	6.82	−18.602
4	0.213	4.5	4.141	7.33	−24.666
5	0.209	6.3	4.377	7.65	−24.006
6	0.209	6.3	4.137	8.58	−27.574

其中,滞流点位置指与中浚站的纵向距离,向上为正值,向下为负值。

得到回归方程为:

$$y = \hat{\beta}_0 + \hat{\beta}_1 x_1 + \hat{\beta}_2 x_2 + \hat{\beta}_3 x_3 = -170.01 - 19.947 x_1 + 32.929 x_2 + 3.768 x_3 \quad (3.6\text{-}18)$$

进行显著性检验,得到在 $\alpha=0.01$ 下,径流条件、潮差及水深 3 个因素均对滞流点位置的线性影响显著。

综上,得到长江口 4 个汊道的滞流点位置的回归方程:

$$\begin{cases} y = -92.673 - 229.767 x_1 + 44.300 x_2 - 7.110 x_3 & \text{北支} \\ y = 21.847 - 4.626 x_1 + 2.120 x_2 + 1.350 x_3 & \text{北港} \\ y = -162.712 - 22.928 x_1 + 23.249 x_2 + 12.573 x_3 & \text{北槽} \\ y = -170.01 - 19.947 x_1 + 32.929 x_2 + 3.768 x_3 & \text{南槽} \end{cases} \quad (3.6\text{-}19)$$

长江口4个汊道均呈现随着径流作用的增强,滞流点向下移动,而随着潮差增大,滞流点向上移动。水深的作用有所不同,北支随着水深增大,滞流点向下移动;北港和北槽及南槽的3个汊道,随着水深的增大,滞流点位置向上移动。

3.7　本章小结

(1) 长江口南槽滞流点变化不大,多年较为稳定。1978—2007年入海流量为50 000 m³/s左右时,大潮时滞流点位置下移,而40 000 m³/s左右时,2000—2005—2006年滞流点位置先下移后上溯;枯季时北槽滞流点1997—2004年为下移趋势,而2007年枯季滞流点活动区域表现为上溯趋势。滞流点位置变化的原因主要与北槽深水航道整治工程实施相关,实施过程中引起河床阻力变化、分流比调整,使得主槽冲刷、丁坝坝田淤积,引起中潮位以下全河槽的平均水位减小、潮间带面积减小,使得落潮流优势减小,涨潮流优势增加,导致滞流点活动范围出现适应性的调整。

(2) 滞流点附近水流运动受潮流的影响较径流更为敏感,潮流作用决定水流流速大小,径流起叠加作用。不同地貌单元滞流点呈现与其分流比相一致的变化特征,分流比变化大的区域,存在临界流量使滞流点位置变化明显。

(3) 北支河段小流量时滞流点位于进口处,大洪水期间下移幅度大;南支变化幅度整体较北支小,其中,当流量较小时,北支滞流点移动缓慢,当流量大于16 300~27 000 m³/s时,滞流点位置发生明显跳跃,当流量继续增大,滞流点发生大幅变化;南、北槽滞流点变化幅度较为稳定。北支大、小潮期间滞流点位置差异最大,其次为南槽、北港、北槽。其中在北支,入海流量在30 000~40 000 m³/s流量级时,差异最为明显,而在其他汊道,基本遵循随着入海流量的增大,差异逐渐增大。即北支存在过渡段流量,在该流量级下,大、小潮的滞流点位置发生明显跳跃。

(4) 三峡水库蓄水运行后,长江河口径流变化范围的缩小,引起长江口各汊道的滞流点范围不同程度缩小,北支、北港、北槽和南槽滞流点下边界向内移动的距离分别为3.22 km、1.86 km、1.033 km和1.049 km;三峡水库蓄水运行后,北支、北港、北槽和南槽的滞流点变动范围分别减少26.7%、19.5%、10.0%和7.5%。

第4章 流域水沙变化条件下长江口泥沙输移过程及趋势

悬沙浓度变化趋势研究范围为徐六泾—口外海滨区域,选取徐六泾断面,南支选白茆沙断面,北支选取青龙港断面,南港、北港和南槽、北槽均选取进口处断面(图4.1-1)。

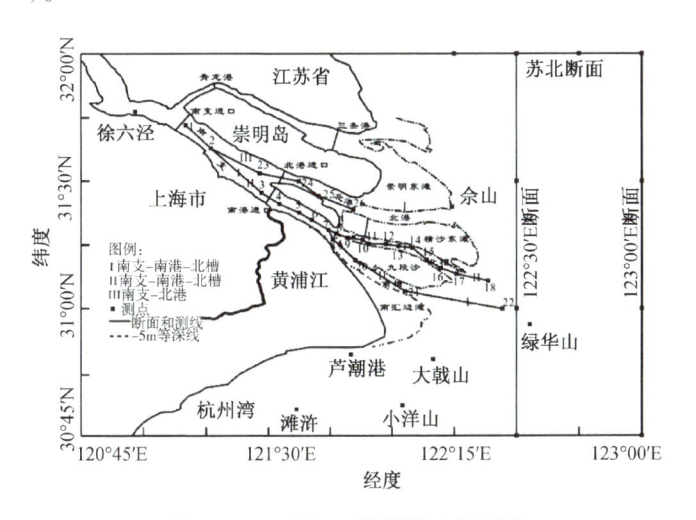

图 4.1-1 长江口位置及研究区域

4.1 长江口南支和北支河段悬沙浓度变化趋势及成因

4.1.1 长江口泥沙潮型与季节分布特征

长江河口年内相同时期(季节、流量及潮型等方面)大范围定点观测较难,采用 1982 年以来的洪季和枯季时期的大潮和小潮数据,进行悬沙浓度潮型变化的比较分析。无论洪季或是枯季,河口上段和下段的海滨区域悬沙浓度均为大潮大于小潮,大潮和小潮悬沙浓度的数值差异越向下游越小(图 4.1-2a)。在季节上,对相同测点相近测验时间的悬沙浓度数据进行比较,河口段—口门段表现为洪季大于枯季,海滨浑浊带区域为洪季略大于枯季,洪枯季节的差异较小,而口外区域则为枯季大于洪季,北支为枯季大于洪季(图 4.1-2b)。引起悬沙浓度季节上差异的原因为水动力不同,河口上段无论洪季还是枯季均以径流占优势,径

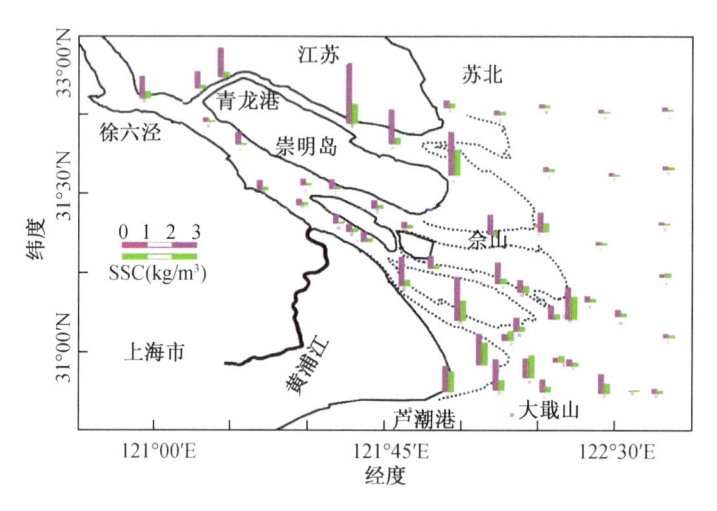

(a) 悬沙浓度潮型关系

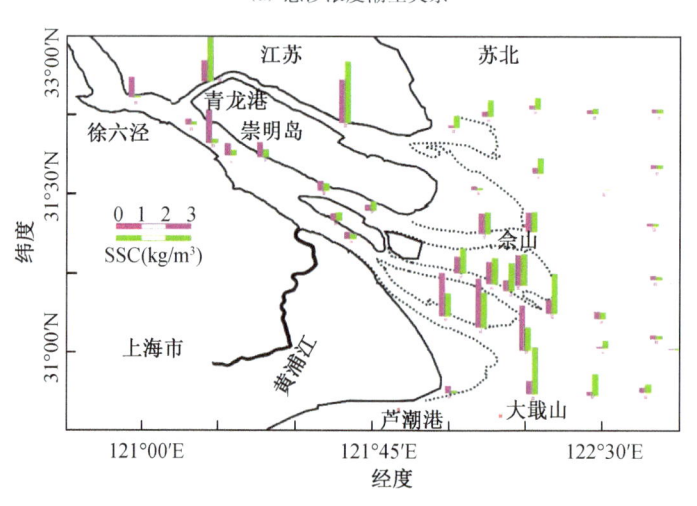

(b) 悬沙浓度季节变化

图 4.1-2　悬沙浓度潮型和季节变化

流入海泥沙量和含沙量为洪季大于枯季,即上段悬沙浓度为洪季大于枯季,口外海滨浑浊带区域为径流和潮流作用的交互地带,受河流入海泥沙扩散影响,仍为洪季大于枯季,但洪季和枯季的差异较小。在口外海域主要受潮流影响,因潮流枯季大于洪季,所以悬沙浓度枯季大于洪季。长江口北支下泄径流分流比较小,潮流作用占优势,表现为海域动力特征,悬沙浓度洪季小于枯季。

4.1.2 长江口南支河段悬沙浓度变化趋势

选取徐六泾断面附近的南通站为代表,1960—1999 年期间南通站(天生港附近)悬沙浓度为减少趋势(图 4.1-3),这一减少趋势是伴随着入海沙量的锐减而发生的。大通站和南通站悬沙浓度数值接近,1960—1984 年期间南通站含沙量小于大通站含沙量,即该河段表现为淤积趋势,但幅度较小。通过整理 1958—1991 年的地貌数据也发现了同样的规律,在长江流域入海沙量减小情况下,该河段由缓慢淤积转为侵蚀趋势发展(时钟 等,2002),其冲刷量小于大通站泥沙的减少量。

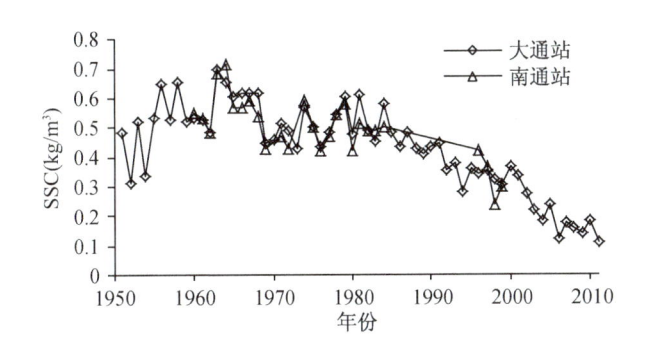

图 4.1-3 南通站和大通站悬沙浓度变化趋势

徐六泾断面悬沙浓度与大通站存在较好的一致性关系,即徐六泾断面悬沙浓度伴随大通站悬沙浓度减小而减小(图 4.1-4)。将时段划分为 1998—2003 年和 2003—2008 年,2003—2008 年大通站悬沙浓度减幅为 42.86%,徐六泾站减幅为 33.00%,徐六泾断面的减幅小于大通站,涨潮流携带泥沙对其起到了一定调节作用。

比较长江口南支河段不同区域悬沙浓度变化趋势,具体特点如下:

(1) 1958—2012 年期间,南支白茆沙断面悬沙浓度为减少趋势,尽管北支分流比和分沙比呈减少趋势,南支河段的分流分沙作用增强,也未能改变悬沙浓度伴随大通站锐减而减小的趋势(图 4.1-5a)。

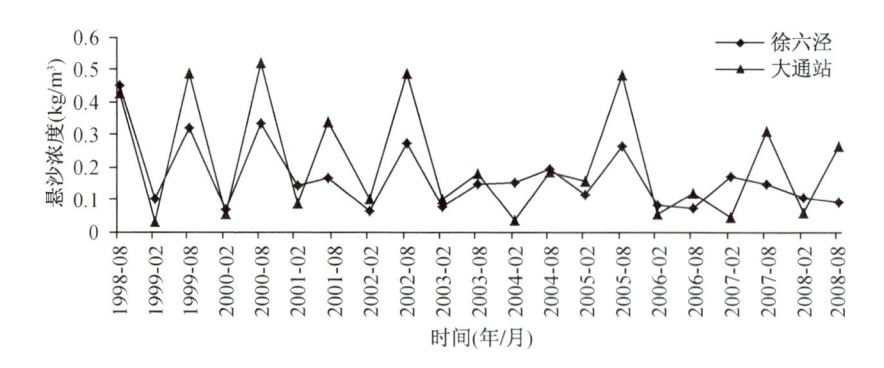

图 4.1-4　徐六泾断面悬沙浓度变化趋势

(2) 1958—1997 年期间，南港和北港进口断面悬沙浓度变化较小，1997—2011 年期间悬沙浓度为减少趋势(图 4.1-5b)。

(3) 1999—2009 年期间，南槽上段和下段悬沙浓度无明显的减小趋势，主要原因为该时段内南槽落潮分流比增加引起的悬沙浓度增幅与周围环境悬沙浓度锐减引起的减幅相当，使得悬沙浓度无趋势性增减(图 4.1-5c)。

综上，长江口南支、南港和北港悬沙浓度均为减少趋势，南槽上段和下段悬沙浓度无明显的增减趋势。

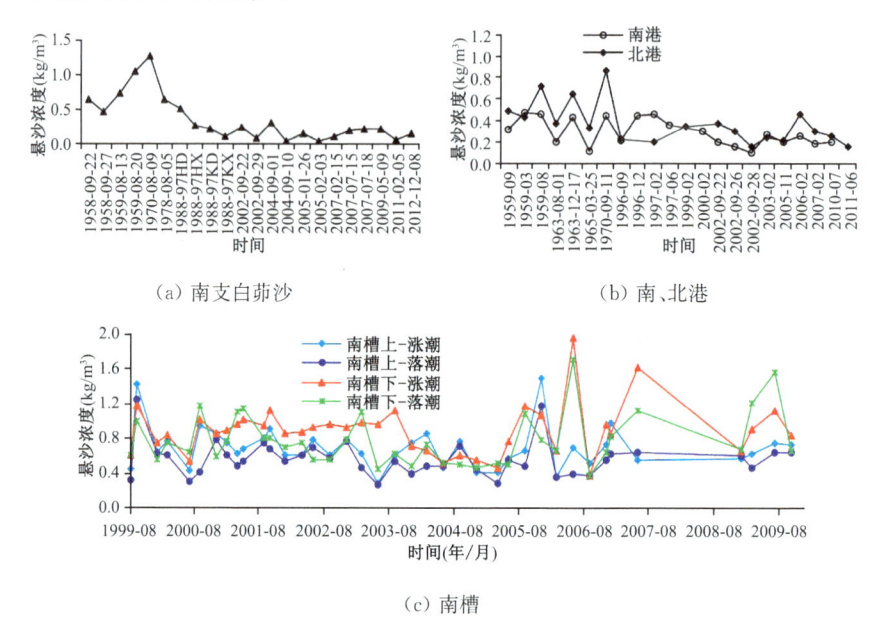

(a) 南支白茆沙

(b) 南、北港

(c) 南槽

图 4.1-5　南支河段及汊道悬沙浓度变化

4.1.3 长江口悬沙浓度变化趋势与成因分析

整理 1974—2009 年期间 15 个陆地卫星影像数据(陈勇 等，2012)发现,长江口南支河段表层水体悬沙浓度为减少趋势(图 4.1-6),但未消除流量和潮汐变化影响。为了更好地分析长江口悬沙浓度减小的影响因素,将潮流和径流因素概化为潮径比(T/R)(杨云平 等,2012)参数,即长江河口固定测站的时内潮差(H)(时内潮差:测量时水位与低潮时水位差值)与流域入海流量(Q)之间比值,公式如下:

$$\frac{T}{R} = \frac{10\,000 \times H}{Q} \tag{4.1-1}$$

依据潮径比参数,整理 1974—2009 年长江口遥感影像得到南支河段悬沙浓度数据(图 4.1-6),将数据以 2003 年为界分为 2 个阶段进行比较。引入式(4.1-1)潮径比参数,在相同潮径比条件下,2003—2009 年期间南支悬沙浓度整体小于 1974—2002 年期间(图 4.1-7),即南支河段表层悬沙浓度锐减主要与流域入海沙量和含沙量的减小密切相关。

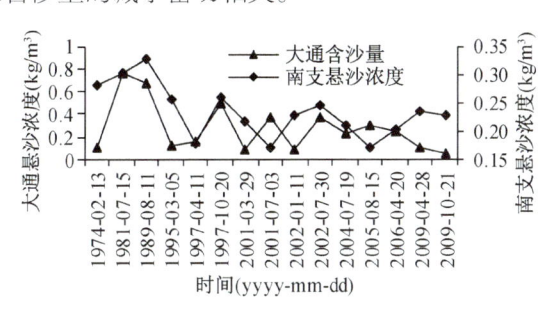

图 4.1-6 长江口南支悬沙浓度变化

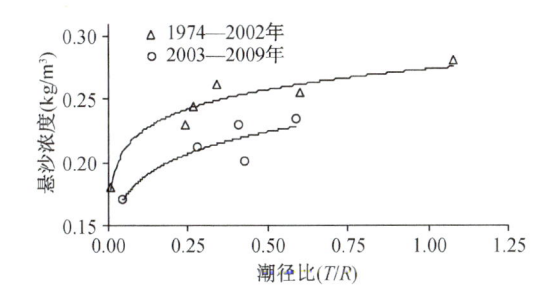

图 4.1-7 南支河段悬沙浓度与 T/R 关系

4.1.4 长江口北支河段悬沙浓度变化趋势及成因

(1) 北支悬沙浓度变化趋势

1958—2011 年期间，北支上段青龙港站涨潮、落潮和潮平均悬沙浓度均为减小趋势(图 4.1-8)。将青龙港站悬沙浓度以 2002 年进行分界，2003—2011 年期间相同的青龙港潮差条件下，北支的悬沙浓度较 1958—2002 年为减少态势(图 4.1-9)。1983—2005 年期间，三条港断面悬沙浓度整体为减小趋势，但 1991 年之后减小趋势不明显(图 4.1-10)。结合已有研究遥感数据，长江口北支河段悬沙浓度为一定减小趋势(图 4.1-11)，按照时内相同潮差统计，2003—2009 年期间北支河段悬沙浓度较 1974—2002 年期间表现为减小趋势(图 4.1-12)。

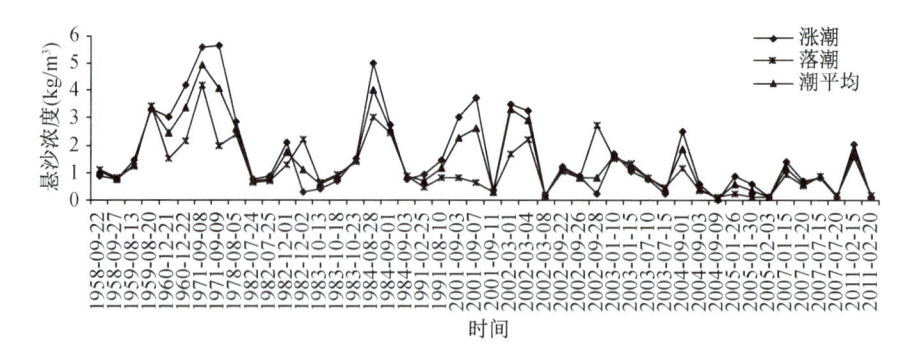

图 4.1-8　北支青龙港悬沙浓度变化

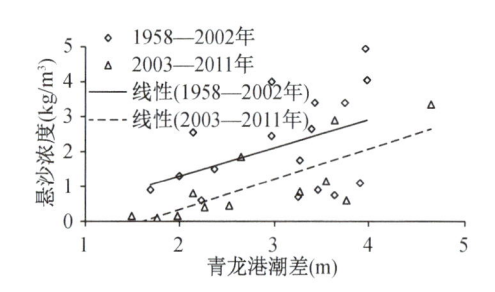

图 4.1-9　青龙港悬沙浓度变化

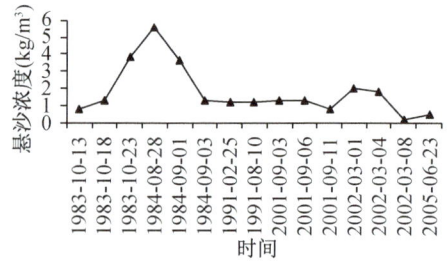

图 4.1-10　三条港悬沙浓度变化

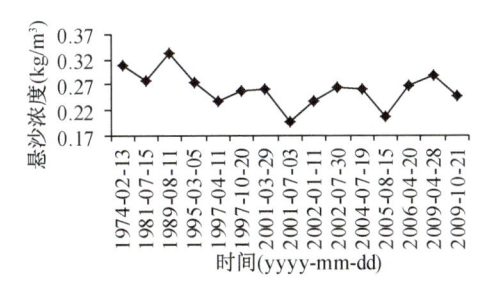

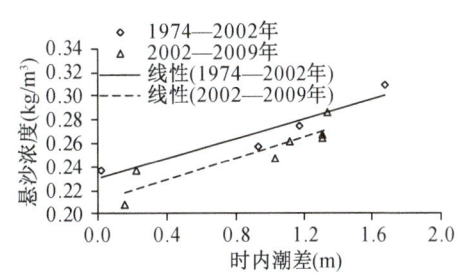

图 4.1-11 北支河段悬沙浓度变化趋势　　图 4.1-12 北支悬沙浓度变化与潮汐关系

(2) 北支悬沙浓度变化趋势的成因分析

1958—2009 期间,长江口北支河段的洪季涨潮、洪季落潮、枯季涨潮和枯季落潮分流比均为减小趋势(图 4.1-13)。落潮分流比减小,表明北支受下泄径流的影响较小;而涨潮分流比的减小,表明长江河口涨潮潮量主要从南支河段上溯,即北支的径流和潮流水动力发生了变化。采用优势流概念来反映北支径流和潮流水动力关系,上段青龙港和下段三条港附近的优势流变化不大(图 4.1-14)。综上分析,北支的径流和潮流水动力均存在减小趋势,但径流和潮流水动力对比强度变化不大。北支水道趋于萎缩淤浅,其发展特征表现为河道宽度缩窄、水深变浅、水域面积减少以及河槽容积缩小,主要受 20 世纪 50 年代河势调整以及近几十年来沿岸人工围垦(涂)工程等影响(刘曦 等,2010)。1989—2005 年期间,北支青龙港断面潮差变化不大(图 4.1-15),但是 7 月和 8 月平均涨率在 1999 年开始为大幅度减小趋势(图 4.1-16)。北支河段的潮汐动力趋于减弱,即为北支悬沙浓度变化的主要原因。

已有研究表明(杨欧,2002):北支青龙港以下直至口外呈现泥沙向上游运移的趋势,原因是北支涨潮流占优势,泥沙以净向上游运移为主。长江口南支特别是北港的泥沙落潮时向外扩散,其中一部分在涨潮时随涨潮流倒灌进入北支,并成为北支最重要的泥沙来源。综合分析认为,北支泥沙以口外海域来沙为主,上游也有部分泥沙进入北支。长江口河段悬沙南支和口外海滨区域悬沙浓度已呈现减小趋势(杨云平 等,2013;Li et al.,2012;Yang et al.,2014),将使得进入北支的悬沙浓度相应降低。

综上,北支悬沙浓度是在北支潮汐动力趋于减弱、南支河段和海滨区域悬沙浓度减小综合环境下,表现出一定的减小趋势。

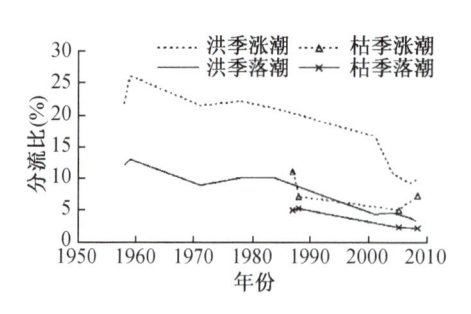

图 4.1-13　北支分流比变化

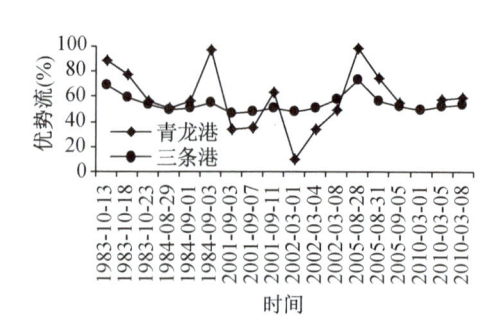

图 4.1-14　北支优势流变化

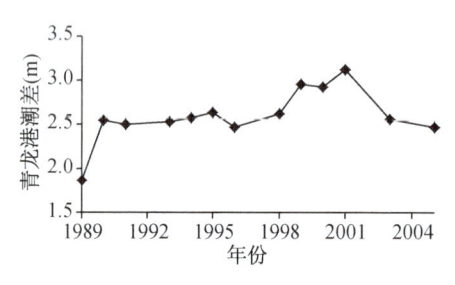

图 4.1-15　青龙港潮差变化

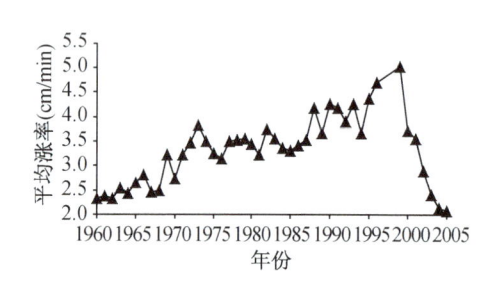

图 4.1-16　青龙港平均涨率变化

4.2　长江口最大浑浊带悬沙浓度变化趋势及成因

4.2.1　长江口最大浑浊带位置及数据来源

最大浑浊带区域悬沙和床沙存在不断地交换和再悬浮过程,在径流和潮流的共同作用下,维持着较高的悬沙浓度,其位置与河口拦门沙位置相互交叠,是河口航道碍航的主要区段。在水动力上,浑浊带核心区域与滞流点位置是相互对应的,长江河口浑浊带活动区域的地理坐标为东经121°45′～122°30′,北纬30°45′～31°45′区间。

1959—2002 年期间的悬沙浓度数据来源于中国科学院第一海洋研究所,2002—2012 年悬沙浓度数据来源于实测和部分文献,文献成果在文中均已标注。2000—2011 年期间北槽悬沙浓度数据来源于上海河口海岸科学研究中心,数据采集均为 8 月份。

4.2.2 长江口浑浊带周围环境悬沙浓度变化特征

河口区域长系列定点观测数据较难获取,选取了文献(Yang et al., 2014;李鹏,2012)数据绘制图4.2-1,站点为徐六泾、横沙、佘山、滩浒、小洋山和大戟山。分析表明:近期(2003年后)和早期(2003年前)悬沙浓度进行比较,徐六泾断面减幅约56%,佘山站位减幅约5%,其余测站减幅在20%~30%。上述测站未能覆盖口外海滨整个区域,进一步整理1959—2010年口外海域实测的悬沙浓度资料,长江口外海泥沙要素选取122°30′E和123°00′E为断面,苏北选取32°N为断面,杭州湾选取30°N为断面(图4.2-1)。结果表明,20世纪50年代以来,122°30′E和123°00′E断面的悬沙浓度略有减少,但幅度较小。苏北断面的悬沙浓度虽为减少趋势,但其数值较长江口口外海滨及浑浊带区域相差约1个数量级,苏北断面的减少是由长江入海沙量或苏北沿岸流输沙减弱引起,其对长江口口外海滨区域和最大浑浊带的影响较小。杭州湾断面悬沙浓度变化不大,无明显的趋势性。

综上分析,长江口口外海滨外围海域泥沙要素为苏北断面悬沙浓度减小,但对长江口的影响较小,长江口口外海域泥沙略有减少,其幅度较小,杭州湾南断面的悬沙浓度变化不大,无明显趋势性。

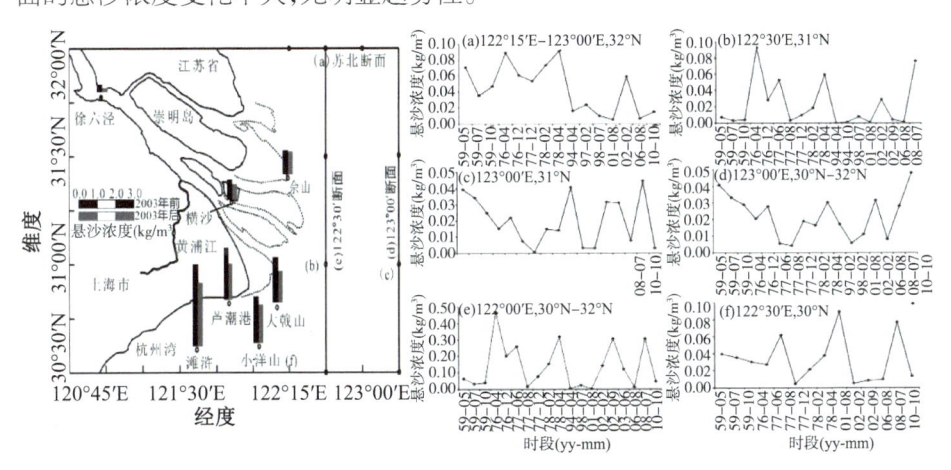

图 4.2-1 长江口口外海域悬沙浓度变化

(注:徐六泾、横沙、佘山、大戟山和小洋山2003年前为1999—2000年,芦潮港为2002年6月—2003年5月,2003年后为2008—2009年。)

4.2.3 长江口最大浑浊带变化特征

根据2007—2009年期间的洪季悬沙浓度数据分析显示(图4.2-2),长江口南支河段、南港和北港悬沙浓度较小,在南槽、北槽、北支河段进口与出口均存在悬沙浓度较高,为最大浑浊带区域;长江口口外海滨边区域悬沙浓度最小,小于南支、南港及北港河段。整理已有研究(路兵,2012)基于卫星图片换算得到长江口最大浑浊带面积数值,以悬沙浓度(SSC)等于0.70 kg/m³为临界数值,统计高于该悬沙浓度数值下的最大浑浊带面积(图4.2-3)。最大浑浊带面积随潮差的增加而增大,即大潮面积大于小潮,在季节上为洪季大于枯季(图4.2-3),即径流和潮流共同决定着最大浑浊带位置。比较1979—1999年和2000—2008年

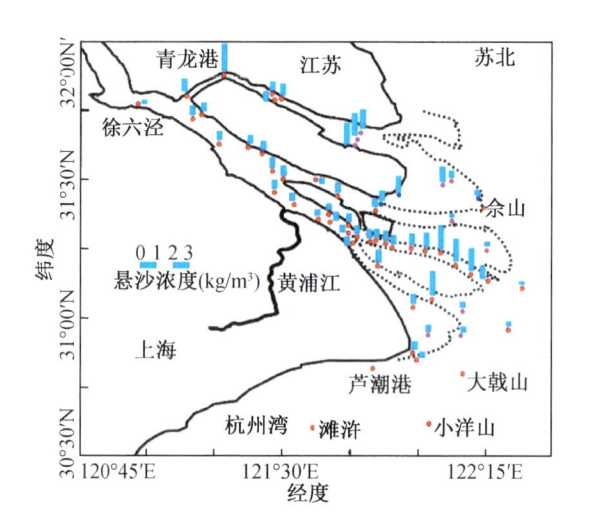

图 4.2-2 长江口最大浑浊带泥沙分布规律

(a) 最大浑浊带面积变化

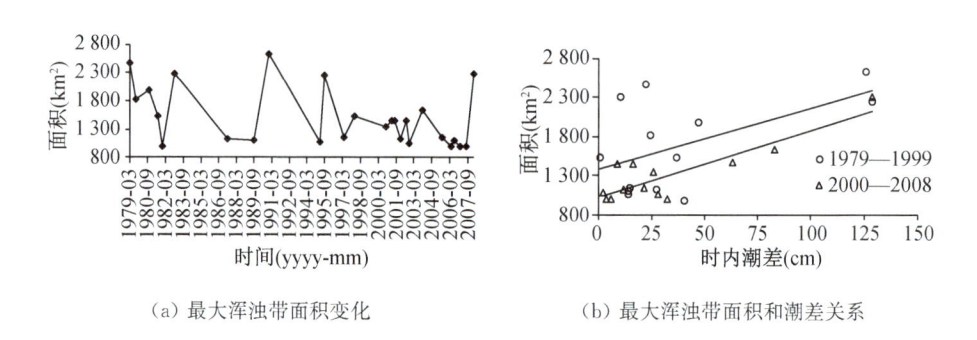

(b) 最大浑浊带面积和潮差关系

图 4.2-3 最大浑浊带面积变化和潮差关系

浑浊带面积在相同潮汐条件下的变化情况,相同潮差情况下2000—2008年最大浑浊带面积小于1979—1999年期间。引起这一变化的原因主要有流域入海泥沙量减少、苏北沿岸输沙率减弱及浑浊带区域当地水动力变化等。由于海域泥沙要素变化不大,同时浑浊带区域的床沙颗粒变化不大,即再悬浮泥沙对其补给作用未减弱。因此,流域入海沙量的减少为影响最大浑浊带面积变化的主要因素。

4.2.4 长江口最大浑浊带面积变化趋势及成因

为了更好地明确最大浑浊带面积减小的影响因素,引入潮径比参数。在以往研究中,将径流或是潮流作单独因素考虑(路兵,2012),现依据潮径比参数对浑浊带面积进行整理,在潮径比相同情况下,即径流和潮流水动力相同,2000—2008年浑浊带面积整体小于1979—1999年(图4.2-4)。流域入海沙量减少为最大浑浊带面积减小的主要因素,建立流域入海沙量和最大浑浊带面积关系(图4.2-5),最大浑浊带面积伴随流域入海沙量的减少而减小,其相关系数$R^2=0.97$,相关度较高,进一步表明长江流域入海沙量减少为最大浑浊带面积减少的主因。最大浑浊带面积在各时间段减幅小于入海泥沙量减幅,已有证据表明(杨云平 等,2013,2014),长江河口三角洲表现为侵蚀现象,将会补充一定的悬沙,同时河口浑浊带区域存在再悬浮作用也是补充来源之一,浑浊带面积减幅小于上游来沙量减幅。在未来一段时间,在三峡及梯级水库作用下长江流域入海沙量仍将维持较低水平,同时海域悬沙浓度因河床补给不足也将呈一定的减小趋势。在流域和海域来沙共同作用下,长江口最大浑浊带面积不会超过1 500 km^2(悬沙浓度大于0.70 kg/m^{3}的范围)。

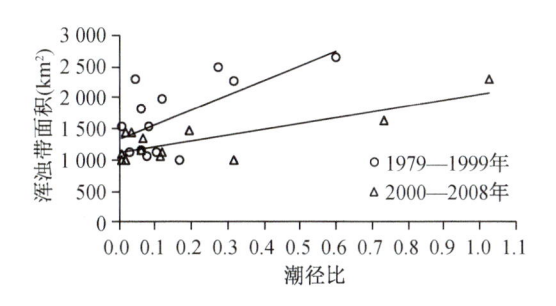

图4.2-4 最大浑浊带面积与潮径比关系

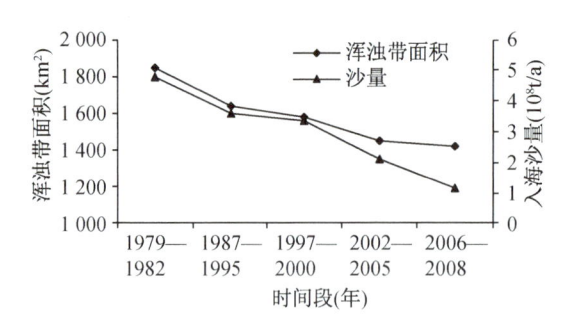

图 4.2-5 最大浑浊带面积与流域入海沙量关系

4.2.5 长江口最大浑浊带悬沙浓度变化趋势及成因

整理 1958—2012 年期间长江口拦门沙河段的悬沙浓度数据,范围为 121°30′E～123°00′E,30°45′N～31°45′N。时间上划分为 1958—1984 年、1985—2002 年和 2003—2012 年 3 个时段。1958—1984 年期间数据测点较少,仅分析悬沙浓度峰值区域位置的变化。结果表明:1985—2002 年和 2003—2012 年洪季分别为 0.65 kg/m³ 和 0.50 kg/m³,减幅为 23.1%(图 4.2-6a);枯季分别为 0.37 kg/m³ 和 0.34 kg/m³,减幅为 8.1%(图 4.2-6b),年均分别为 0.42 kg/m³ 和 0.33 kg/m³,减幅为 21.4%(图 4.2-6c)。1985—2002 年期间大通站悬沙浓度为 0.39 kg/m³,2003—2012 年期间为 0.17 kg/m³,减幅为 56.4%。无论年均、洪季和枯季悬沙浓度减幅均小于同时期大通站,且洪季减幅大于枯季,表明拦门沙河段悬沙浓度与入海悬沙浓度锐减存在差异性。悬沙浓度高值的峰值区域活动在 121°30′E～122°30′E 区间,2003—2012 年年均和洪季峰值区域核心位置较 1985—2002 年期间向口内上溯约 0.16°,枯季核心位置变化不大,上溯距离洪季＞年均＞枯季(图 4.2-7)。

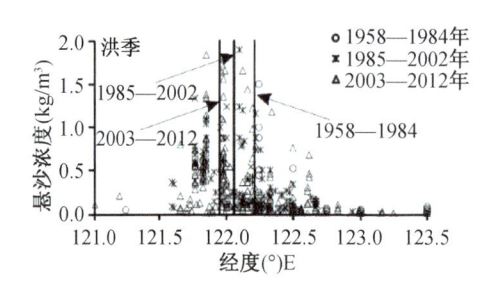

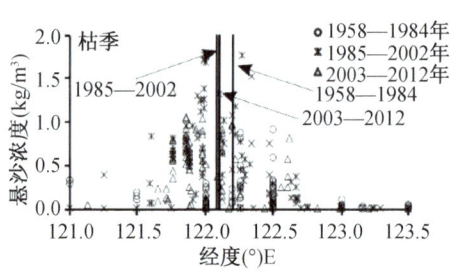

a

b

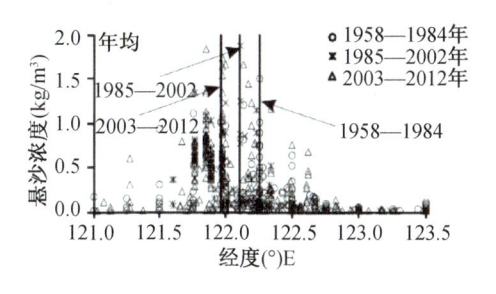

图 4.2-6　长江口拦门沙河段悬沙浓度变化(1958—2012)

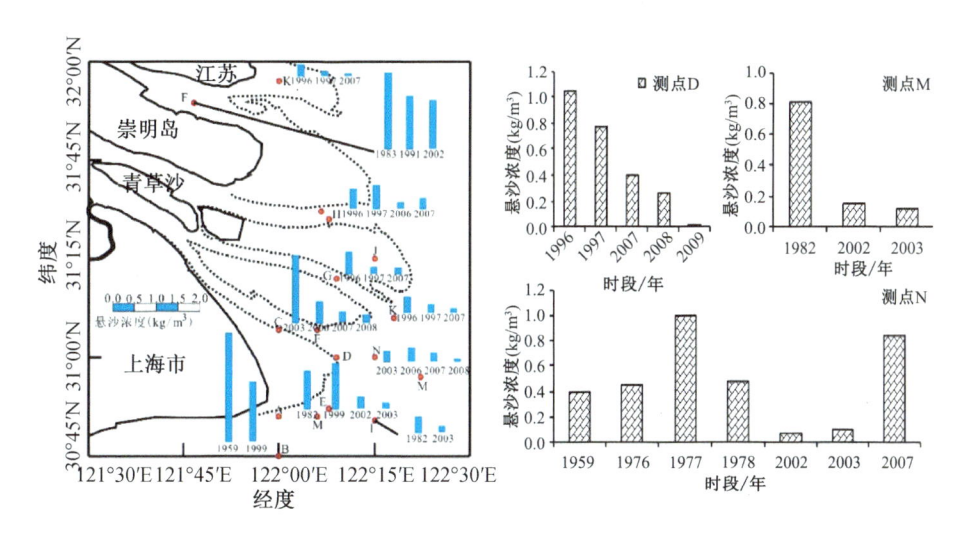

图 4.2-7　最大浑浊带散点悬沙浓度变化趋势

4.3　长江口北槽悬沙浓度变化趋势及成因

4.3.1　长江口北槽悬沙浓度输运特征

北槽航槽纵向悬沙浓度呈上段、下段较低,中间较高的分布规律,即在涨潮和落潮期间近底层均存在悬沙浓度较大的核心区域,该区域悬沙浓度数值可达 3.0 kg/m³ 以上(图4.3-1)。以悬沙浓度数值大于 0.70 kg/m³ 为临界数值,落急时刻该悬浮泥沙浓度的纵向宽度大于涨急,2007 年 8 月测次涨急和落急的纵向宽度均大于 2005 年 8 月测次。2005 年 8 月和 2007 年 8 月相比,2007 年 8 月的流量和潮差均较大，入海悬沙浓度较小，潮径比数值接近。当流量和潮差较大时，河口水位较高，北槽南侧导堤的越堤沙量随之增加，同时泥沙再悬浮作用也得到加强，使得2007年8月测次涨急和落急悬沙浓度大于0.70 kg/m³的纵向宽度大于2005年8月。

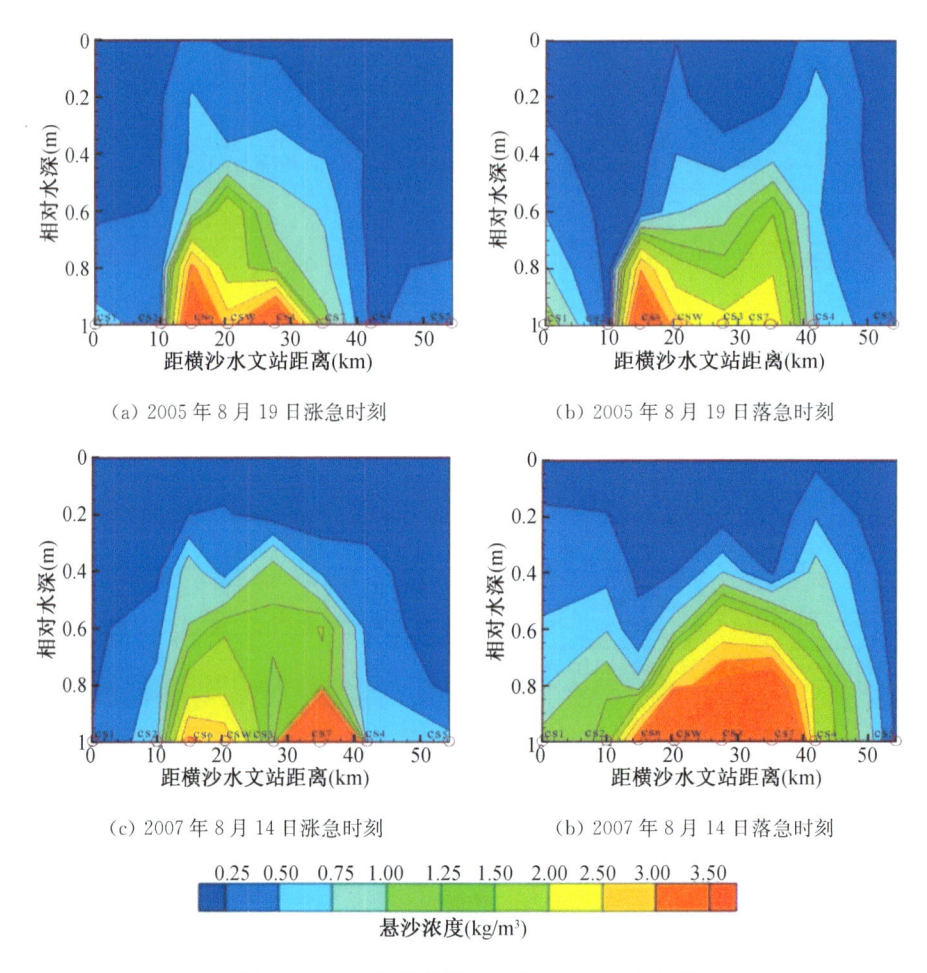

(a) 2005年8月19日涨急时刻　　(b) 2005年8月19日落急时刻

(c) 2007年8月14日涨急时刻　　(b) 2007年8月14日落急时刻

图4.3-1　北槽航槽涨急和落急悬沙分布规律

4.3.2　长江口北槽悬沙浓度变化趋势及成因

长江口北槽选取1999—2009年悬沙浓度数据（图4.3-2），北槽上断面1999—2005年期间涨、落潮悬沙浓度均值为0.65 kg/m³和0.50 kg/m³，2006—2009年期间涨、落潮悬沙浓度均值为0.57 kg/m³和0.46 kg/m³，上断面悬沙浓度为减小趋势,涨潮和落潮减幅为 13.8% 和 8.0%,均小于拦门沙河段的减幅。北槽中断面位于北槽航槽中部区域,与 14 号测点位置相近。1999—2005 年期间涨、落潮悬沙浓度均值为 0.64 kg/m³ 和 0.55 kg/m³,2006—2009 年期间涨、落潮悬沙浓度为 0.89 kg/m³ 和 0.80 kg/m³,涨潮和落潮悬沙浓度分别增加了 0.25 kg/m³ 和 0.25 kg/m³,增幅分别为 39.1% 和 47.3%。因此,北槽悬沙浓度与入海沙量锐减既表现了同步性,也体现了非同步的差异性。

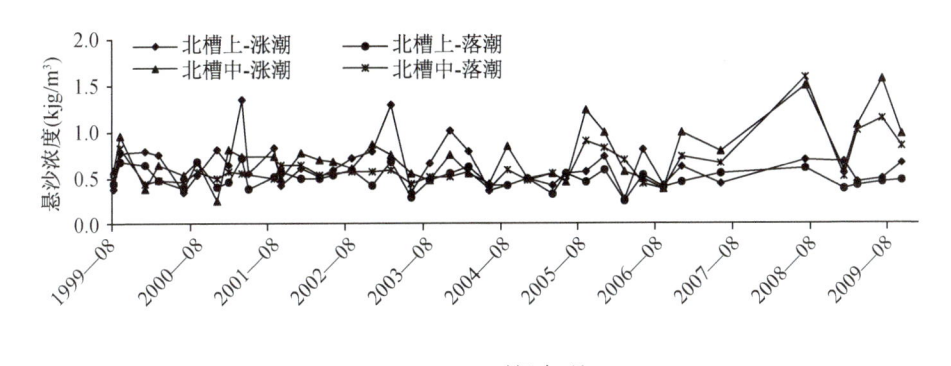

图 4.3-2　北槽悬沙浓度变化(1999—2009)

将北槽悬沙浓度分为 2000—2002 年、2005—2008 年和 2009—2012 年 3 个时段,每年数据选取时间为 8 月份,包含完整的大潮、中潮和小潮过程。涨潮悬沙浓度变化规律为(图 4.3-3):9 和 17 号测点为持续的减小趋势;10、12 和 15 号测点先减小后增加,整体为减小趋势;14 号为持续增加趋势。落潮悬沙浓度变化规律为:9、10 和 17 号为持续减小趋势;12 和 15 号测点为先减小后增加,整体为减小趋势;14 号测点为持续的增加趋势。潮平均悬沙浓度变化规律为:9 号测点为持续的减小趋势,2005—2008 年和 2009—2012 年较 2000—2002 年期间分别减小约 36.4% 和 41.9%;2005—2012 年较 2000—2002 年期间整体减幅为 39.5%;17 号测点为减小趋势,2005—2008 年和 2009—2012 年较 2000—2002 年期间分别减小 28.4% 和 34.4%,2005—2012 年较 2000—2002 年期间整体减幅为 32.4%;10、12 和 17 号测点为先减小后增加,但整体为减小趋势,2009—2012 年期间较 2000—2002 年期间减幅分别为 48.4%、47.2% 和 18.0%;14 号测点为增加趋势,2005—2008 年和 2009—2012 年较 2000—2002 年期间增幅分别为 67.4% 和 87.2%。

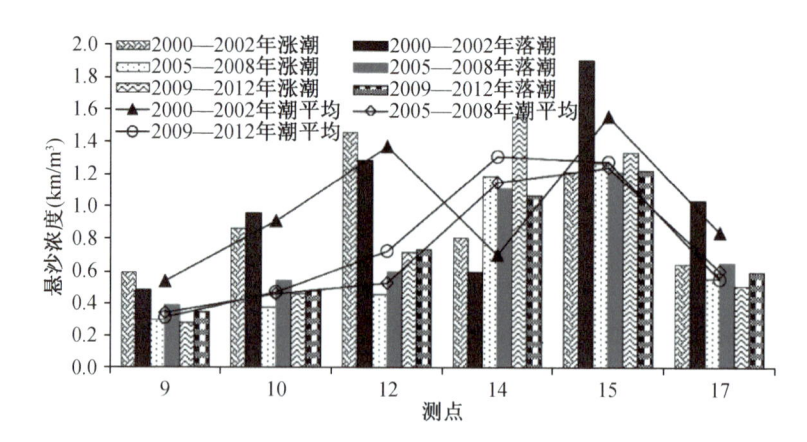

图 4.3-3　北槽悬沙浓度变化(2000—2012年,测点位置见图 4.1-1)

综上分析认为,长江口徐六泾、南支、南港和北港、拦门沙及口外海域悬沙浓度均为减小趋势,且越向河口减幅减小,与大通站泥沙量减幅差异逐渐加大。拦门沙河段的南槽和北槽的中段悬沙浓度为增加趋势,与长江流域入海大通站及河口悬沙浓度锐减表现为较强的差异性。

4.3.3　长江口悬沙浓度差异性响应成因探讨

4.3.3.1　长江口悬沙浓度分布调整的证据分析

1985—2002年和2003—2012年期间流域入海水量分别为8 936亿 m^3/a 和 8 215亿 m^3/a,减幅约8.05%,潮差增加约2.7%,即在径流和潮流水动力对比过程中,径流和潮流水动力平衡位置将向口内移动,使得悬沙浓度峰值区域出现相应上溯。叶绿素与悬沙浓度分布存在较好关系,已观测到长江口叶绿素分布峰值区上溯,说明悬沙浓度峰值也相应上溯(崔彦萍 等,2014)。长江口北槽深水航道回淤强度中心位置也在向上游移动,即悬沙落淤积部位发生变化(刘杰,2008),同时这一过程与北槽滞流点位置的变化也是对应的(杨云平 等,2011)。长江口邻近陆架区域砂-泥分界线间接反映了水动力作用下的沉积物颗粒特征变化,该分界线也为上溯趋势(杨云平 等,2014),即悬沙峰值区域向口内移动。在地貌上,长江口前缘沙岛淤涨速率减缓,甚至侵蚀,而水下三角洲已出现侵蚀趋势(Yang et al.,2014),也反应河口区悬沙浓度的减小。综上,长江口悬沙浓度峰值区域向口内上溯,这一变化已经对河口生态系统、泥沙输运及地貌系统等产生影响。

4.3.3.2 再悬浮和悬床交换对长江口悬沙浓度的影响

整理长江口Ⅰ、Ⅱ和Ⅲ纵向悬沙浓度采集样品(图4.3-4),分析表明:Ⅰ号测线悬沙浓度峰值核心区域出现在北槽中段,在涨急和落急过程中悬沙浓度小于0.75 kg/m³,覆盖整个河段,存在于表层0.6H水体之间,0.8H底层悬沙浓度高于0.75 kg/m³,且自上至下为先增加后减小分布形式;Ⅱ号测线悬沙浓度峰值区域在南槽中段,悬沙浓度小于0.75 kg/m³数值分布在表层0.8H水体,底层悬沙浓度大于0.75 kg/m³,为先增加后减小的分布形式;Ⅲ测线悬沙浓度分布与Ⅰ和Ⅱ测线相似。

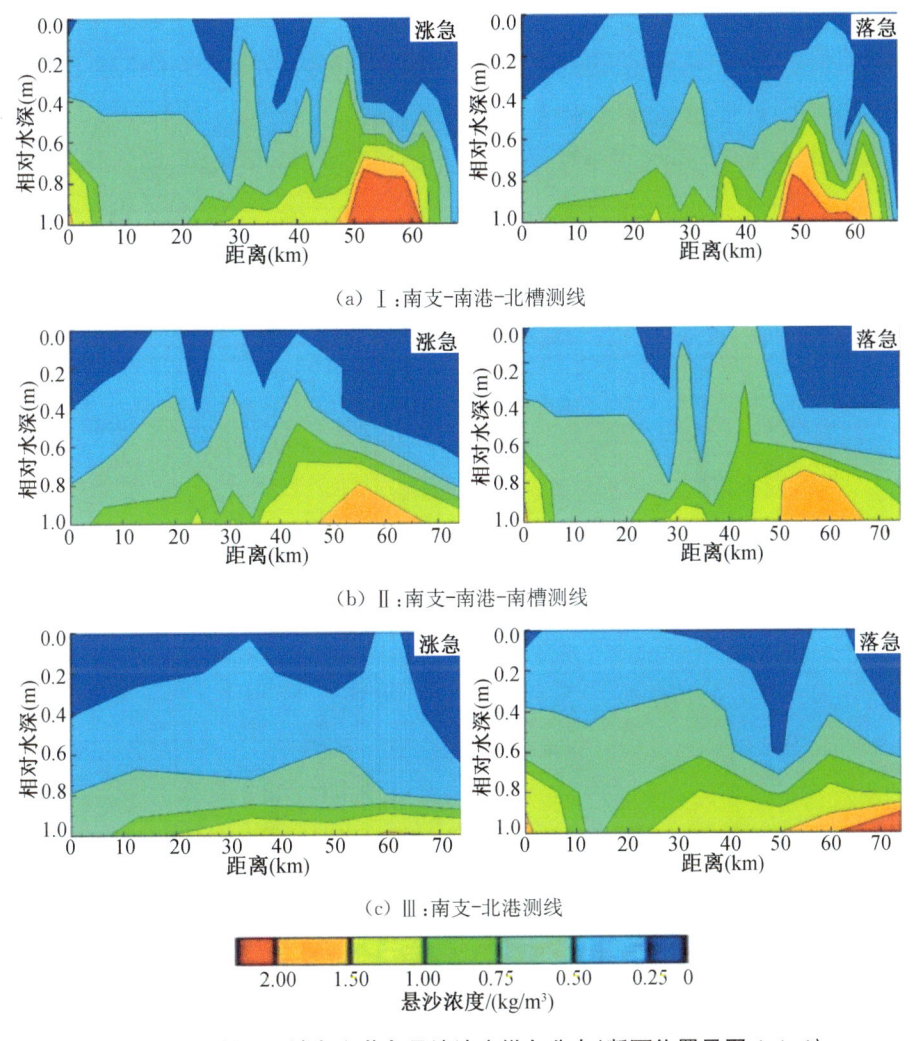

(a) Ⅰ:南支-南港-北槽测线

(b) Ⅱ:南支-南港-南槽测线

(c) Ⅲ:南支-北港测线

图 4.3-4 长江口涨急和落急悬沙浓度纵向分布(断面位置见图4.1-1)

长江口Ⅰ、Ⅱ和Ⅲ测线均存在悬沙浓度较高的峰值区域,其数值明显高于其上游和下游区域。在地貌定义上为拦门沙河段,水动力作用上为滞流点活动区域,在泥沙输运上为浑浊带或是滞流点活动区域,即这一区域悬沙浓度较高的原因主要为水体近底层悬沙和表层床沙存在明显交换和再悬浮。悬沙和床沙交换、再悬浮过程短周期与水动力有关,长时段受悬沙和床沙组成及颗粒的变化影响。悬沙和床沙组成上,悬沙和床沙级曲线过程相差悬殊,中值粒径差异越大,则底层泥沙的交换量越小,即悬沙浓度越小。Ⅰ测线南支和南港上段悬沙和床沙中值粒径差异较大,南港下段差异较小,北槽上段悬沙和床沙差异较大,中段差异有增大趋势(图4.3-5a)。Ⅱ测线南支和南港上段测点悬沙和床沙中值粒径差异较大,南港下段和南槽的差异较小,即南槽悬沙和床沙的交换作用较强(图4.3-5b)。Ⅲ测线床沙中值粒径逐渐减小,交换作用向下游逐渐加强(图4.3-5c)。研究表明(丁平兴,2013),长江口南支、南港、北港、南槽和北槽区域悬沙中值粒径伴随流域入海细颗粒悬沙量锐减而呈减小趋势,悬沙颗粒向细化趋势发展。据同时期床沙数据发现,长江口区域床沙整体为粗化现象(Luo et al., 2012),而悬沙粒径近期表现为细化趋势(刘红 等,2012)。综上,因长江口悬沙和床沙颗粒特征调整,悬沙和床沙交换过程减弱,即使得悬沙浓度向减小趋势发展。

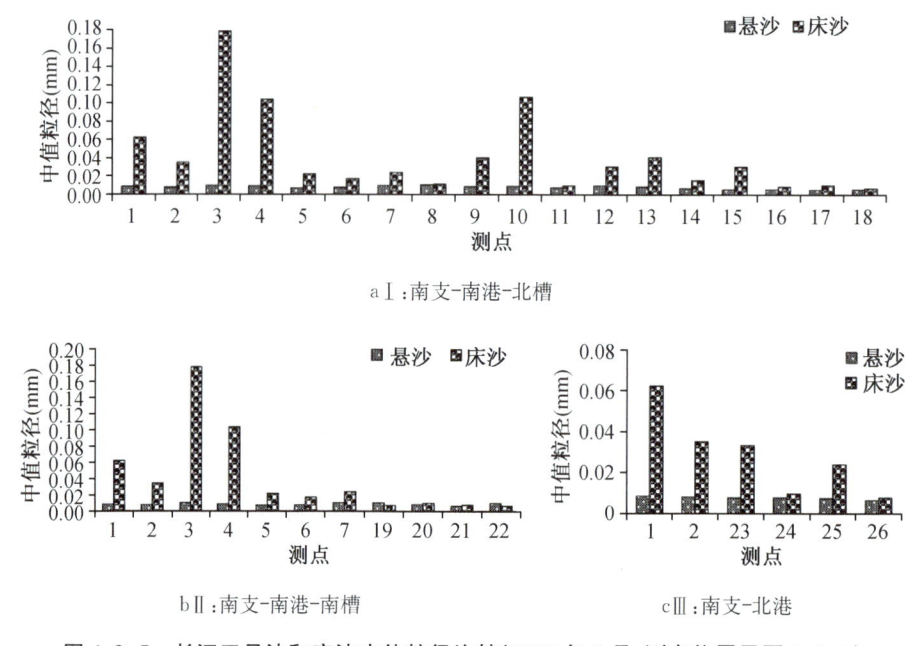

a Ⅰ:南支-南港-北槽

b Ⅱ:南支-南港-南槽

c Ⅲ:南支-北港

图4.3-5 长江口悬沙和床沙中值粒径比较(2007年8月,测点位置见图4.1-1)

4.3.3.3 "滩槽交换"对长江口悬沙浓度的影响

滩体(包含边滩和心滩)和深槽泥沙交换作用广泛存在于河口区域,并影响着局部的悬沙分布和数值大小。南汇边滩和南槽交换(郭小斌 等,2012),近期南汇边滩不断围垦和围涂等挤压南槽,河道变窄,使得边滩表层床沙悬浮作用增加,滩槽交换作用明显。同时九段沙南侧受到冲刷,大量泥沙在落潮水流作用下偏于南槽主槽,对南槽悬沙浓度起到一定补充作用,这一过程主要发生在南槽中段。南槽中段悬沙浓度的增加主要受滩槽交换的影响,其作用大于流域和海域来沙锐减引起的悬沙浓度减少量,以及河槽粗化使得再悬浮作用减弱引起的悬沙浓度减少量,使得南槽中段悬沙浓度为增加趋势。

北槽与周围九段沙、横沙东滩进行泥沙交换,1998—2009 年长江口北槽实施了深水航道整治工程,观测到南导堤和北导堤均存在越堤水量和沙量,且集中于北槽的中部,其中中部越堤沙量占整个过程的 43.1%,长度比例为 29.7%(29.7%为中段统计长度 14.2 km 与全长 47.8 km 的百分比),即说明中段越堤沙量明显强于上段和下段。同时北槽上段悬沙和床沙中值粒径差异较大,中下段相差较小,表明上段泥沙再悬浮作用小,中下段再悬浮作用较强。研究表明北槽悬沙中值粒径为减小趋势(Yang et al.,2014),而床沙上段明显粗化,中下段略有粗化趋势,即泥沙再悬浮作用相应减弱。北槽上段、中段和下段悬沙浓度变化趋势不同,上段和下段的减小主要是由于流域和海域来沙减小,同时床沙粗化使得悬沙和床沙再悬浮交换作用减小所致,中段增加则主要受越堤沙量引起的增加大于流域和海域来沙锐减,悬沙细化和床沙粗化再悬浮作用减幅。近期国内学者通过物理模型研究认为,无论南汇边滩是否有围涂工程,九段沙的底沙均能越堤进入北槽深水航道,但促淤工程将使得九段沙头部进入北槽航道的泥沙略有减小,但中部进入北槽航道的泥沙略有增加(胡志峰 等,2013)。金缪等(2013)研究认为,滩槽交换对北槽的回淤影响较大,横向水流高浓度悬沙输运造成 12.5 m 深水航道中段 2 000 万 m³~3 000 万 m³ 回淤量是可能的。长江口北槽南侧导堤 2007 年和 2008 年越堤沙量为 296.6 Mt/a 和 317.1 Mt/a(刘猛 等,2013),直接影响着北槽区域的悬沙浓度变化,尤其是中段。因此,越堤沙量是北槽中段悬沙浓度增加的主要原因。

4.4 长江口区域悬沙颗粒分布特征及变化趋势

4.4.1 悬沙颗粒组成变化

收集文献中 1998 年 11 月和 1999 年 5 月(1998—1999 年)的 2 个测次悬沙粒径和组成数据(吴华林 等，2006)，比较三峡水库蓄水前后的多年变化过程及趋势，1998—1999 年期间悬沙中值粒径均值为 10.77 μm。2003 年较 1998—1999 年中值粒径减小约 14.76%，2007 年较 2003 年中值粒径整体减小约 10.35%，2010—2011 年较 2007 年整体减小约 6.44%（表 4.4-1）。将悬沙组成划分为砂、粉砂和黏土 3 个组分，1998—1999 年黏土、粉砂和砂百分含量分别占 33.7%、64.8% 和 1.5%(吴华林 等，2006)，2003 年、2007 年和 2010—2011 年期间黏土比例呈增加趋势，粉砂和砂的比例呈减小趋势。整体上，1998—1999 年、2003 年、2007 年和 2010—2011 年悬沙以粉砂为主，黏土次之，砂的比例最小，且小于 4.0%，悬沙主要以 $d<63~\mu m$ 粒径组为主(图 4.4-1)。

4.4.2 长江河口入海主要汊道悬沙颗粒变化趋势

入海汊道的悬沙粗细颗粒分配关系为(图 4.4-2，表 4.4-2)：南港悬沙中值粒径大于北港，南槽悬沙中值粒径大于北槽，南港—南槽为粗颗粒泥沙输运通道，北槽为细颗粒泥沙输运通道，即进入汊道的悬沙粗细颗粒进行了分选与再分配。悬沙粒径和组成变化规律为：2005 年 8 月、2007 年 8 月和 2010 年 8 月南港、北港、南槽和北槽整体的悬沙中值粒径为减小趋势。统计文献中相近测点，比较悬沙粒径和分组沙变化，结果表明：2012 年 8 月南槽 NC2 测点悬沙中值粒径为 6.6 μm，远小于 2005—2010 年期间数值，表明悬沙为细化趋势(王飞 等，2014)；2012 年 4 月份长江口北槽中段 CSW 测点大潮、中潮和小潮悬沙中值粒径分别为 12.1 μm、7.9 μm 和 5.8 μm，均值为 8.6 μm(赵方方，2014)，小于 2005 年 8 月、2007 年 8 月和 2010 年 8 月数值。黏土百分含量 2007 年 8 月最大，粉砂百分含量以 2010 年 8 月为最大，砂的百分含量低于 5%，甚至低于 1%。2005 年 8 月、2007 年 8 月和 2010 年 8 月 3 个测次的悬沙颗粒组成中百分含量粉砂最大，黏土次之，砂最小，各入海汊道悬沙以 $d<63~\mu m$ 占绝对优势。在长江口底层悬沙与表层沉积物存在垂向交换，主要为粉砂组成粒径级，与次表层

第4章 流域水沙变化条件下长江口泥沙输移过程及趋势

表 4.4-1 长江河口悬沙组成变化

区域	中值粒径(μm)			黏土(%)			粉砂(%)			砂(%)		
	2003年	2007年	2010—2011年	2003年	2007年	2010—2011年	2003年	2007年	2010—2011年	2003年	2007年	2010—2011年
南支河段	8.9	8.4	8.2	30.2	30.3	30.9	65.9	67.6	67.0	3.9	2.1	2.1
拦门沙	10.5	8.6	8.5	27.7	32.6	32.7	67.2	65.4	65.3	5.1	2.0	2.0
拦门沙口外	7.4	7.1	6.5	33.2	39.6	39.5	65.4	59.5	59.4	1.4	0.9	1.1
北支	9.9	7.8	7.6	28.4	33.0	33.4	66.7	65.1	64.8	4.9	1.9	1.8

注:表中2003年和2007年中值粒径、黏土、粉砂和砂的百分含量统计数值来自文献(刘红 等,2012)。

113

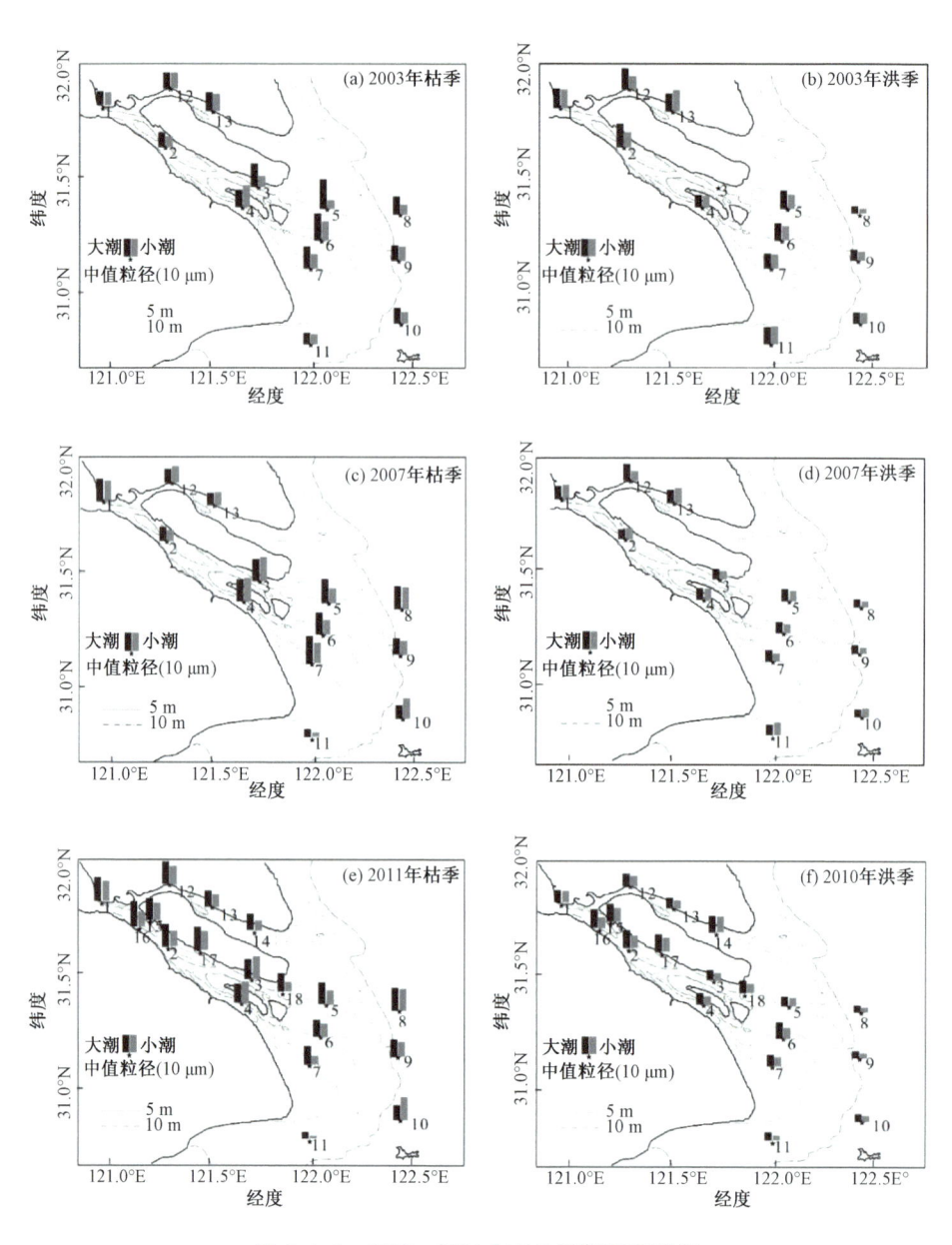

图 4.4-1 2003—2011 年悬沙颗粒特征变化

交换主要为粗粉砂-细砂组分(林益帆 等,2014)。各汊道黏土百分含量为先增加后减小,粉砂为先减小后增加,表明 2005—2007 年期间,河床补给的泥沙主要为河床表层沉积物中细颗粒泥沙,2007—2010 年期间次表层沉积物补给为粉砂。因此,随着河床冲刷,表层沉积物粗化,悬沙和表层沉积物的交换作用减弱,河口悬沙浓度和粒径变化变幅减小，或是趋于稳定。

综上，南港为粗颗粒泥沙输运通道，南槽和北槽粗细颗粒泥沙再分配，南槽为粗颗粒输运通道，但近期南、北槽悬沙粒径和组成相近，整体上各汊道悬沙为细化趋势。

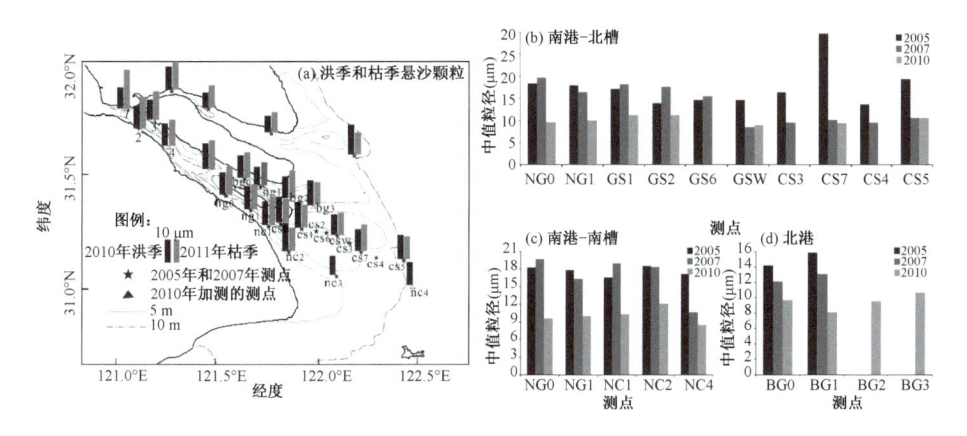

图 4.4-2　长江口河段悬沙颗粒特征变化

表 4.4-2　2005—2010 年悬沙组成比较

区域	中值粒径(μm)			黏土含量(%)			粉砂含量(%)			砂含量(%)		
	2005年	2007年	2010年	2005年	2007年	2010年	2005年	2007年	2010年	2005年	2007年	2010年
北港	15.1	12.6	8.9	27.3	35.0	21.7	69.6	62.8	73.0	3.1	2.3	5.9
北槽	17.4	12.4	10.3	23.9	31.5	23.9	72.3	63.7	71.8	3.8	4.8	4.3
南槽	17.4	16.0	10.3	22.8	29.7	20.1	72.4	65.9	75.8	4.8	4.4	4.1
南港	18.0	17.2	9.8	24.2	26.6	22.6	70.5	68.2	70.3	5.3	5.2	6.7
均值	17.1	14.1	10.1	24.2	30.9	22.1	71.7	64.7	72.6	4.1	4.4	5.3

4.4.3　长江河口悬沙颗粒变化成因探讨

长江口潮区界 $d<63~\mu\mathrm{m}$ 的悬沙百分含量为增加趋势，但输运量大幅减少，同时在潮流界位置江阴站悬沙中 $d>63~\mu\mathrm{m}$ 的百分含量很小，甚至为零（李军等，2003），表明长江流域经潮区界进入长江口悬沙中 $d>63~\mu\mathrm{m}$ 的泥沙主要沉积在潮区界—潮流界之间。进入潮流界以下的悬沙伴随落潮水流输运至长江口区域，主要为 $d<63~\mu\mathrm{m}$ 的细颗粒悬沙，虽然枯水时期在潮流界以下悬沙中仍有

$d>63~\mu m$ 组分存在，但这主要是涨潮水流携带泥沙所致。2013 年 7 月和 2004 年 8 月潮区界至徐六泾区间悬沙中值粒径为减小趋势，这主要是流域 $d<63~\mu m$ 悬沙输运量大幅度减小所致。徐六泾断面 2002—2008 年每年 8 月悬沙中值粒径伴随同时期大通站悬沙中值的减小而减小，表明流域 $d<63~\mu m$ 悬沙输运量的减小已影响至潮流界以下徐六泾断面，进而引起长江口下段悬沙颗粒和组成的调整。

整理表 4.4-1 和表 4.4-2 悬沙颗粒和组成数据并比较其变化趋势(表 4.4-3)，2003 年、2007 年和 2010—2011 年中值粒径为减小趋势，同时期大通站 $d<63~\mu m$ 悬沙输运量也为减小趋势。2005 年 8 月、2007 年 8 月及 2010 年 8 月长江口入海汊道悬沙中值粒径进行比较，中值粒径为减小趋势，同时期大通站小于 63 μm 的悬沙输运量为减小趋势。影响悬沙中值粒径变化的另一因素为水动力，2005 年 8 月、2007 年 8 月和 2010 年 8 月月均流量分别为 41 109 m³/s、48 014 m³/s 和 51 304 m³/s，流量为增加趋势，即悬沙中值粒径减小与流量增加并非同步，水动力调整为悬沙变细的次要因素。长江流域入海泥沙量的锐减，已经引起了长江口地貌系统出现侵蚀现象，使得表层沉积物中细颗粒泥沙首先悬起并补给部分悬沙，但长江河口悬沙浓度仍为减小趋势（杨云平 等，2014；Yang et al.，2015），即表层沉积物细颗粒泥沙对悬沙的补给是有限的。综上，长江流域入海 $d<63~\mu m$ 悬沙量减小是长江河口区域悬沙颗粒变细的主要原因。

表 4.4-3 长江河口悬沙中值粒径和大通站 $d<63~\mu m$ 泥沙量关系

参数	整个长江口			入海汊道		
	2003 年	2007 年	2010—2011 年	2005 年 8 月	2007 年 8 月	2011 年 8 月
中值粒径(μm)	9.18	8.23	7.70	17.10	14.10	10.10
粒径减幅(%)		−10.35	−6.44		−17.54	−28.36
$d<63~\mu m$ 泥沙量(亿 t)	1.932	1.108	1.041	0.534	0.397	0.217
泥沙量减幅(%)		−43.00	−6.05		−25.60	−45.34

4.4.4　长江口悬沙颗粒变化的地貌学指示意义

长江河口的北槽 1998 年实施了深水航道治理工程，至 2011 年航道回淤量年均达 8 000 万 m^3(赵捷 等,2014)。已有研究认为,长江口北槽深水航道回淤主要受越堤沙量(刘猛 等,2013;金镠 等,2013)、波浪输沙(刘猛 等,2013)、悬沙沉降(沈淇 等,2013)等影响。悬沙的悬浮和沉降主要与水动力(流速)、悬沙浓度和颗粒特征等因素有关。北槽 1998—2012 年落潮分流比整体上为减小趋势(蒋陈娟 等,2013),径流和潮流水动力平衡的滞流点位置上溯(杨云平 等,2011),回淤强度峰值区域也出现一定的上移(刘杰 等,2014)。而基于机制分解方法分析认为欧拉余流、潮泵效应和斯托克斯效应和垂向环流为悬沙输移的主要动力(蒋陈娟 等,2013;Liu et al.,2013),且洪季欧拉余流输沙和潮泵输沙在工程前后的变化是大潮期河床冲淤由中段和下段普遍淤积转化为中上段集中落淤(杨云平 等,2011),解释了淤积部位与水动力的关系。北槽进口和出口涨潮和落潮的潮量为减小趋势,优势潮量也为减小趋势(蒋陈娟 等,2013),同时流速大小变化有限(Wan et al.,2014),即北槽的水动力调整对悬沙沉降与再悬浮的影响较小。由于长江口外海域的悬沙浓度小于流域入海含沙量,且前缘陆架区域沉积物主要以砂为主,波浪输沙影响也较小。近期观测到南导堤存在大量的越堤泥沙(刘猛 等,2013;金镠 等,2013),且集中于中部区域,这为北槽航槽内淤积泥沙的另一来源,这一来源使得北槽中段在流域入海泥沙锐减和海域悬沙变化不大情况下,其悬沙浓度仍维持较高,且略有增加的原因(杨云平 等,2014;Yang et al.,2014,2015)。研究表明,北槽悬沙颗粒为细化趋势,而在流速变化不大、中段悬沙浓度增加情况下,悬沙细颗粒絮凝和沉降的概率增加。同时南槽悬沙组成与北槽的差异趋于减小,在越堤沙量提供丰富沙源基础上,悬沙细化更有利于北槽航槽泥沙落淤,使得回淤量增加。综上分析,北槽回淤量增加且淤积集中于中部,南导堤越堤泥沙使得北槽航道维持较高的悬沙浓度,而在流速变化不大的情况下悬沙细化致使泥沙更易落淤,使得北槽中段航槽回淤量和强度增加。

近期南槽悬沙组成与北槽趋于接近,但南槽悬沙浓度略有减小(杨云平 等,2014;Yang et al.,2014,2015),但南槽落潮分流比增加(蒋陈娟 等,2013),流速为增加趋势,使得絮凝沉降的概率降低,即南槽处于冲刷发展趋势。进入长江河口海滨区域的悬沙与表层沉积物不断交换,在泥质区域这一交换概率达 90% 以上。由于悬沙浓度的锐减,表层沉积物为粗化趋势,使得底层悬沙和表层沉积物的交换程度减小,即泥质区面积表现为减小态势(杨云

平 等，2014)。在长江河口沉积速率上，由于悬沙浓度减小使得泥沙补给不足，水流次饱和程度增加，表层沉积物中近代沉积的细颗粒泥沙被涨潮水流和落潮水流携带，沉积速率减小，砂-泥分界线上溯(杨云平 等，2014)，使得沉积速率减小，河口水下三角洲前缘处于侵蚀态势。在长江口存在边滩和深槽的滩槽泥沙交换，且深槽沉积物粗于边滩，即边滩表层沉积物更易于与悬沙进行交换，在河口悬沙浓度减小情况下，边滩冲刷，通过滩槽交换作用深槽部分表现为淤积趋势，这一规律在长江口南支河段得到了验证(王俊，2013)。

综上，长江河口地貌系统过程中，除了分析水动力变化、流域入海泥沙量多寡以及河口悬沙浓度等变化之外，还应充分考虑悬沙颗粒变化对地貌系统的影响。

4.5 长江口邻近陆架区域沉积物变化趋势及成因

4.5.1 研究区域及数据来源

长江口陆架区域为入海泥沙的主要扩散区域，流域泥沙在河口区域受径流和潮流的分选作用，伴随入海冲淡水及在口外流系等综合动力作用下，沉积在口外邻近陆架区域。口外流系主要为苏北沿岸流、闽浙沿岸流及台湾暖流等。本研究选取区域为东经122°~124°，北纬30°~32°区间，这一区域包含了杭州湾部分区域(图4.5-1)。从泥沙扩散角度分析，泥沙入海主要向南偏转，即杭州湾口外部分区域是受长江入海泥沙的影响。

长江河口陆架区域沉积物测量在1985年前采用滴管法测量，其后采用激光粒度仪测量，为了保证数据的同一性，选取1985年以来近20年数据进行研究。选取文献数据见表4.5-1所示，除1990—1991年为直接引用文献中的统计数值，其余年份均为文献中表格形式数据，数据点集中于研究区域，采用Tecplot软件进行插值，并结合Auto CAD和Corel DRAW软件进行重新绘制，得到砂-泥分界线、泥质区域、表层沉积物中值粒径及组分含量等值线，便于与文献成果相比较。另有部分数据来自实测和长江流域下游区水文年鉴。

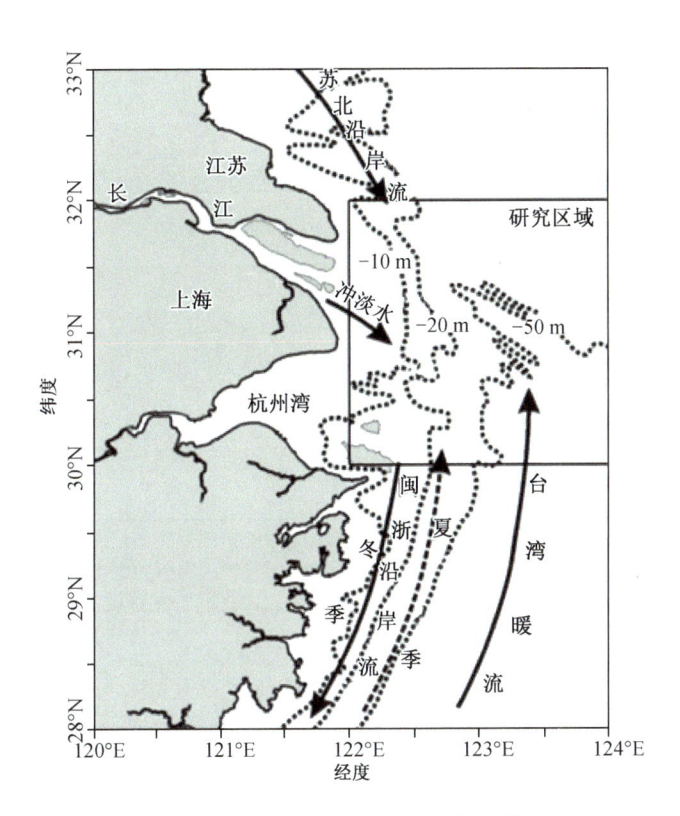

图 4.5-1　长江口位置及研究区域

表 4.5-1　数据来源及描述

序号	年份	文献来源	数据类型	点数	处理方式
1	1990—1991	杨世伦 等，1994	统计值	—	直接引用
2	1997—1998	Jeungsu et al.，2007	表格，三点	34	重新处理
3	2003	董爱国 等，2008，2009	表格，三点	34	重新处理
4	2004—2006	窦衍光，2007	图片	40	重绘
5	2006	董爱国 等，2008	图片	39	重绘
6	2007	黄龙 等，2012	图片	40	重绘
7	2008	罗向欣 等，2012(a，b，c)	表格，三点	34	重新处理
8	2010	黄德坤，2012	表格，三点	40	重新处理
9	2013	Wu，2013	表格，三点	55	重新处理

4.5.2　长江口外海滨表层沉积物粒径变化特征

(1) 陆架区域表层沉积物的分布特征

选取 2006 年、2008 年、2010 年和 2013 年数据分析表层沉积物中值粒径分布特征(图 4.5-2),长江口外海滨表层沉积物整体上均呈现明显的"东粗西细、北粗南细"的分布格局。与 2003 年(董爱国 等,2009)、2006 年(董爱国 等,2009)及 1982—1986 年(Chen et al.,2000)相比,邻近陆架区域沉积物粒径分布格局尚未发生较大调整。但依据泥沙粒径级划分可以得到,长江口外邻近陆架区域存在砂-泥分界线($D_{50}=63~\mu m$)和颗粒较小的泥质区($D_{50}<4~\mu m$),其等值线区域已发生趋势性调整。

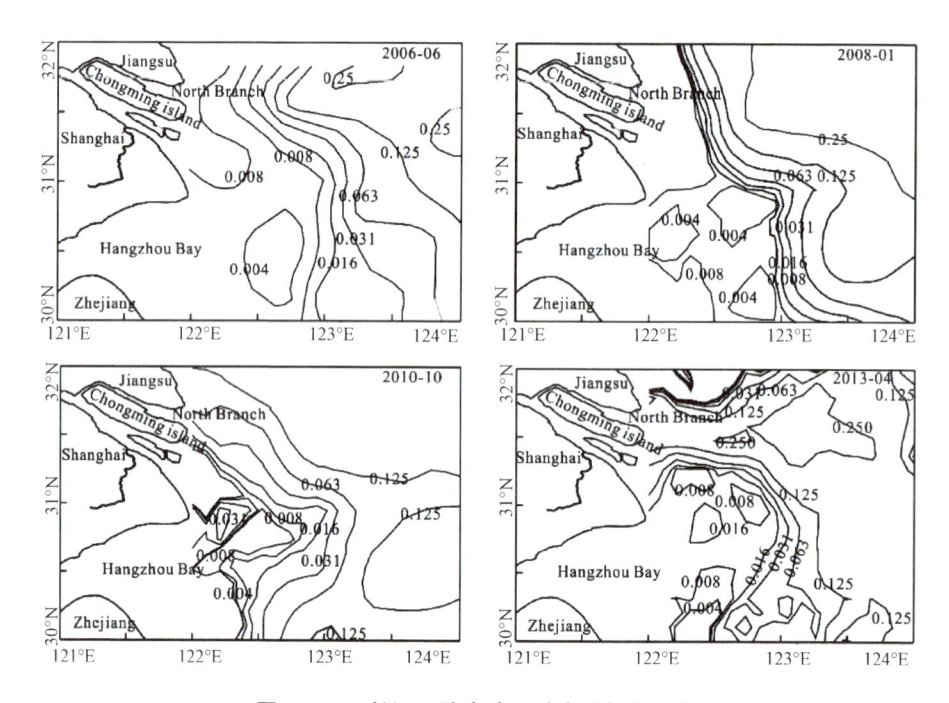

图 4.5-2　长江口外海滨区域中值粒径分布

(2) 粒径组分百分含量等值线的分布特征

依据表层沉积物粒径的不同,将表层沉积物分为砂($d>63~\mu m$)、粉砂($4~\mu m<d<63~\mu m$)和黏土($d<4~\mu m$)共 3 种类型。基于 2006 年、2008 年、2010 年和 2013 年数据,结合历史时期数据研究其分布特征。图 4.5-3 所示,2006—2013 年分组泥沙分布基本规律:砂的组分百分含量从东北向西南方向逐渐减少;粉砂含量

自西南向东北方向为减少趋势;黏土含量和粉砂的规律类似,但在长江口南侧存在一个最大数值核心区域,核心位置向东北和东南均为减少的趋势。与1997—1998年(Youn et al.,2007)、2003年(董爱国 等,2009)及2006年(董爱国 等,2009)的分布相比,2006—2013年期间长江口外陆架区域砂、粉砂和黏土的分布格局未发生大的调整。

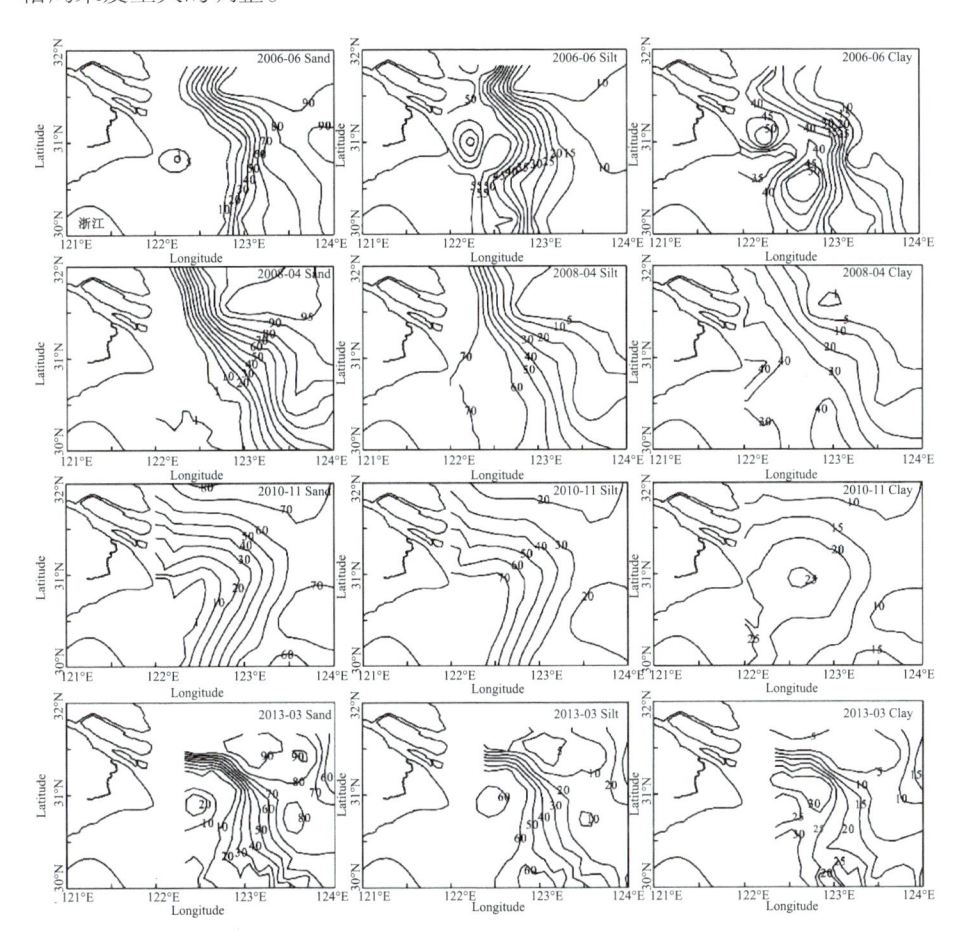

图 4.5-3 近期砂-粉砂-黏土百分数等值线分布

(3) 长江口邻近陆架区域沉积物粒径变化趋势

总结1990—2013年邻近陆架区域表层沉积物中值粒径变化(图4.5-4),1990—1991年、2003年、2004年和2006年4个年份沉积物中值粒径略有增加,但幅度较小,2008年和2010年沉积物中值粒径较1990—2006年期间显著增加。统计2000—2003年(Wang et al.,2009)、2004—2005年、2006年(Guo et al.,2011)、2008年(罗向欣,2011;罗向欣 等,2012;Luo et al.,2012)和2011年(罗向欣,2012)长江中游宜昌—口门区间(约1 800 km河段)表层沉积物(又称床沙)粒径变化数据可以发现,沉积物粒径整体为粗化趋势,越向下游粗化程度越小,但近坝段的0～200 km粗化显著(图4.5-4)。因此,长江中下游、河口区域及口外邻近陆架区域表层沉积物均向粗化趋势发展。已有研究表明,长江主要控制站宜昌站、汉口站、大通站泥沙量和悬沙浓度自1985年起表现为减小趋势(Dai et al.,2008;Dai et al.,2009),由于三峡水库蓄水利用,拦蓄大量泥沙,加剧了水库下游泥沙量的减小趋势(Yang et al.,2007;张珍 等,2010)。在悬沙浓度减小情况下,下游河床由于水体中悬沙浓度处于次饱和状态,引起河床表层细颗粒泥沙被冲刷,引起河床粗化。在流域入海泥沙量减小情况下,长江口外海滨区域及最大浑浊带区域悬沙浓度已表现为减小趋势(Yang et al.,2014;杨云平 等,2013a;Dai et al.,2013;Jiang et al.,2013;Li et al.,2012)。已有证据表明,长江河口水下三角洲不同等深线近期由淤涨转为蚀退(Yang et al.,2011;杨云平 等,2013b),使得下层沉积物砂质沉积物裸露,使邻近陆架区域沉积物向粗化趋势发展。综上可见,长江口邻近陆架区域表层沉积物粗化是在流域入海泥沙量减少、河口悬沙浓度减少的背景下发生的。

综上,长江中下游、河口区域及邻近陆架趋势表层沉积物向粗化趋势发展,且流域入海泥沙量和海滨区悬沙浓度的减少是引起粗化的主要因素。

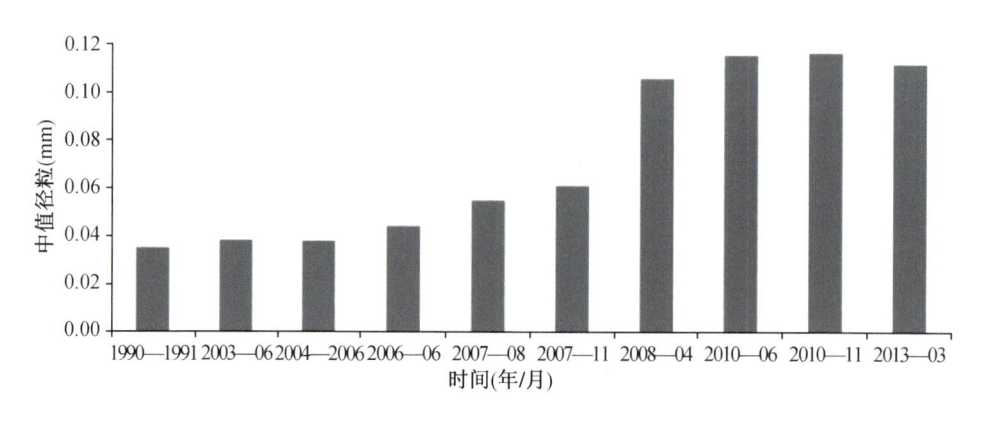

图4.5-4 长江口外海滨沉积物中值粒径变化

图4.5-5为砂-粉砂-黏土百分比多年变化特征,三峡水库蓄水前1997—1998年砂的含量较高,达50%左右,2003—2006年期间砂的百分数大幅减少,2007—2013年期间砂的百分数明显增加;三峡水库蓄水初期粉砂百分数最大,

其后表现为减少趋势;黏土百分数为先增加后减少,在 2006 年达到最大。对比图 4.5-3 中砂、粉砂和黏土等值线可知,相同百分比等值线为整体平移,其中部分为交替变化,虽然 3 组泥沙和中值粒径存在一定趋势性变化,但判断邻近陆架区域表层沉积物全面粗化这一结论,仍需进行大量观测予以证实。

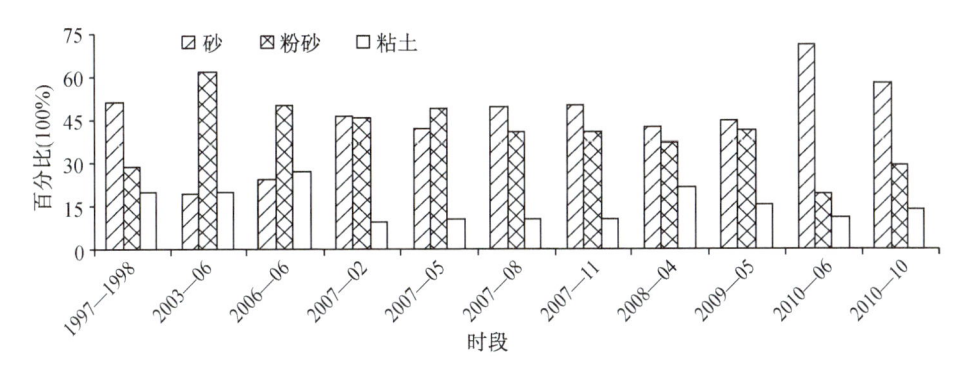

图 4.5-5　长江口外海滨不同年份分组泥沙的变化

4.5.3　长江口砂-泥分界线变化趋势及成因

(1) 砂-泥分界线变化特征及趋势

将长江口外海滨区域的砂-泥分界数据进行整理,以 $D_{50}=63\ \mu m$ 为分界,将处理结果与 1982—1986 年测量成果相比较(秦蕴珊 等,1982)。结果表明:2004—2007 年以 31°30′N 分界,北侧为交替变化,而 31°30′N 以南表现为向口内推移;2008—2013 年砂-泥的分界线为整体上向口内移动。砂-泥分界线向西移动,表明淤泥带外缘遭受侵蚀。采用 2010 年 6 月和 10 月数据分析季节变化,在枯季砂-泥分界线大幅向西移动,洪季则向东移动(图 4.5-6)。主要原因为:在枯季长江流域进入河口的径流量较洪季大幅减少,在径流和潮流的水动力对比中,枯季潮径比大于洪季,使得枯季潮流上溯动力相对增强,涨潮过程中潮流携带泥沙能力增加,河床表层较细颗粒泥沙再悬起引起侵蚀,使得砂-泥分界线出现相应移动。

(2) 长江口邻近陆架砂-泥分界线变化成因探讨

长江口区域水动力主要为长江下泄径流扩散(冲淡水)、潮流、苏北沿岸流、闽浙沿岸流等流系。2000—2013 年长江流域入海径流量呈现了一定减小趋势,而该时期径流量均值也较 1990—1999 年呈减小趋势,减幅为 11.20%。由于近期长江入海径流量偏枯,同时长江口外海平面表现为一定上升,但幅度较小,依

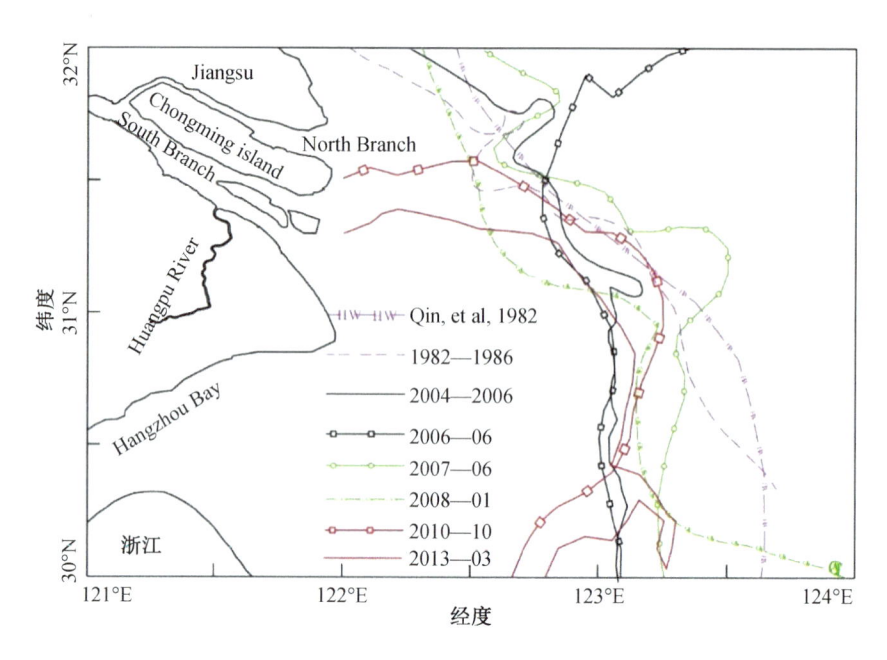

图 4.5-6　长江口外海滨区域砂-泥分界多年变化

据径流和潮流水动力平衡特点,在径流量减小情况下,陆架区域潮流水动力会相应增强,引起分界线以东沉积砂中细颗粒泥沙再悬浮,使得砂-泥分界线向口内推移。综合上述分析,并结合文献成果(罗向欣 等,2012),将砂-泥分界线的原因归结为:①三角洲沉积区域的泥质区遭受侵蚀暴露了下面的砂质沉积物;②历史沉积区域的砂质沉积物受到侵蚀且通过搬运沉积在泥质之上。前者体现了径流量变化不大情况下,入海泥沙量减小,使得海滨区域悬沙浓度减小,引起长江入海泥沙沉积区域表层沉积物被冲蚀。后者则表现为在径流和潮流水动力对比过程中,径流量下降而使得陆架区域水动力平衡关系被破坏,使得砂-泥等值线以外区域表层沉积物受到侵蚀而引起粒径向粗化趋势发展,而悬起的泥沙可能带至长江入海沉积物沉积的泥质区之上,进而引起三角洲区域沉积物粗化。长江流域和河口区域调水、抽饮水及蓄淡水库等工程会引起入海径流量减小,长时间尺度上海平面缓慢上升,同时加上河床地貌调整等因素,未来一段时间砂-泥分界线将进一步向口内推移。苏北沿岸流在洪季和枯季的路径不同,冬春季苏北沿岸流越过长江口一路向南,夏秋季受长江冲淡水及台湾暖流顶托作用向东偏转(边昌伟,2012)。而近期长江中下游及河口由于三峡水库的调蓄作用,使得洪季流量有所减小(Yu et al.,2013),在夏秋季节对苏北沿岸流的顶托作用减弱,使得砂-泥分界线在 31°30′N 北侧表现为向西移动。闽浙沿岸流主要在近岸区域,在洪季和枯季方向不同,主要影响杭州湾北部和长江口南部的交汇区域,对长江口邻近陆架区域砂-泥分界线影响较小。

综上,砂-泥分界线变化是径流和潮流水动力综合作用的结果,苏北沿岸流的影响集中在 31°30′N 以北区域。未来一段时间,在自然因素和人类活动等影响下,砂-泥分界线将进一步向长江口内推移。

4.5.4　长江口邻近陆架区域泥质区变化趋势及成因

(1) 长江口邻近陆架区域泥质区面积变化特征

泥质区是沉降速率较大的区域(刘红 等,2011),是长江入海泥沙主要沉积区域。通过整理历年柱状采样沉积速率数据,绘制图 4.5-7,沉积速率较大区域(图 4.5-7)与泥质区(图 4.5-8)位置相吻合。整理历年泥质区位置和面积变化数据可以发现,将 2004—2010 年成果与早期成果相比(秦蕴珊 等,1982),泥质区面积呈现减小趋势,同时位置存在一定的向南偏移趋势。1978 年以前整个泥质区相连,1978—1979 年、2008 年和 2010 年泥质区域为非整体,由 2～3 个小区域组成(图 4.5-8)。

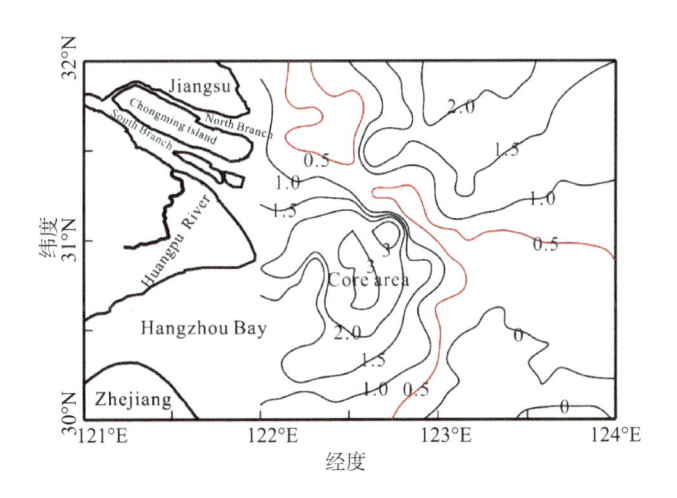

图 4.5-7　长江口口外区域沉积速率分布图

(2) 邻近陆架区域泥质区变化成因分析

沉积速率等值线分布特点与砂-泥分界线和泥质区分布存在一致的相关性(图 4.5-8),泥质区为沉积速率较大区域,而砂-泥分界线为沉积速率较小的区

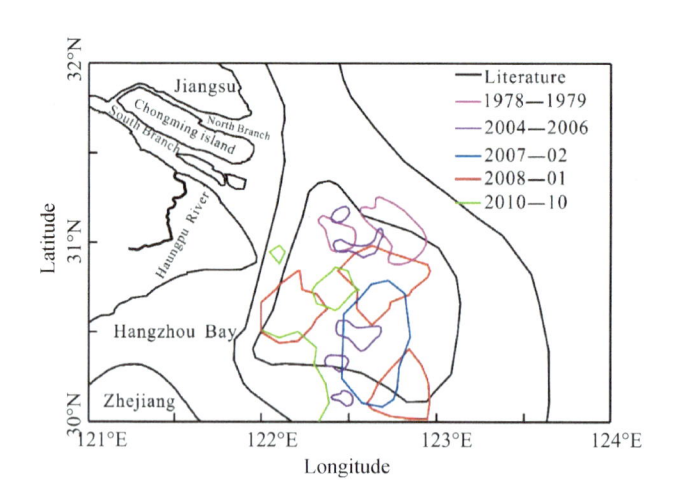

图 4.5-8 泥质区域变化

域,这就决定着砂-泥分界线和泥质区变化为水动力条件控制与影响。

邻近陆架区域的泥质区粒度变化特征主要与入海主泓位置和主汊道分沙比阶段性变化相对应(杨作升 等,2007),其位置变化主要受径流、潮流水动力影响,口外海域流系对其影响较小。长江口陆架区域沉积速率在杭州湾北侧和长江口外南侧较大,沉积速率大于 3.0 cm/a。长江入海冲淡水扩散方向为入海向东南方向偏转,部分向东扩散,泥沙伴随冲淡水入海,在潮流顶托影响下逐渐沉积,形成泥质区域。已有研究表明,长江口泥质区典型测点的沉积速率呈下降趋势(Gao et al.,2011),同时海滨区域浑浊带区域悬沙浓度下降(Yang et al.,2014;杨云平 等,2013a;Dai et al.,2013;Jiang et al.,2013;Li et al.,2012),同时水下三角洲处于侵蚀状态(张珍 等,2010;Yang et al.,2007),使得泥质区域表层沉积物被悬起,裸露了下层砂质沉积物,使得泥质区域面积出现减小趋势。长江口呈现三级分汊、四口入海分汊格局,不同时期入海主泓不一致,主泓位置也不同。长江河口粗颗粒泥沙自北港下泄入海,较细颗粒泥沙自南槽下泄入海(刘红 等,2007),南槽入海的细颗粒泥沙在冲淡水和潮流共同作用下,在杭州外北部和长江口口外南部沉积。1998 年长江口实施了北槽深水航道整治工程,北槽分流比呈减小趋势(刘杰 等,2008;杨婷 等,2012),截至 2009 年已减小至 35%附近(杨婷 等,2012)。依据径流和潮流水动力平衡关系,北槽分流比减小,南槽分流比增加,改变了南槽径流和潮流水动力平衡,使得潮流水动力作用相对减弱,经南槽下泄径流动力增强,即长江南槽入海泥沙向南偏移的水动力增强,使得入海泥沙沉积形成的泥质区域向南偏移。

4.6 长江口最大浑浊带位置及悬沙浓度变化的模拟研究

4.6.1 数学模型建立与验证

SED 模块是 HydroQual 最先进的三维泥沙输运模型,可以模拟各种水生系统(例如湖泊,河流,河口,海湾和沿海水域)的黏性和非黏性泥沙。在 20 世纪 90 年代中期,黏性泥沙再悬浮,沉降和固结的概念被纳入 ECOM 建模框架创造 ECOMSED。在此过程中进行了修改,包括广义的开边界条件,示踪剂,通过底部边界层物理子模型的底部剪应力,表面风浪模型,非黏性泥沙输运,溶解和泥沙时限示踪能力。

SED 模块的运行与流体力学模型相联系,SED 与流体力学模型使用相同的数值网格、结构和计算框架。模型计算中包括黏性和非黏性泥沙的泥沙再悬浮、运输和沉积。其中,黏性泥沙代表细粒沉积物和直径小于 75 μm 的尾矿颗粒,而非黏性泥沙颗粒直径范围为 75~500 μm。作为床载运输移动的粒径大于 500 μm 的粗沙和碎石在这一模型中忽略,这是由于粗颗粒泥沙在河口和海洋系统中通常仅占床的一小部分,忽视床荷载对模型的结果影响较小。

水沙界面悬浮和沉积机制依靠剪切应力,底部剪应力的计算是泥沙输运过程的一个组成部分。黏性床的泥沙再悬浮由黏性泥沙再悬浮方程得到,非黏性泥沙床的泥沙再悬浮是基于 Van Rijn 的悬浮负载理论。在其床组分的基础上,根据进入水柱的悬浮泥沙的总质量分配黏性和非黏性泥沙之间的分数。其中,黏性泥沙包括絮凝和沉降,内部剪切速率和水柱浓度的影响定义在沉降速度公式中;非黏性泥沙假设为不与其他粒子作用。

(1) 控制方程

三维对流扩散方程:

$$\frac{\partial C_k}{\partial t} + \frac{\partial U C_k}{\partial x} + \frac{\partial V C_k}{\partial y} + \frac{\partial (W - W_{s,k}) C_k}{\partial x} = \frac{\partial}{\partial x}\left(A_H \frac{\partial C_k}{\partial x}\right) + \frac{\partial}{\partial y}\left(A_H \frac{\partial C_k}{\partial y}\right)$$
$$+ \frac{\partial}{\partial z}\left(K_H \frac{\partial C_k}{\partial z}\right)$$

(4.6-1)

(2) 边界条件

$$K_H \frac{\partial C_k}{\partial z} = 0, z \to \eta \quad (4.6\text{-}2)$$

$$K_H \frac{\partial C_k}{\partial z} = E_k - D_k, z \to H \quad (4.6\text{-}3)$$

其中,C_k 为在 k 情况下的(对黏性和非黏性泥沙,分别地代表 1 和 2)悬浮泥沙浓度;u、v、w 为在 x、y 和 z 方向的速度;A_H 为横向扩散系数;K_H 为垂直涡动扩散系数;E_k、D_k 为 k 级的再悬浮和沉降通量;η 为超过一个指定数据的水面高程;H 为低于基准的水深深度。

(3) 平均悬沙浓度

以 2004 年 8 月 24 日为起始日期的实测资料为准,对模型所得平均悬沙浓度进行验证(图 4.6-1),含沙量与流速过程基本一致,表现为两高两低,计算值与实测值误差在 0.2 kg/m³ 以内。

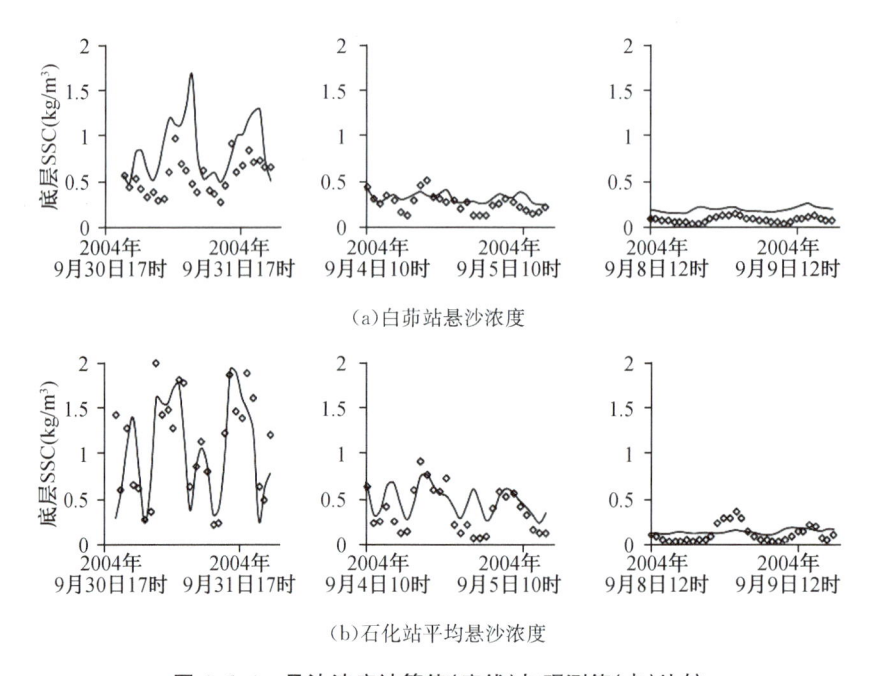

图 4.6-1 悬沙浓度计算值(实线)与观测值(点)比较

(4) 悬沙浓度垂向分布验证

将模型计算涨急、涨憩、落急、落憩时刻垂向悬沙浓度与实测结果进行对比,如

图 4.6-2 所示，计算值与实测值误差在 0.2 kg/m³ 以内，与实际结果符合良好。

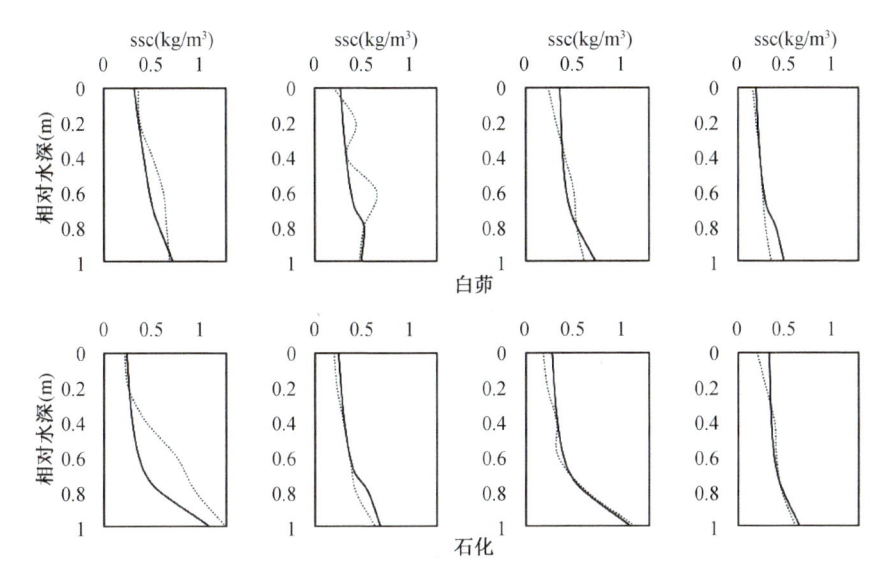

图 4.6-2　垂向悬沙浓度计算值(实线)与观测值(虚线)比较

(5) 悬沙浓度平面分布验证

通过对 2007 年 8 月长江口大范围悬沙浓度分布的计算得到悬沙平面分布如图 4.6-3 所示，在南槽、北槽进出口区域以及北港出口处的悬沙浓度较大，模拟结果与实测分布特征基本一致。

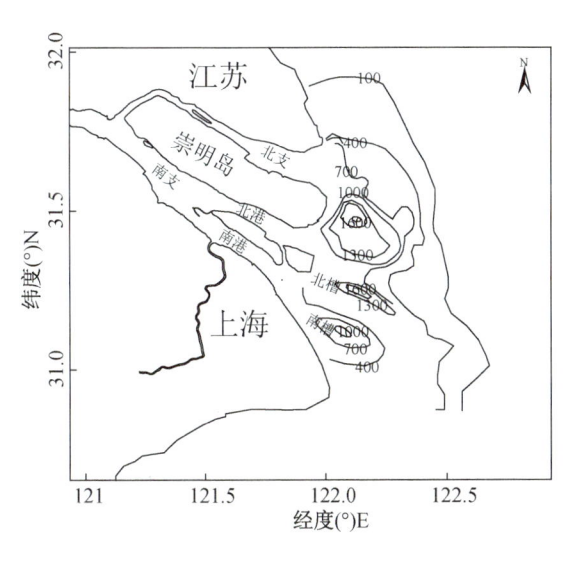

(a) 大潮底层悬沙浓度分布

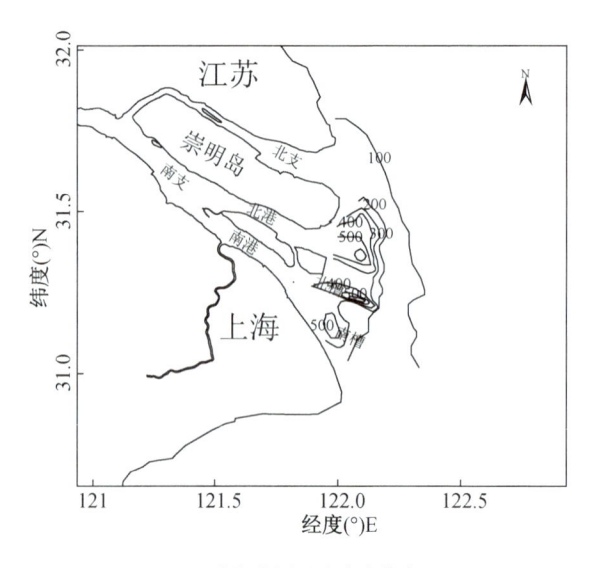

(b) 小潮底层悬沙浓度分布

图 4.6-3 悬沙浓度平面分布验证

通过对长江河口不同测点及大范围平面和垂向水沙分布模拟计算结果的对比分析，模拟计算结果与实测结果符合性良好，建立的模型可用于长江口水沙分布变化特征的模拟研究。

4.6.2 径流和潮流对悬沙分布的影响

4.6.2.1 径流的影响

图 4.6-4 为徐六泾断面大潮期间 16 300 m³/s，38 000 m³/s，45 000 m³/s，63 000 m³/s 流量级下的悬沙分布特征。泥沙主要聚集在拦门沙附近，形成最大浑浊带，且随径流量增加，最大浑浊带悬沙浓度、面积均呈增大趋势。

径流与潮流水动力的不断交互变化，引起悬沙浓度及分布特征变化。当入海径流流量的增加，水流紊动作用增加，悬沙浓度增大，高悬沙浓度区域的面积增大，且向外海扩大；当潮流作用变化时，由于涨潮流与落潮流方向差异，需分别探讨悬沙浓度的差异。落潮流与下泄径流流向一致，相互叠加，故潮差增大时，悬沙浓度增大，高悬沙浓度区域面积增大并向外海扩大。涨潮流与下泄径流流向相反，水动力相互碰撞，受双向水动力的影响。第一，下泄径流与涨潮流的相对流动使得水流流速减小，悬沙浓度降低，高悬沙浓度区域范围缩减；第二，下泄径流与涨潮流相互影响，水流紊动作用增强，水体中悬沙浓度增加。涨潮过程

流量为16 300 m³/s　　　　　　　流量为38 000 m³/s

流量为45 000 m³/s　　　　　　　流量为63 000 m³/s

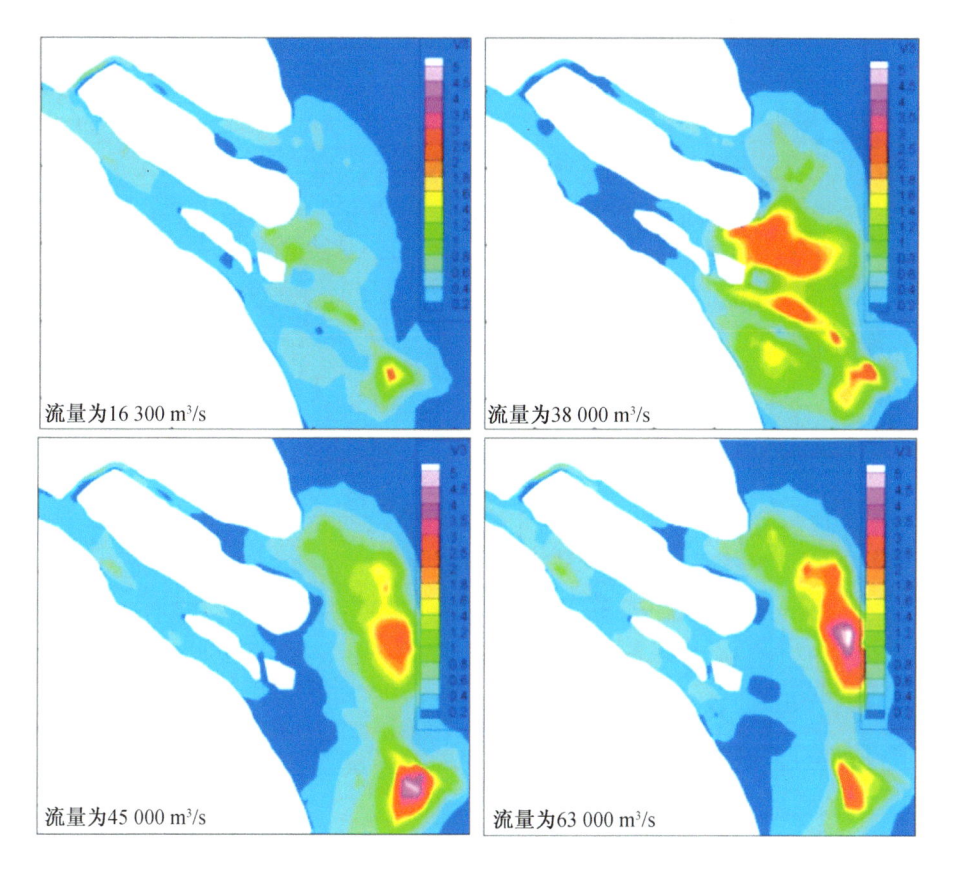

图 4.6-4　不同流量级下长江口悬沙浓度分布

中,随着潮差的增大,第一种作用变化明显,下泄径流被潮流冲抵的部分逐渐增多,泥沙入海所受到的阻碍逐渐增大,高悬沙浓度区域范围有所减小;潮差增大到一定程度,第二种作用所引起的水流扰动使得整体长江口区域的悬沙浓度增加。

三维泥沙扩散方程:

$$\frac{\partial S}{\partial t}+\frac{\partial (uS)}{\partial x}+\frac{\partial (vS)}{\partial y}+\frac{\partial [(w-\omega)S]}{\partial z}=\frac{\partial}{\partial x}\left(\varepsilon_x\frac{\partial S}{\partial x}\right)+\frac{\partial}{\partial y}\left(\varepsilon_y\frac{\partial S}{\partial y}\right)+\frac{\partial}{\partial z}\left(\varepsilon_z\frac{\partial S}{\partial z}\right)$$

(4.6-4)

可得

$$\frac{\partial S}{\partial t}=-\frac{\partial(uS)}{\partial x}-\frac{\partial(vS)}{\partial y}-\frac{\partial[(w-\omega)S]}{\partial z}+\frac{\partial}{\partial x}\left(\varepsilon_x\frac{\partial S}{\partial x}\right)+\frac{\partial}{\partial y}\left(\varepsilon_y\frac{\partial S}{\partial y}\right)+$$
$$\frac{\partial}{\partial z}\left(\varepsilon_z\frac{\partial S}{\partial z}\right)$$

(4.6-5)

假定在某一区域的 k 层,要求得点 (i,j,k) 的悬沙浓度随时间的变化,需将上述方程进行离散。已知 n 时刻各点的值,求 $n+1$ 时刻点 (i,j,k) 的悬沙浓度。首先,根据

$$fl3dx_{i,j,k}^n = \varepsilon_{i,j,k}^n \frac{S_{i,j,k}^{n+1}-S_{i,j,k}^n}{\Delta x} \quad (4.6\text{-}6)$$

$$fl3dy_{i,j,k}^n = \varepsilon_{i,j,k}^n \frac{S_{i,j,k}^{n+1}-S_{i,j,k}^n}{\Delta y} \quad (4.6\text{-}7)$$

$$fl3dz_{i,j,k}^n = \varepsilon_{i,j,k}^n \frac{S_{i,j,k}^{n+1}-S_{i,j,k}^n}{\Delta z} \quad (4.6\text{-}8)$$

可离散得到

$$\frac{S_{i,j,k}^{n+1}-S_{i,j,k}^n}{\Delta t}=-\frac{u_{i,j,k}^n S_{i,j,k}^n - u_{i-1,j,k}^n S_{i-1,j,k}^n}{\Delta x}-\frac{v_{i,j,k}^n S_{i,j,k}^n - v_{i,j-1,k}^n S_{i,j-1,k}^n}{\Delta y}$$
$$-\frac{w_{i,j,k}^n S_{i,j,k}^n - w_{i,j,k-1}^n S_{i,j,k-1}^n}{\Delta z}+\frac{\omega_{i,j,k}^n S_{i,j,k}^n - \omega_{i,j,k-1}^n S_{i,j,k-1}^n}{\Delta z}+$$
$$\frac{fl3dx_{i,j,k}^n - fl3dx_{i-1,j,k}^n}{\Delta x}+\frac{fl3dy_{i,j,k}^n - fl3dy_{i,j-1,k}^n}{\Delta y}+\frac{fl3dz_{i,j,k}^n - fl3dz_{i,j,k-1}^n}{\Delta z}$$

(4.6-9)

由(4.6-8)可得 x 方向 $i-1$ 点的悬沙浓度与 $n+1$ 时刻点 (i,j,k) 相关的项:

$$S_{i,j,k}^{n+1}=\frac{u_{i-1,j,k}^n S_{i-1,j,k}^n}{\Delta x}\Delta t+\frac{-fl3dx_{i-1,j,k}^n}{\Delta x}\Delta t+\Phi \quad (4.6\text{-}10)$$

其中,Φ 为式中其他项。假设 x 方向 $i-1$ 为入流边界,则 $\dfrac{u_{i-1,j,k}^n S_{i-1,j,k}^n}{\Delta x}$ 项代表了上游来水来沙对悬沙浓度的影响,且与距离呈现相反的关系,随着与上游距离的增加,悬沙浓度与上游来沙量的相关关系逐渐减弱(图 4.6-5)。

自左至右分别标记为 1-8 点分别计算九组入海水沙条件下的河口段月均悬

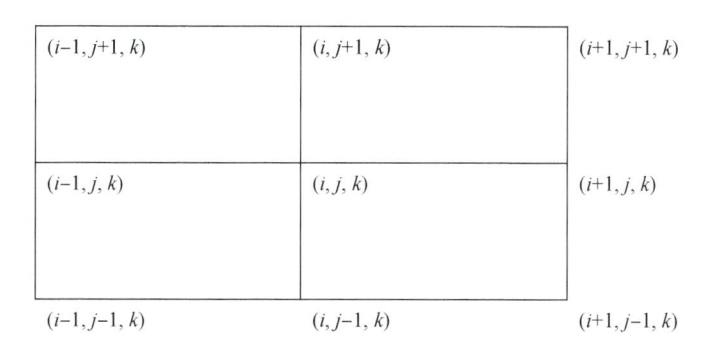

(i−1, j+1, k)	(i, j+1, k)	(i+1, j+1, k)
(i−1, j, k)	(i, j, k)	(i+1, j, k)
(i−1, j−1, k)	(i, j−1, k)	(i+1, j−1, k)

图 4.6-5　网格节点示意

沙浓度，并比较纵向悬沙浓度与入海流量的关系(图 4.6-6)。

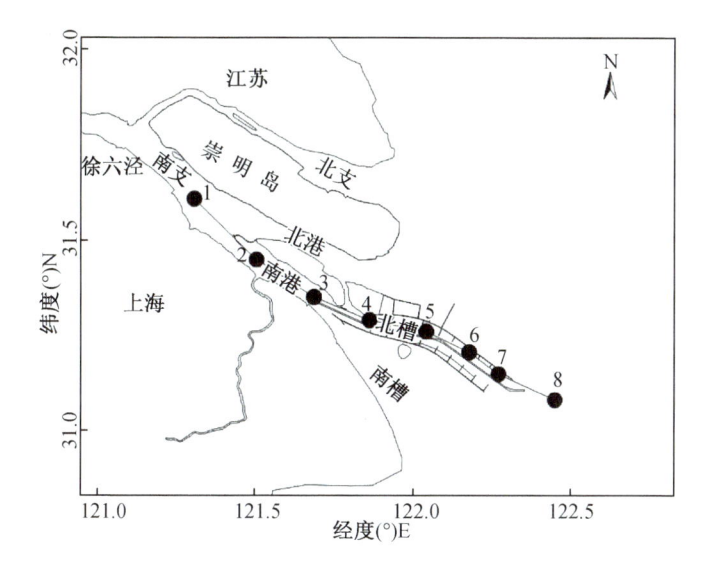

图 4.6-6　长江口悬沙浓度标记点示意图

模拟计算得到长江口各区域月均悬沙浓度与入海径流流量关系的变化(图 4.6-7)，分析认为：随流量的增加，悬沙浓度为增大态势；向口外方向，流域径流流量变化对悬沙浓度的影响逐渐减弱，至拦门沙以外影响不明显。

4.6.2.2　潮流对长江口悬沙分布规律的影响

模拟计算得到流域入海径流流量为 38 000 m³/s 时大潮和小潮时期的长江口悬沙浓度分布(图 4.6-8，图 4.6-9)，分析表明：拦门沙附近悬沙浓度大潮大于小潮，大潮期间最大浑浊带水域范围大于小潮；在同一潮周期内，悬沙浓

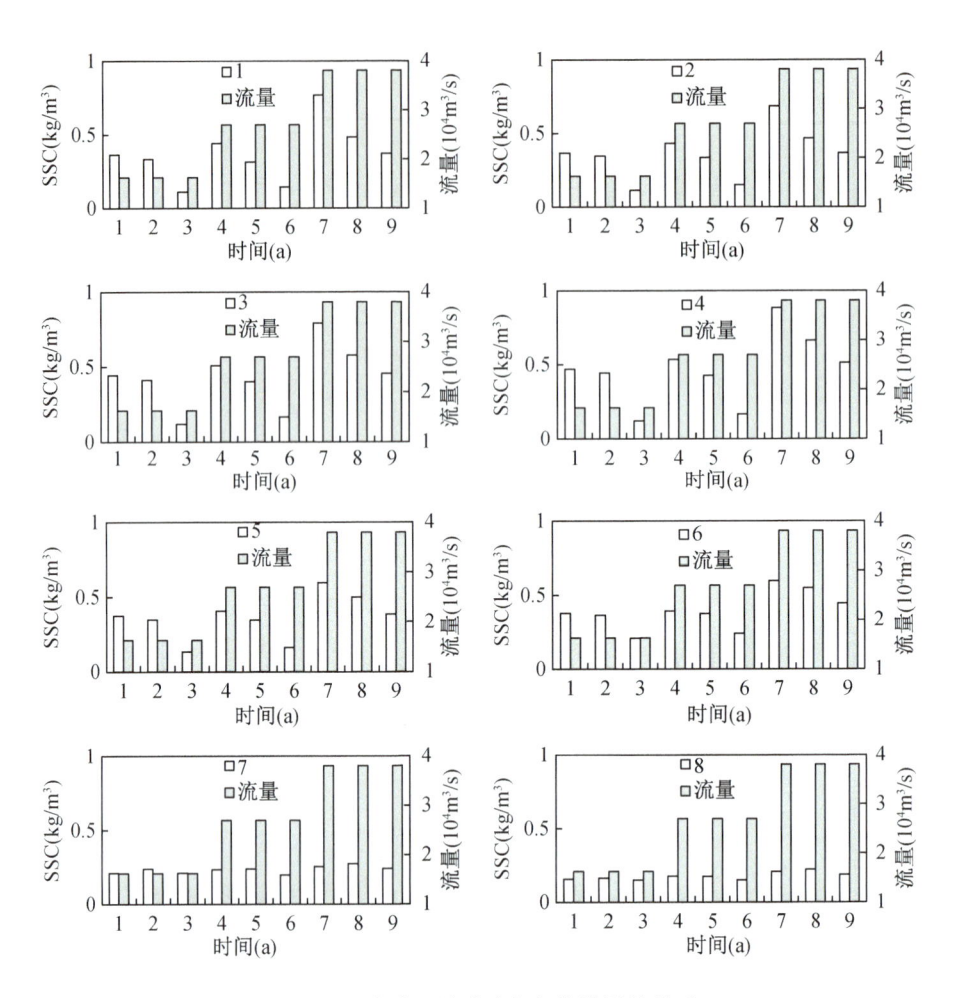

图 4.6-7 各点悬沙浓度与入海流量的关系

度落急时刻大于落憩,涨急时刻大于涨憩;落潮最大浑浊带范围大于涨潮。

4.6.2.3 入海沙量对长江口悬沙浓度的影响

模拟计算不同流域入海沙量对长江口悬沙浓度的影响(图 4.6-10),随着流域入海输沙率的变化,口内年均悬沙浓度均表现为相同的变化规律,即随着输沙率的减小而减小,口外测点的悬沙浓度变化不显著。

第 4 章　流域水沙变化条件下长江口泥沙输移过程及趋势

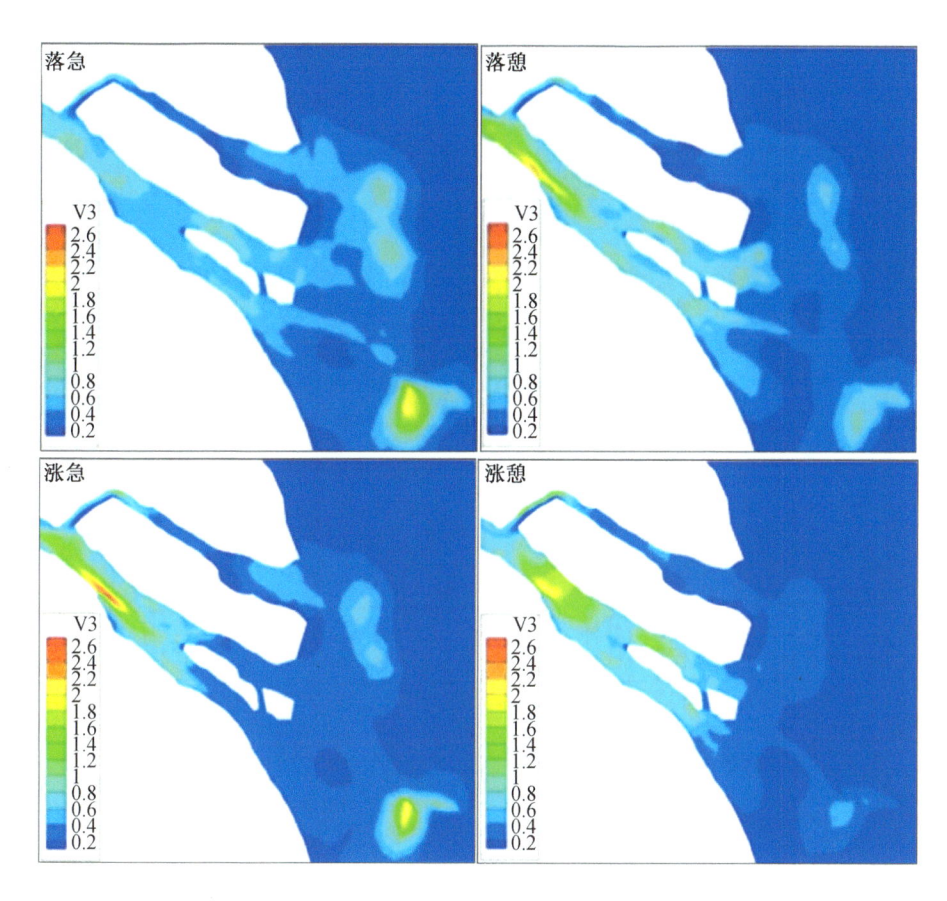

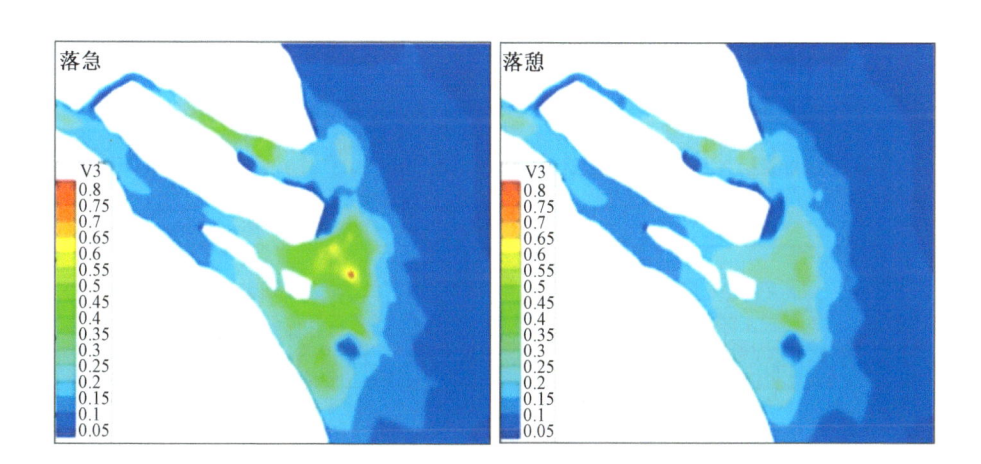

图 4.6-8　大潮期间长江河口悬沙分布

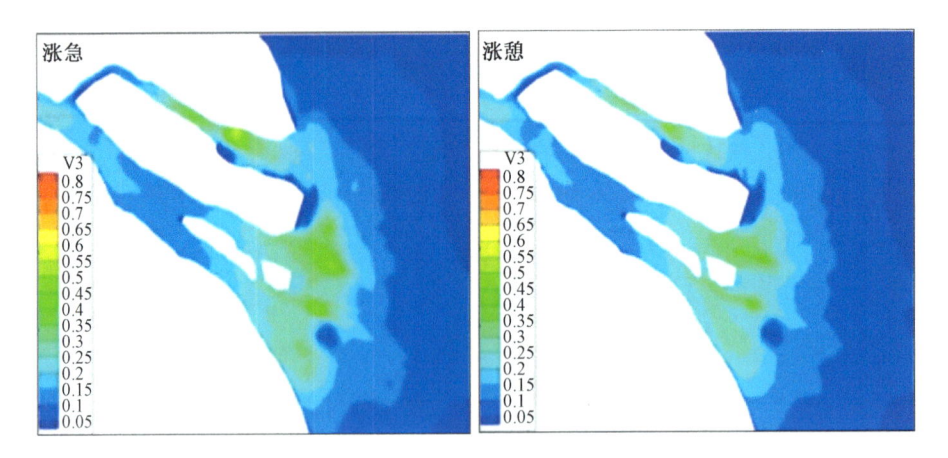

图 4.6-9 小潮期间长江河口悬沙分布

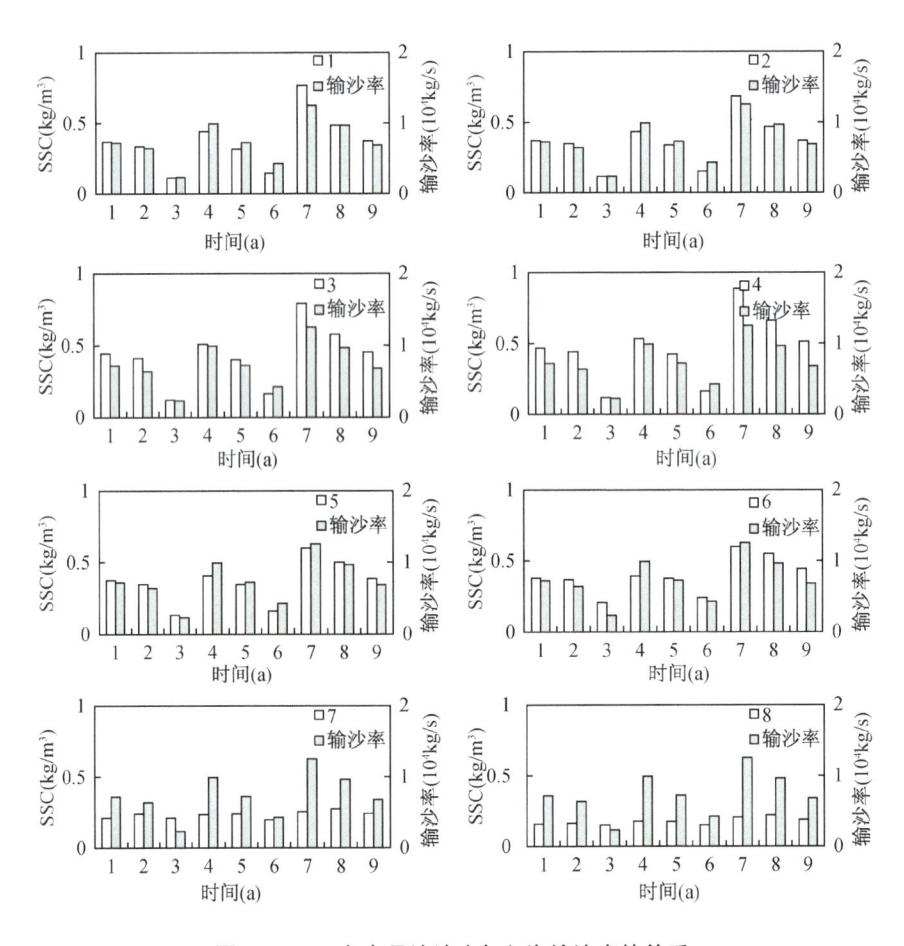

图 4.6-10 各点悬沙浓度与入海输沙率的关系

4.6.3 径潮流变化对最大浑浊带变化的影响

4.6.3.1 入海沙量对最大浑浊带悬沙浓度的影响

在各种计算条件下,拦门沙附近悬沙浓度最高,形成最大浑浊带,最大浑浊带中心的悬沙浓度分别为 1.017 kg/m³、1.102 kg/m³、1.154 kg/m³、1.541 kg/m³、1.719 kg/m³、1.812 kg/m³、2.957 kg/m³、3.630 kg/m³ 和 3.946 kg/m³(图 4.6-11)。

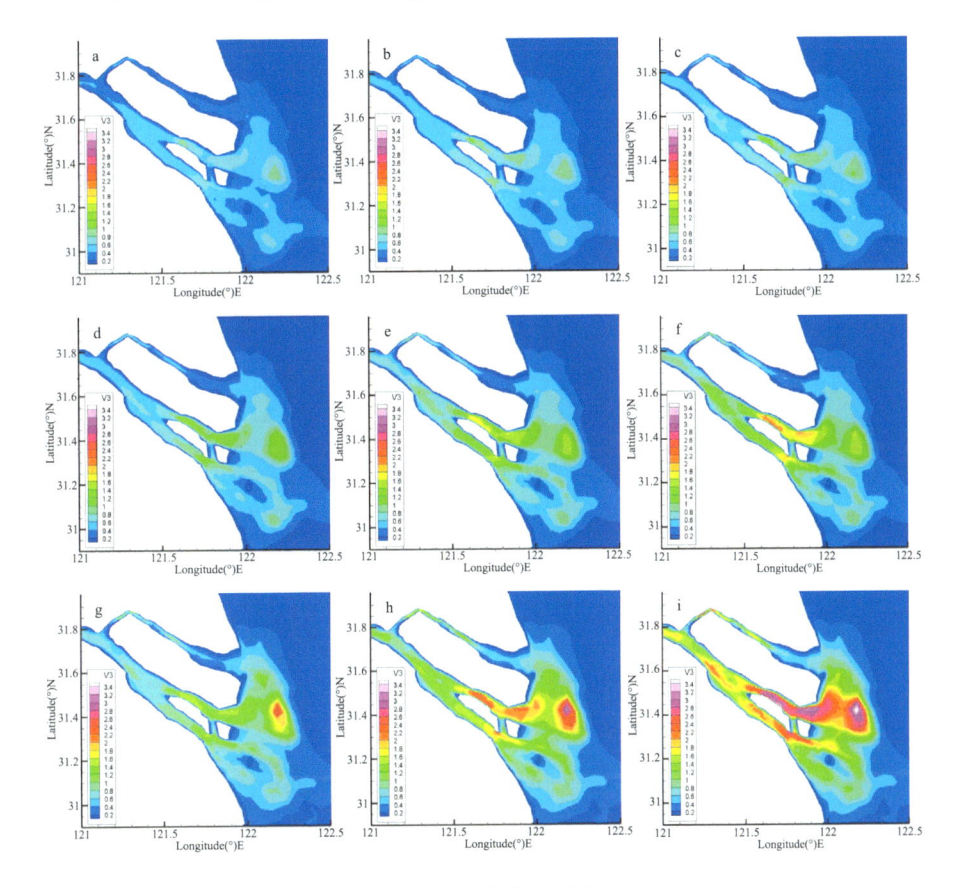

图 4.6-11　悬沙浓度平面分布

各径流代表流量级条件下,随着月均入海沙量的增加,长江口区域的月均悬沙浓度均为增大态势。流域入海含沙量自 0.15 kg/m³ 增至 0.25 kg/m³ 的过程中,当入海流量分别为 16 300 m³/s、27 000 m³/s 和 38 000 m³/s 时,最大浑浊带中心悬沙浓度增量分别为 0.186 kg/m³、0.166 kg/m³ 和 0.217 kg/m³(图 4.6-12a);流域入海含沙量自 0.4 kg/m³ 增至 0.6 kg/m³ 的过程中,流域入海流量分别为 38 000 m³/s、45 000 m³/s 和 63 000 m³/s 时,最大浑浊带中心悬沙浓度增量分别为 0.137 kg/m³、0.271 kg/m³ 和 0.989 kg/m³。

以大于某悬沙浓度的区域面积进行最大浑浊到面积的统计,选取悬沙浓度 ≥1.0 kg/m³ 的区域面积进行计算(图 4.6-12b),当入海流量分别为 38 000 m³/s、45 000 m³/s 和 63 000 m³/s 时,随着月入海含沙量的增大,河口区域悬沙浓度 ≥1.0 kg/m³ 区域的面积分别增加 131.4 km²、900 km² 和 1 472.7 km²。

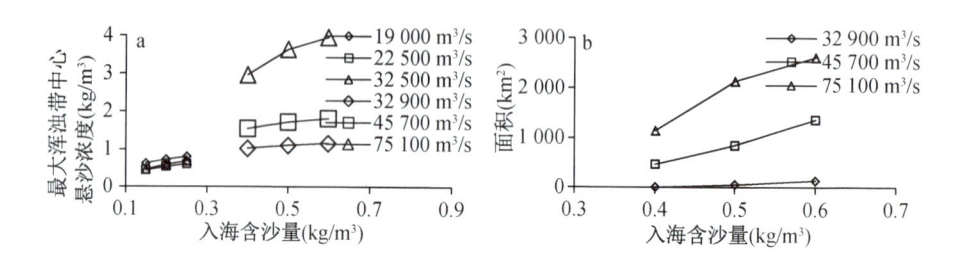

图 4.6-12　最大浑浊带随入海含沙量的变化规律

综上分析,最大浑浊带中心区域及河口整体区域的悬沙浓度均随流域入海沙量的增加而增大。

4.6.3.2　入海流量对最大浑浊带悬沙浓度的影响

将不同流量下最大浑浊带中心悬沙浓度、悬沙浓度≥1.0 kg/m³ 区域的面积见图 4.5-13 和图 4.6-14,当流域入海含沙量为 0.15 kg/m³、0.2 kg/m³ 和 0.25 kg/m³ 时,随着流量自 16 300 m³/s 增大至 38 000 m³/s,最大浑浊带中心悬沙浓度减小值分别为 0.157 kg/m³、0.145 kg/m³ 和 0.126 kg/m³;当流域入海含沙量为 0.4 kg/m³、0.5 kg/m³ 和 0.6 kg/m³ 时,随着流量自 38 000 m³/s 增大至 63 000 m³/s,悬沙浓度及≥1.0 kg/m³ 区域的面积均呈增大趋势,最大浑浊带中心悬沙浓度的增值分别为 1.94 kg/m³、2.528 kg/m³ 和 2.792 kg/m³,悬沙浓度≥1.0 kg/m³ 区域面积的增值分别为 1 137.1 km²、2 082.0 km² 和 2 478.3 km²。

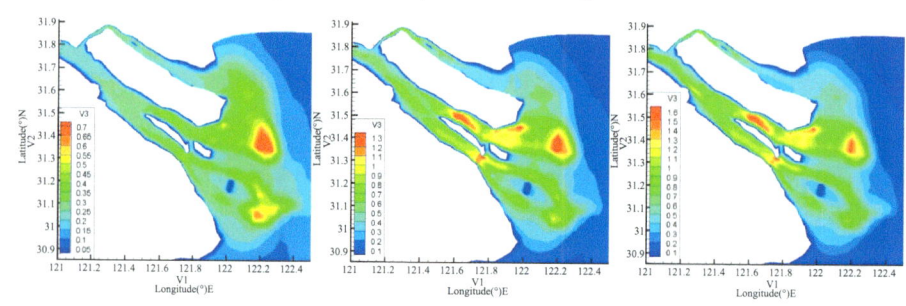

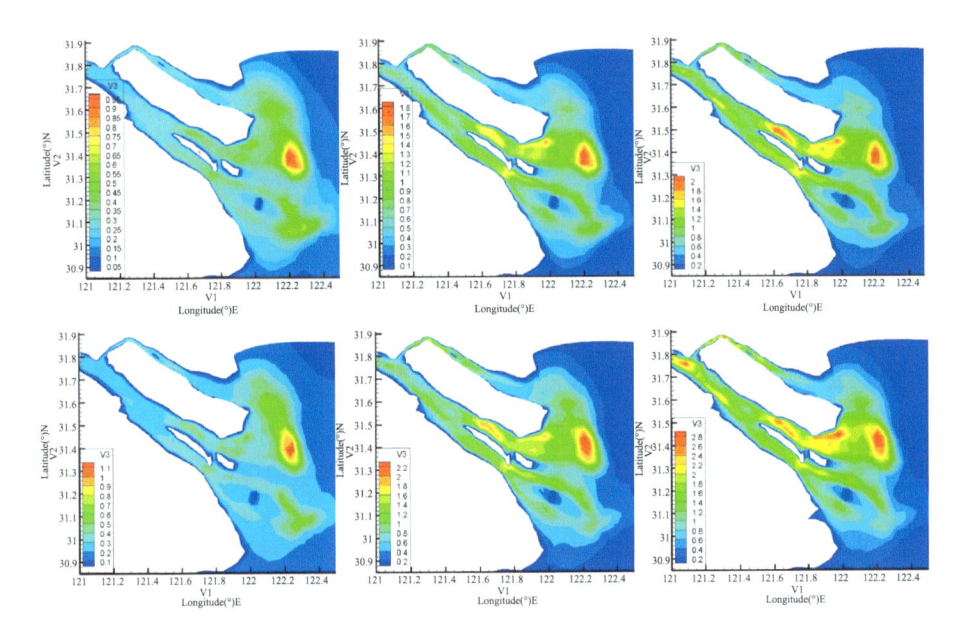

图 4.6-13　不同条件下的最大浑浊带分布

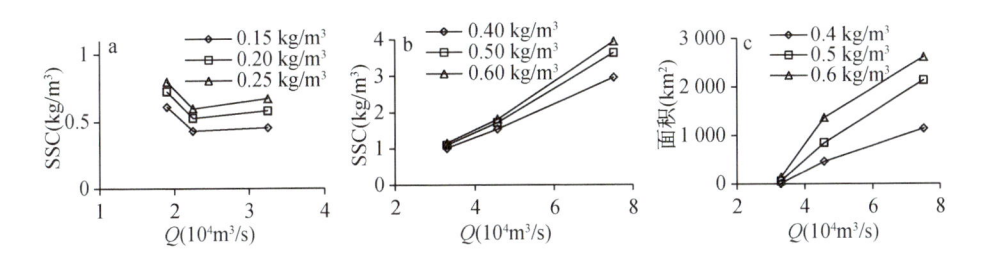

图 4.6-14　最大浑浊带随入海流量的变化规律

流域入海流量对长江口最大浑浊带悬沙浓度的影响表现在两方面:第一方面,流量增大对最大浑浊带具有冲淡作用,引起水体悬沙浓度减小;第二方面,流量增大使径流与潮流水动力相互作用增强,增强了水流紊动作用,使床面沉积泥沙出现部分再悬浮,引起水体中悬沙浓度增加。因此,当含沙量较低时,水流紊动补给的泥沙不足以消除流量增大对水体的冲淡作用,悬沙浓度降低;而当含沙量高于一定值时,水流紊动补给的泥沙超过流量增大对水体悬沙浓度的冲淡作用,悬沙浓度为升高态势。综上分析,在自 20 世纪 80 年代以来的近 40 年时间内长江流域入海沙量呈现减少态势,近 10 年间持续处于较低水平,长江口最大浑浊带的悬沙浓度处于减少态势。

4.6.3.3 入海沙量对最大浑浊带位置的影响

在流域入海径流流量不变时,随着入海沙量的变化,最大浑浊带中心位置基本保持不变(图 4.6-15),仅悬沙浓度≥1.0 kg/m³ 区域的面积出现一定调整。

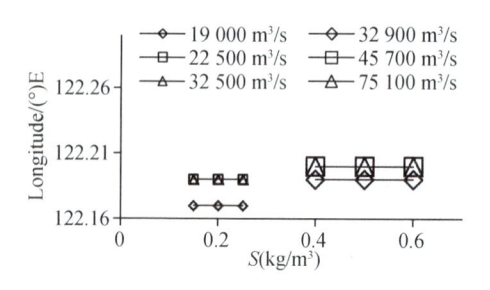

图 4.6-15 最大浑浊带中心位置随入海沙量的变化

综上分析,流域入海沙量的变化,对最大浑浊带位置的影响较小,仅改变了悬沙浓度数值,入海径流流量过程变化改变了最大浑浊带中心位置及区域面积。

4.6.3.4 入海流量对最大浑浊带位置的影响

流域入海含沙量为 0.3 kg/m³ 时,模拟计算得到高悬沙浓度区域范围在 31°N 上的外边界所处经度的变化特征(图 4.6-16a)。选取悬沙浓度高于 0.25 kg/m³ 的区域作为高悬沙浓度区域面积进行分析,随着流域入海流量由 10 000 m³/s 增加至 70 000 m³/s,高悬沙浓度区域的东边界自 122.173°E 逐渐向外扩展至 122.305°E;对应的最大浑浊带中心由 122.17°E 逐渐向外扩展至 122.2°E(图 4.6-16b)。因此,无论是高悬沙浓度区域外边界还是最大浑浊带中心位置,均随着流域入海流量的增大而向外海延伸。

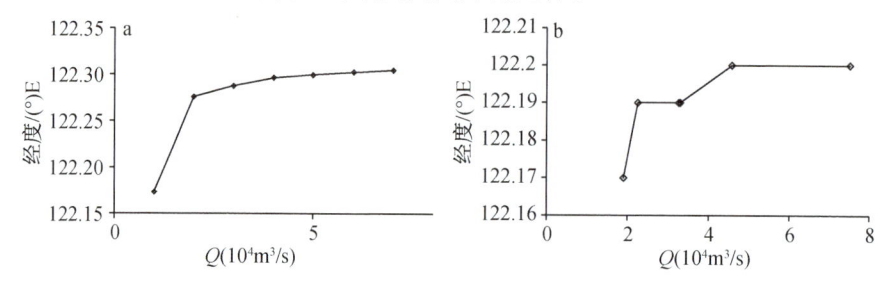

图 4.6-16 高悬沙浓度区域外侧及最大浑浊带中心位置变化

流量变化对最大浑浊带位置影响较大,这是由于长江口最大浑浊带主要受径流与潮流控制,径流与潮流的相互作用在河口地区形成动力平衡带。因此,径流或潮流的变化均使河口地区动力平衡带发生调整,影响泥沙输移及集聚位置,最大浑浊带位置因此发生变化。流域入海流量自 16 300 m³/s 增大到 77 100 m³/s,最大浑浊带中心仅自 122.17°E 向东扩展至 122.20°E,变化范围相对较小,这与径潮动力平衡区段的研究成果基本相符,使得最大浑浊带位置与拦门沙位置基本一致。随着径流流量自 10 000 m³/s 增大到 70 000 m³/s,高悬沙浓度区域面积自 1 972 km² 不断扩大至 4 687 km²(图 4.6-17),增幅上逐渐由最初的 22.4% 减小至 4.3%。随着流域入海径流流量自 10 000 m³/s 增大至 70 000 m³/s,高悬沙浓度区域东边界的增大幅度从最初的 0.8‰ 减小至 0.02‰。综上分析,随流域入海径流作用的增加,长江口区域悬沙浓度呈增大趋势,高悬沙浓度区域面积增大且向外海延伸,但幅度逐渐减小。

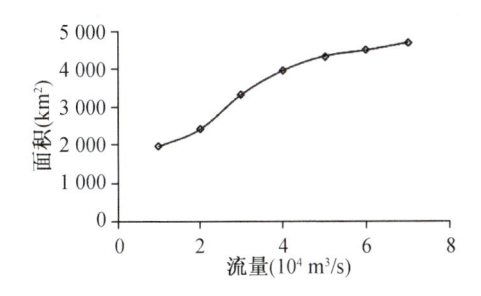

图 4.6-17 高悬沙浓度区域面积

图 4.6-18a 为高悬沙浓度区域面积的变化规律(将径流来流量 10 000 m³/s~70 000 m³/s 计算的悬沙浓度结果进行平均)。随着潮差自 1.0 m 增至 4.5 m,高悬沙浓度区域面积自 1 500 km² 不断增大至 4 266 km²。另外,从增大幅度上看,从最初的 60.0% 减小为 0.5%。图 4.6-18b 将径流来流量 10 000 m³/s~70 000 m³/s 计算悬沙浓度结果进行平均,随着潮差的变化,以高悬沙浓度区域范围在 31.07°N 上的外边界所处经度表示,将涨潮流与落潮流过程分别给出。对于落潮流,随着潮差自 1.08 m 增至 4.37 m,高悬沙浓度区域东边界自 122.044°E 逐渐向外扩展至 122.468°E。另外,从增大幅度上看,从最初的 0.67‰ 减小为 0.02‰。对于涨潮流,随着潮差自 0.92 m 增至 4.59 m,高悬沙浓度区域东边界自 122.045°E 向外扩展至 122.453°E。另外,从增大幅度上看,从最初的 0.83‰ 减小为 0.02‰。可以看出,无论是涨潮流还是落潮流,整体上,随

着潮差的增大,高悬沙浓度区域面积增大,范围外扩且其幅度减小。在涨潮过程中,高悬沙浓度区域范围出现上下波动,而落潮过程中并未出现该现象,且高悬沙浓度区域范围落潮时比涨潮时平均向外扩展 0.06‰。

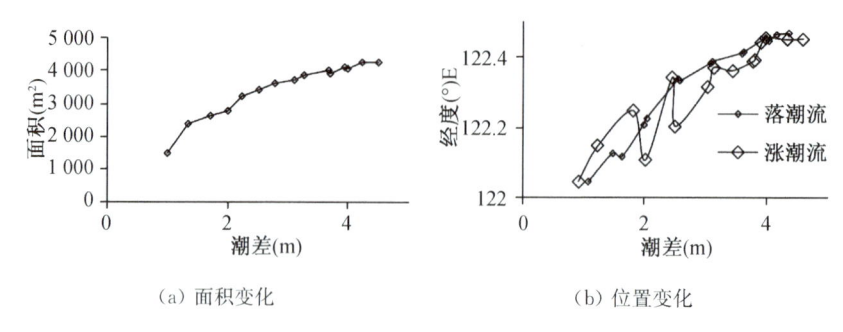

(a) 面积变化

(b) 位置变化

图 4.6-18　高悬沙浓度区域面积及位置变化

4.6.3.5　潮流对最大浑浊带位置的影响

统计北港、北槽、南槽最大浑浊带悬沙浓度最大的位置,大潮时位置明显较小潮偏上(图 4.6-19)。

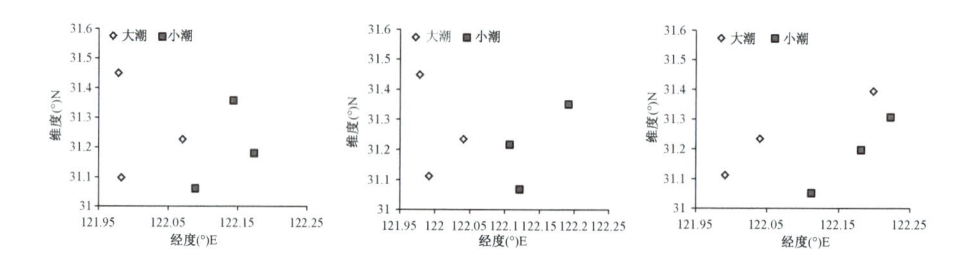

图 4.6-19　最大浑浊带位置变化

4.7　三峡水库运行对长江口最大浑浊带位置及范围的影响研究

4.7.1　长江河口悬沙分布的变化

同流量级下,最大浑浊带悬沙浓度随着输沙率的减小而减小,图 4.7-1 中自左至右、自上至下分别为(a)~(i),其中(c)、(f)为蓄水后悬沙浓度的分布,与蓄水前相比,悬沙浓度为减小态势。

如图 4.7-2 所示为 9 组不同入海水沙条件下悬沙浓度的外边界。不同的曲

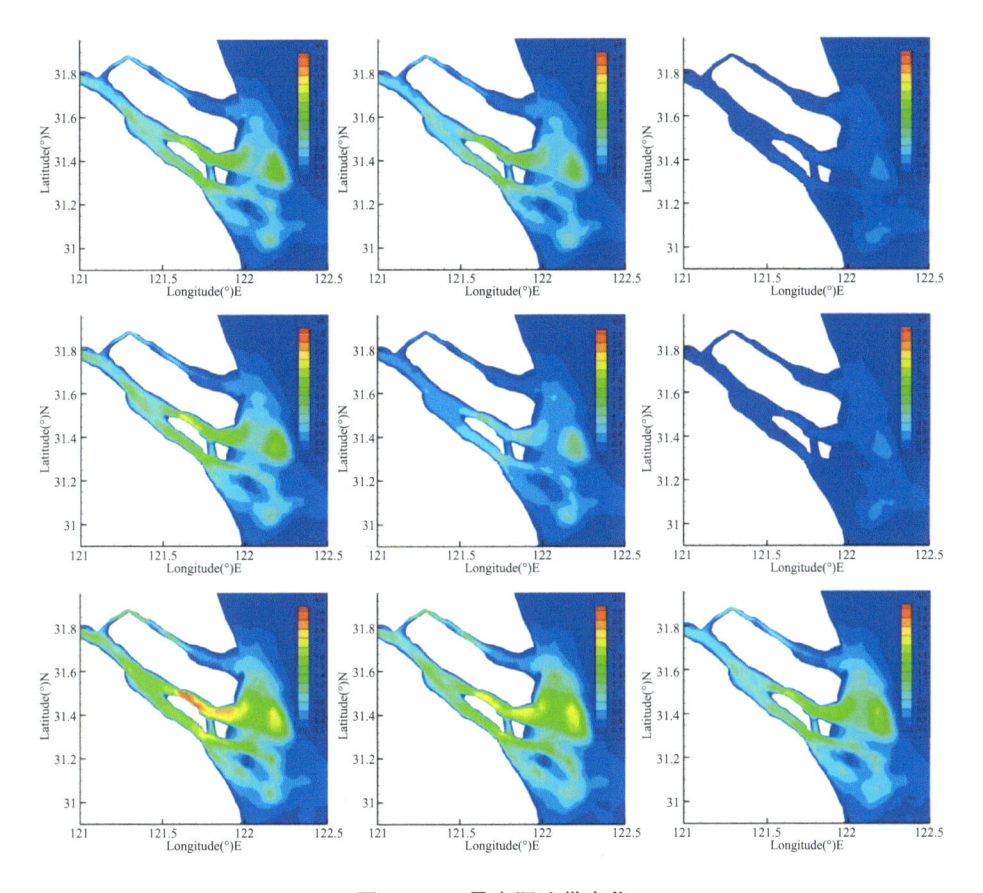

图 4.7-1 最大浑浊带变化

线表明在不同月均悬沙浓度扩散的外边界位置,其悬沙浓度单位为 kg/m³。整体上,悬沙浓度外边界均在 121.8°E~122.8°E 范围内变化。且不同时期的年内变化规律基本一致,不同悬沙浓度外边界的范围也基本一致。其中,悬沙浓度为 0.1 kg/m³ 的外边界均在 122.5°E~122.8°E 之间变化,悬沙浓度为 0.2 kg/m³ 的外边界均在 122.1°E~122.5°E 之间变化,其余悬沙浓度外边界基本都在 122.1°E~122.4°E 之间变化。外边界变化范围较小,但随着流域入海流量、沙量的变化,其外边界也在不断变化。相同的悬沙浓度,年内洪季较枯季向外扩展;悬沙浓度等值增大时,外边界逐渐向内缩退,且幅度逐渐减小;当年均流量相近的情况下,来沙量越大,区域最大悬沙浓度值也越高。在流量级不同时,流量越大,相应的边界范围越向外扩展。

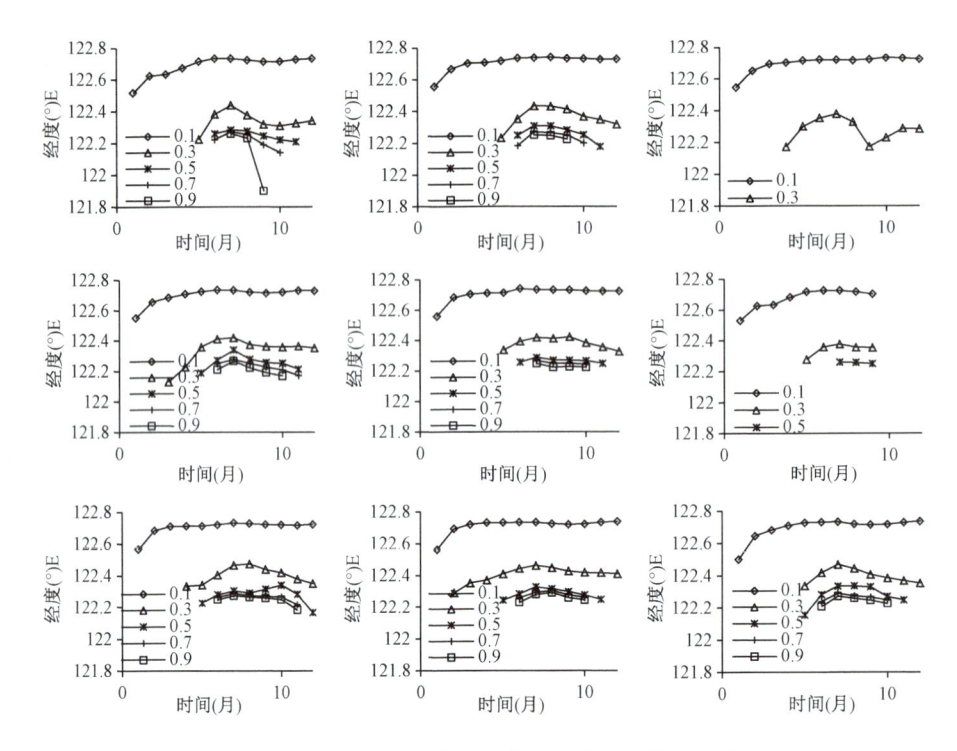

图 4.7-2　不同入海水沙条件下悬沙浓度的外边界

4.7.2　滞流点与最大浑浊带的关系

分别选取大潮、小潮、全潮时期,模拟计算滞流点与最大浑浊带的分布特征,流域入海含沙量均选取 0.22 kg/m³(图 4.7-3～图 4.7-7)。

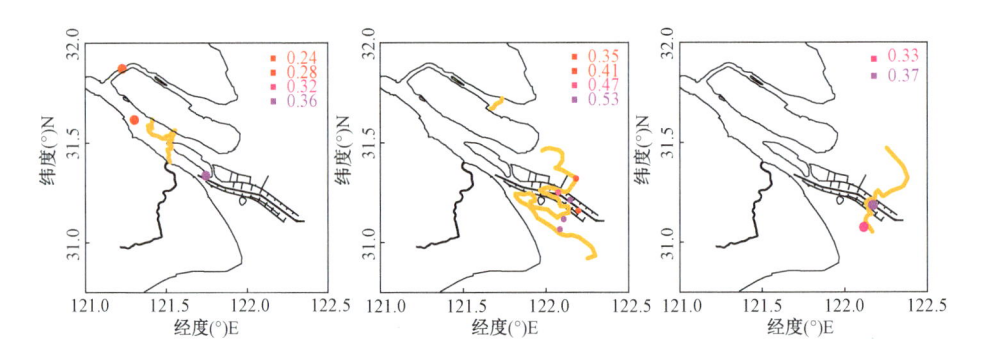

图 4.7-3　入海流量 16 300 m³/s 时滞流点与最大浑浊带中心分布

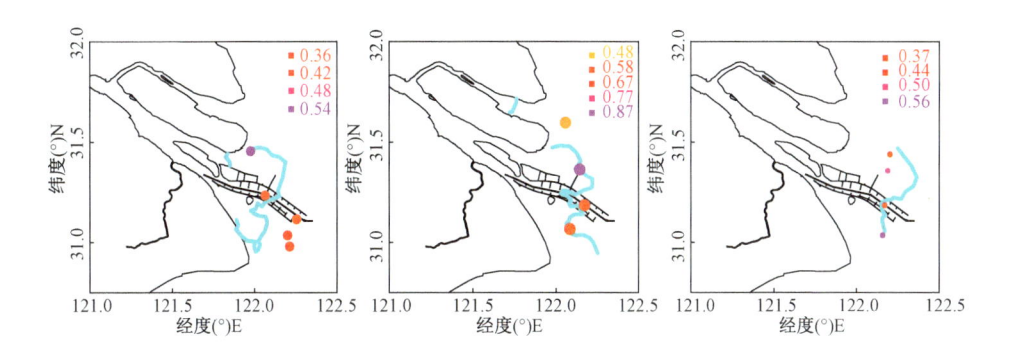

图 4.7-4　入海流量 27 000 m³/s 时滞流点与最大浑浊带中心分布

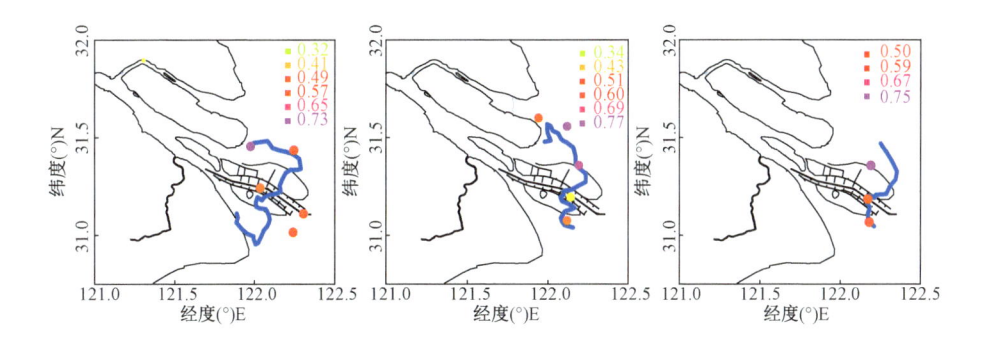

图 4.7-5　入海流量 38 000 m³/s 时滞流点与最大浑浊带中心分布

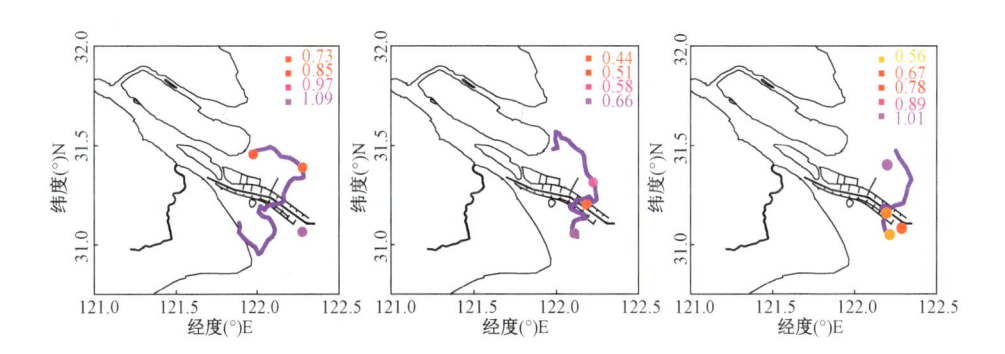

图 4.7-6　入海流量 45 000 m³/s 时滞流点与最大浑浊带中心分布

4.7.3　三峡工程运行前后最大浑浊带中心位置变化

在分析流域入海水沙条件对最大浑浊带影响的基础上，结合三峡蓄水后，入

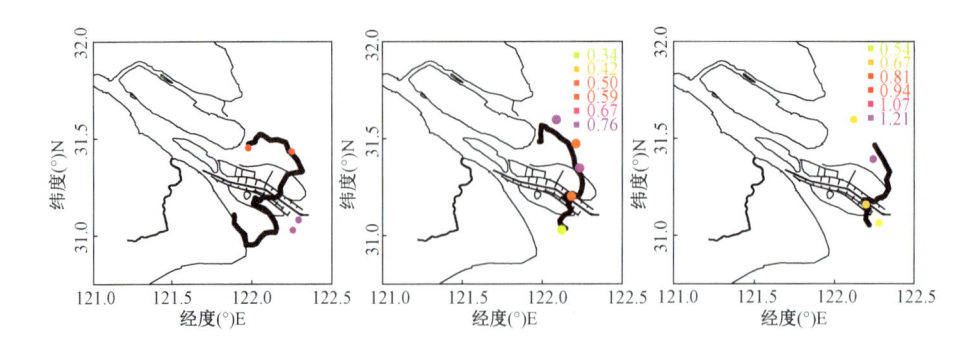

图 4.7-7　入海流量 63 000 m³/s 时滞流点与最大浑浊带中心分布

海水沙发生变化的实际情况,分析最大浑浊带的变化趋势。

选取蓄水前后月均径流量最小、最大值为 7 600 m³/s(1987 年 2 月)、77 100 m³/s(1998 年 8 月)、9 200 m³/s(2004 年 2 月)、61 400 m³/s(2010 年 7 月),及其对应的入海沙量分别为 0.042 kg/m³、0.43 kg/m³、0.062 kg/m³、0.233 kg/m³。将各条件下大潮时期最大浑浊带中心的悬沙浓度标注如图 4.7-8 所示,黑色区域表示悬沙浓度为 1.0 kg/m³ 的大小。

最枯流量时,蓄水前后最大浑浊带中心悬沙浓度均较小,分别为 0.188 kg/m³、0.222 kg/m³,蓄水后悬沙浓度略大于蓄水前,而由于其流量、沙量均较小,其最大浑浊带中心与周围悬沙浓度接近,其中心位置不具有代表性;对于洪季最大流量,悬沙分为两股,一股在北港外聚集,一股在南槽外聚集,形成两个最大浑浊带中心。其中,南槽外蓄水前后最大浑浊带中心悬沙浓度分别为 2.999 kg/m³、1.689 kg/m³,而北港外蓄水前后最大浑浊带中心悬沙浓度分别为 8.962 kg/m³、1.226 kg/m³;且无论是南槽外或北港外,蓄水后最大浑浊带中心均向内移动。可以看出,三峡水库蓄水后最大浑浊带悬沙浓度呈减小趋势,尤其是洪季更为显著。另外,蓄水前北港外悬沙浓度远大于南槽外,而蓄水后北港外悬沙浓度小于南槽外。

南槽外的高悬沙浓度核心区位置呈现南偏态势,北港外的高悬沙浓度核心区域位置呈现北态势,这是由于南槽、北槽及北港分流分沙比不断变化,南槽分流比在近十几年不断增大,利于悬浮泥沙向南输移,而北港分流比不断减小,悬浮泥沙向北偏移。

综上所述,三峡水库蓄水运行后长江流域入海沙量减少,使最大浑浊带悬沙浓度呈现出减小趋势,同时流量过程调整影响悬沙分布特征。

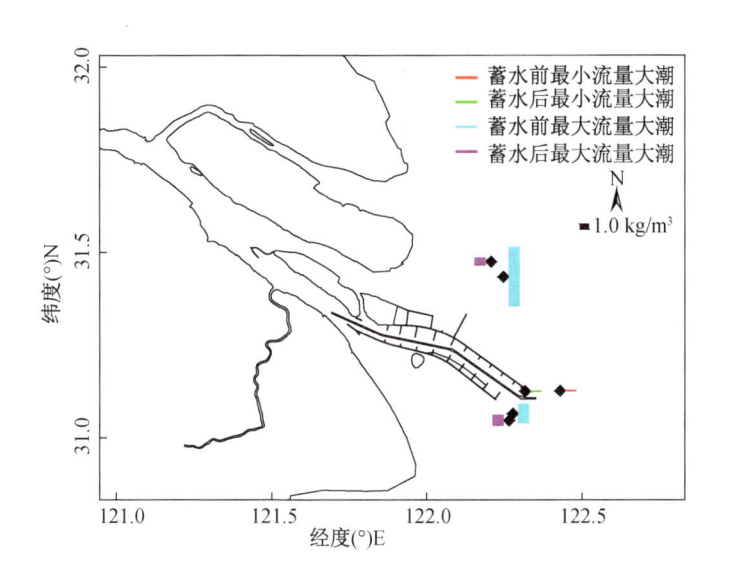

图 4.7-8　蓄水前后最大浑浊带悬沙浓度

4.7.4　滞流点、最大浑浊带与地形冲淤的关系

长江流域入海月均流量自 6 800 m³/s 至 63 000 m³/s 的过程中,北支滞流点范围在 121.37°E~121.82°E 之间,北港滞流点范围在 121.45°E~122.27°E 之间,北槽在 122.11°E~122.17°E 之间,南槽在 121.80°E~122.20°E 之间。三峡水库蓄水运用后,北支滞流点范围在 121.47°E~121.80°E 之间,北港滞流点范围在 121.61°E~122.27°E 之间,北槽在 122.11°E~122.16°E 之间,南槽在 121.82°E~122.19°E 之间。三峡水库蓄水运用前,南槽、北槽区域为大范围淤积区,是蓄水运用后冲淤变化最小的区域,且北港下段河床呈现淤积趋势,说明水流挟带泥沙在滞流点长期停留范围内淤积,即滞流点附近仍是泥沙富集区域(图 4.7-9)。

统计发现,北支、北港下段及南、北槽等区域在蓄水后主要仍处于淤积状态,该区域均为最大浑浊带活动区域,而南、北槽进口处及南、北槽下段在 2010—2013 年由淤积转为冲刷,而中间段仍冲淤交替,说明三峡水库蓄水运用后淤积区域上、下断面均向内移动,滞流点、最大浑浊带及拦门沙位置的差异降低,拦门沙区域减小。

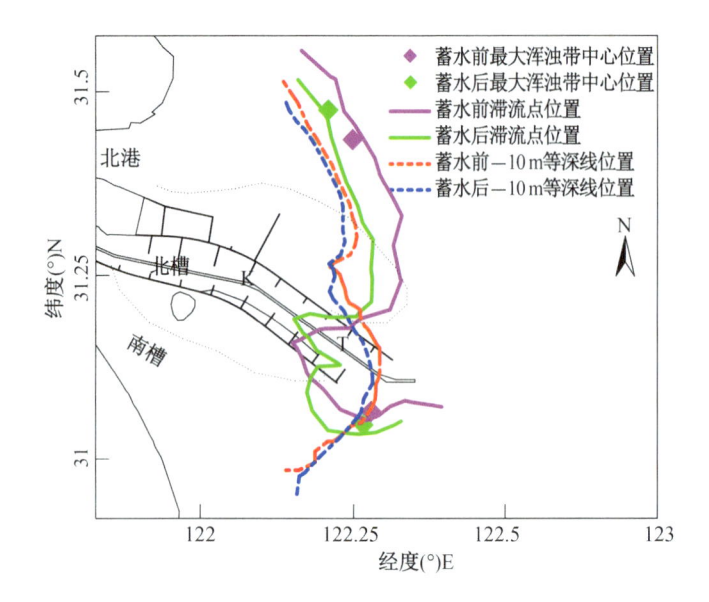

图 4.7-9 蓄水前后滞流点、最大浑浊带及拦门沙的对应关系

4.8 本章小结

(1) 长江口典型控制断面大通站、徐六泾、口门断面沙量均为减小趋势,长江口南支、南港、北港悬沙浓度在入海沙量锐减情况下均为减小趋势,北支河段青龙港断面在相同潮差情况下悬沙浓度也为减小趋势,而南槽悬沙浓度变化不大,主要为分流比增加引起悬沙浓度增幅与周围环境泥沙减小引起减幅相当。整体而言,长江口南支和北支河段悬沙浓度均为减小趋势。

(2) 长江口最大浑浊带悬沙浓度 2003—2011 年较 1981—2002 年期间减幅约为 21.42%,小于同期大通站减幅,最大浑浊带核心位置因近期入海径流偏枯,潮流水动力相对增强,峰值位置向口内推移约 0.166 经度。

(3) 在相同潮径比条件下,长江口南支河段悬沙浓度和最大浑浊带面积均为减小趋势,减幅小于大通站沙量和含沙量同期减幅,长江河口虽存在大量的泥沙再悬浮作用,但仍不能维持入海沙量锐减引起的河口区域悬沙浓度和面积的锐减,三峡及梯级水库联合运用,入海沙量将进一步减小,浑浊带面积将不超过 1 500 km² (悬沙浓度大于 0.70 kg/m³)。

(4) 长江口北槽 1998 年实施了深水航道整治工程,改变了局部水动力和泥沙输运机制,上段和下段悬沙浓度在入海沙量锐减、分流比减小及河床床沙组成调整等综合作用表现为减小趋势,中段受越堤水量和沙量的影响,掩盖了周围环境泥沙锐减及分流比变化引起的悬沙浓度减幅,表现为增加趋势。

(5) 长江流域进入河口区域悬沙中 $d>63$ μm 泥沙主要沉积在大通—拦门沙区间河段,2007 年和 2005 年、2003 年相同季节悬沙中值粒径比较,悬沙为细化趋势发展,主要与入海 $d<63$ μm 悬沙量的锐减关系密切,表明河口悬沙出现细化趋势。

(6) 长江宜昌—河口表层沉积物整体为粗化趋势,但近坝段粗化明显,越向下游粗化程度越小。长江流域入海悬沙中 $d>63$ μm 泥沙沉积在大通—拦门沙区间河段,河口段影响较小,$d<63$ μm 悬沙主要沉积在长江口潮滩和水下三角洲沉积物区域,对地貌系统影响较大。

(7) 长江口邻近陆架区域沉积物为粗化趋势,同时砂-泥分界线存在向口内移动趋势,主要受径流、潮流水动力和泥沙锐减等影响,泥质区面积在入海 $d<63$ μm 泥沙量锐减呈现一致的减小趋势。

第 5 章　长江口地貌演变与入海水沙条件通量响应关系

研究区域上至徐六泾断面,下至长江口外水下三角洲区域。其中,南支上段起点为徐六泾断面,下段至南北港分汊口,数据时段为 1976—2010 年;南港和北港河段数据时段为 1997—2007 年,前缘沙岛和水下三角洲数据时段为 1958—2009 年。

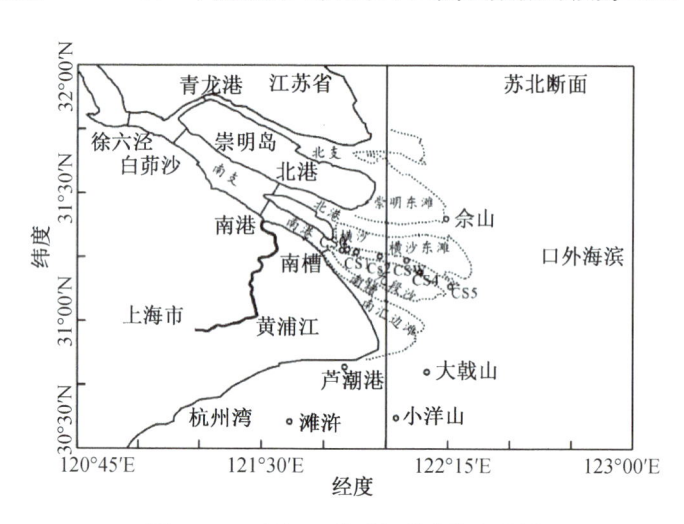

图 5.1-1　长江口典型河段选取和位置

5.1　长江口南支河段地貌系统变化及成因

5.1.1　数据来源及处理

收集了 1976—2010 年期间长江口南支河段地貌数据,共计 11 个测次,数据描述见表 5.1-1。1983 年、1992 年、1998 年、2001 年、2002 年、2003 年和 2007 年为大范围,1976 年、2004 年、2005 年和 2010 年为小范围。

表 5.1-1 南支河段数据来源及描述

序号	年份	基面	时间	来源	比例尺
1	1976	理论最低潮面	1976—06	地球科学数据共享	1∶50 000
2	1983		1983—03		
3	1992		1992—05		
4	1998		1998—10		
5	1999		1999—10		
6	2000		2000—09		
7	2003		2003—03		
8	2002	黄海基面	2002—09	长江委水文局	1∶10 000
8	2004		2004—08		
9	2005		2005—02		
10	2007	理论最低潮面	2007—08	上海河口海岸科学研究中心	1∶10 000
11	2010	黄海基面	2010—02	长江航道规划设计研究院	1∶10 000

5.1.2 长江口南支河段地貌变化过程

1984 年、1992 年、1999 年、2001 年、2002 年、2003 年和 2007 年下边界至南港和北港上分汊口,1976 年、2004 年、2005 年和 2010 年下边界至中央沙头部断面下段约 5 km,合计 11 个测次数据,主要测次的地形见 5.1-2。

5.1.3 南支河段典型滩体变化特征及趋势

绘制长江口南支河段-2 m 以浅沙洲和滩体形态变化过程图(图 5.1-3),1978—1992 年期间白茆沙滩体处于发育初期,滩体面积迅速增长,1992—2010 年期间滩体头部冲刷后退,尾部淤积向下游延伸。1978—2010 年期间,扁担沙上部冲刷,下部淤涨延伸。新浏河沙沙包于 1992 年形成,1992—2003 年期间遵循"沙头冲刷,沙尾淤积"的演变规律,2003 年后逐渐冲刷消失。新浏河沙在 1978—1984 年期间发育形成,1984—1992 年期间位置移动范围较大,1992—

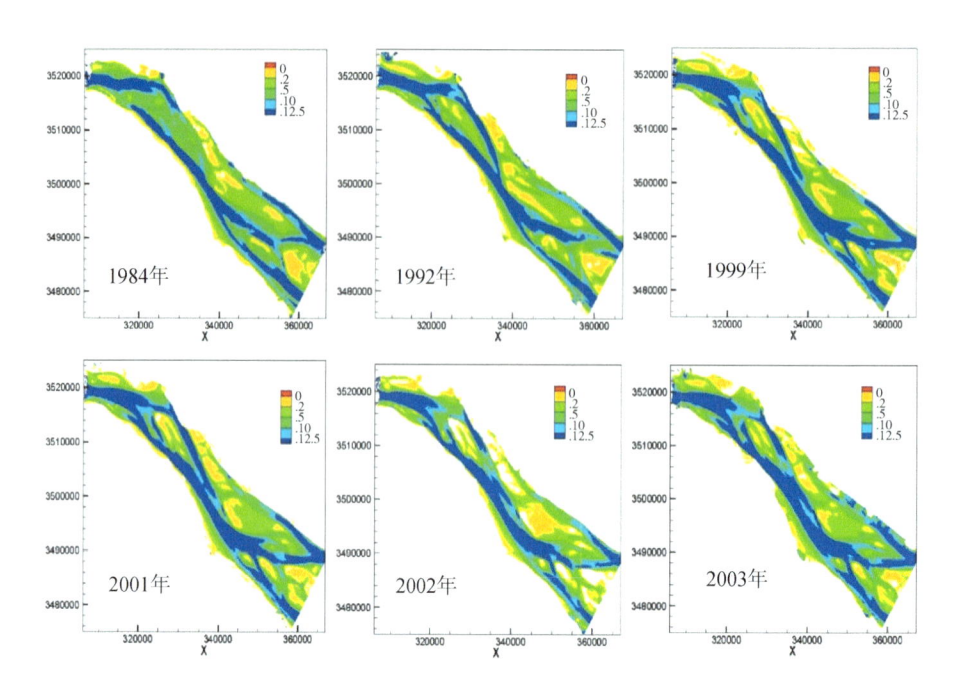

图 5.1-2　长江口南支河段 1978—2010 年地貌变化过程

2010 年期间表现为"沙头冲刷,沙尾淤积"的演变规律。1978—2007 年期间,中央沙为沙头冲刷下移态势。

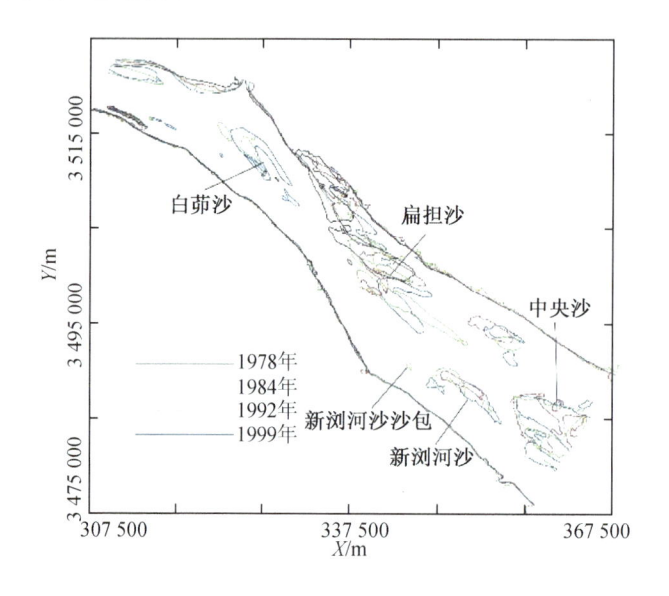

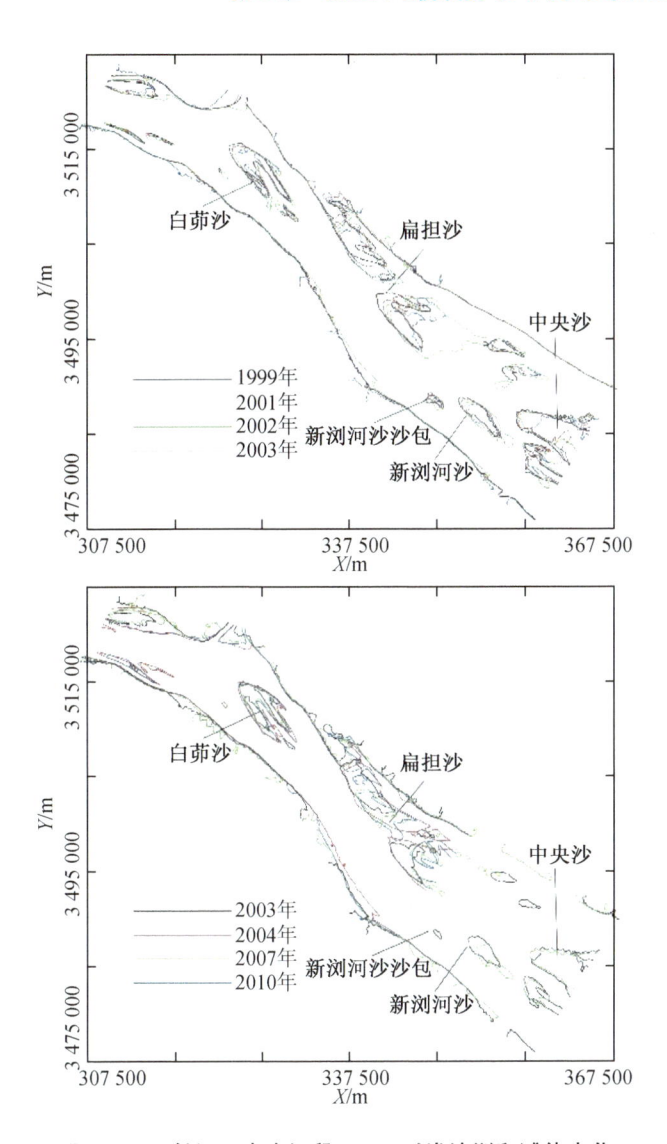

图 5.1-3　长江口南支河段-2 m以浅沙洲和滩体变化

白茆沙-5 m滩体演变过程(图 5.1-4):1978年白茆沙逐渐发育形成,1984年因冲刷分为4个小部分滩体,1992年又形成一个整体沙洲,1999—2004年期间白茆沙分离为2个滩体,2007年和2010年白茆沙为独立滩体,分离的小滩体逐渐消失。1992—2010年期间,白茆沙滩体为头部冲刷下移,尾部经历了下移和上提的演变过程,整体上为上提态势(表 5.1-2)。2004—2010年期间,受白茆沙航道整治工程影响,其头部为上提态势,说明工程有效控制了白茆沙滩体的下移,对稳定下游河势起到了积极作用。

1978—2010年期间扁担沙上半部分为冲刷蚀退,1978—2003年期间下半部分为淤涨态势,2003—2010年期间尾部延续了冲刷蚀退态势。1992—1999年期间下扁担沙出现窜沟,1999—2007年期间下扁担沙出现切滩,形成的小滩体上段冲刷下移,下段淤积下延的演变特点。

表5.1-2 白茆沙沙体特征值变化

年份	−5 m沙洲下移距离(m) 沙头	−5 m沙洲下移距离(m) 沙尾	年份	−5 m等深线面积(km²)
1978—1984	—	—	1978	9.40
1984—1992	—	—	1984	0.96
1992—1999	2 176	−3 372	1992	32.74
1999—2001	467	−102	1999	11.36
2001—2002	343	−333	2001	28.34
2002—2003	355	1 353	2002	29.68
2003—2004	−26	1 042	2003	24.39
2004—2007	−69	−2 239	2004	28.92
2007—2010	401	438	2007	20.71
合计	3 647	−3 213	2010	21.42

注:正值表示下移,负值表示上溯。

新浏河沙分为新浏河沙和新浏河沙沙包两部分:1984—1992年期间新浏河沙头部为上提态势,1992—2007年期间为持续向下游移动,尾部为持续下移态势,即浏河沙沙洲头部冲刷,沙尾淤积的演变模式(表5.1-3);1984—1992年期间新浏河沙沙包逐渐发育形成,1992—2003年期间遵循"沙洲头部冲刷,尾部淤积"的演变模式,2003年后沙洲消失。

表5.1-3 新浏河沙和新浏河沙沙包特征变化

年份	−5 m以上沙洲面积(km²) 新浏河沙沙包	−5 m以上沙洲面积(km²) 新浏河沙	−5 m以上沙洲面积(km²) 合计	新浏河沙(−5 m)特征变化(m) 沙头	新浏河沙(−5 m)特征变化(m) 沙尾
1984	—	10.12	10.12		
1992	1.88	16.44	18.32	−496	938

(续表)

年份	−5 m以上沙洲面积(km²)			新浏河沙(−5 m)特征变化(m)	
	新浏河沙沙包	新浏河沙	合计	沙头	沙尾
1999	—	11.84	11.84	2 790	1330
2001	2.91	12.03	14.94	320	489
2002	3.89	14.65	18.54	613	178
2003	2.19	12.08	14.27	331	465
2007	—	13.24	13.24	1 472	339

注：正值表示下移，负值表示上溯。

1984—1992年期间中央沙头部为淤积上延态势，1992—2007年期间为冲刷下移，即中央沙头部遵循洲头冲刷下移的演变规律（表5.1-4）。

表 5.1-4　中央沙沙头特征变化

年份	1984	1992	1999	2001	2002	2003	2007
−5 m以上沙洲面积(km²)	48.70	45.49	46.30	44.11	46.86	38.85	31.72
沙头摆动距离(m)		−727	1 591	64	59	344	1 258

综上，长江口南支河段−5 m和−2 m以浅滩体和沙洲基本遵循"洲头冲刷下移、洲尾淤积延伸"的演变模式，与径流河段江心洲及潜洲的演变特征基本一致。

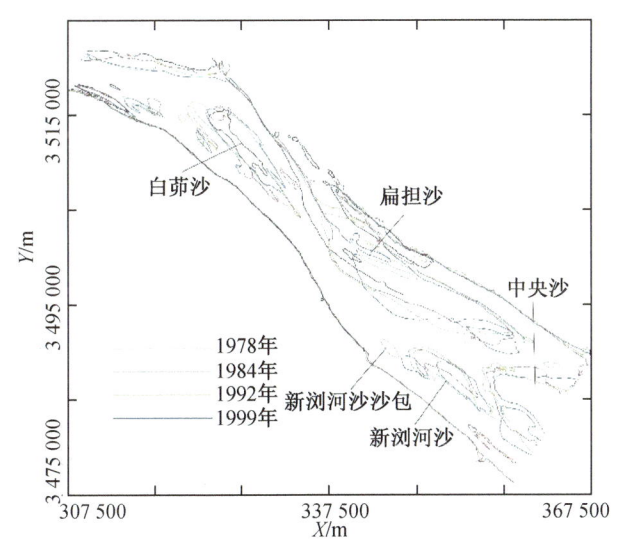

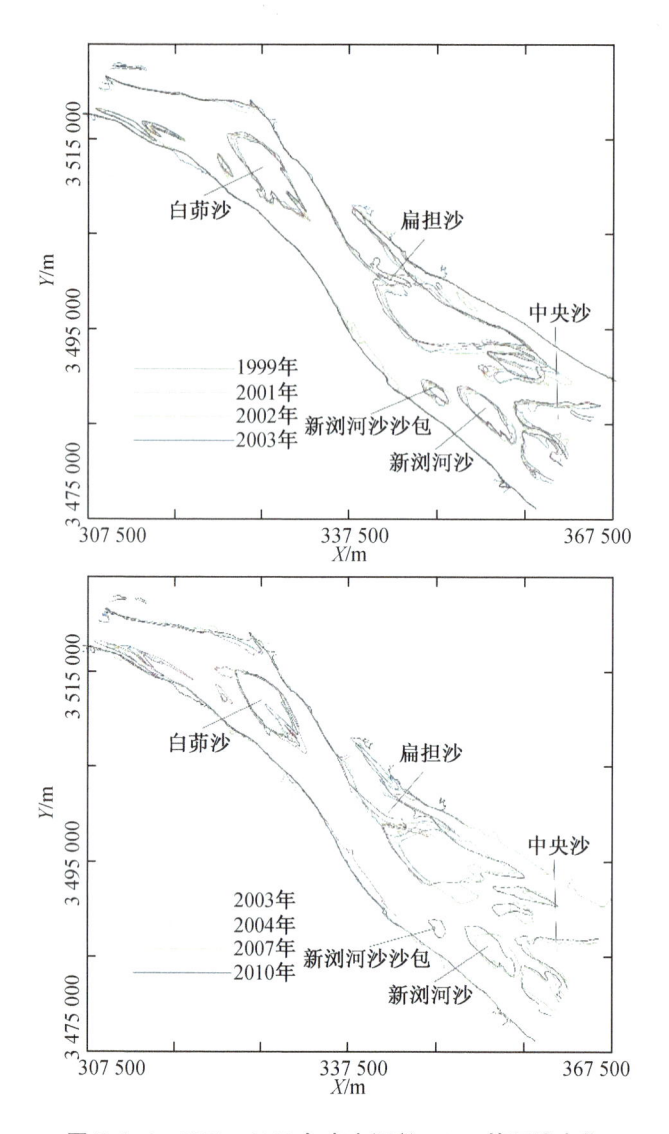

图 5.1-4　1978—2010 年南支河段-5 m 等深线变化

5.1.4　长江口南支河段深槽变化过程及趋势

1978 年白茆沙南水道和北水道均未与上游水道贯通,此时徐六泾河段-10 m 等深线偏向左岸(图 5.1-5)。1984 年白茆沙北水道与徐六泾区段-10 m 等深线连通,下段未与南支主槽相连,白茆沙南水道未与徐六泾区段的-10 m 等深线相连,下段与南支主槽相连,浏河沙将南支主槽分为两部分,其中北侧新桥通道与新桥水道相连通。1992年白茆沙南水道和北水道上端和尾部均与徐六泾区段和南支主槽相通,新浏河沙沙包、新浏河沙和中央沙－10 m等深线相连,新桥通道中断。1999—2001年白茆沙南水道和北水道与徐六泾河段和南支主槽贯通,在白茆沙南侧滩体形成新的窜沟,新桥通道与新桥水道逐渐贯通。2002年白茆沙南水道与徐六泾河段和南支主槽相通,白茆沙窜沟消失,北水道上段中断,新浏河沙沙包与边滩相连,新桥通道与新桥水道贯通。2003年白茆沙南、北水道与徐六泾河段和南支主槽相通,白茆沙窜沟消失,新桥通道与新桥水道贯通。2004—2010年白茆沙南水道的宽度变小,北水道上段与徐六泾区段、下段

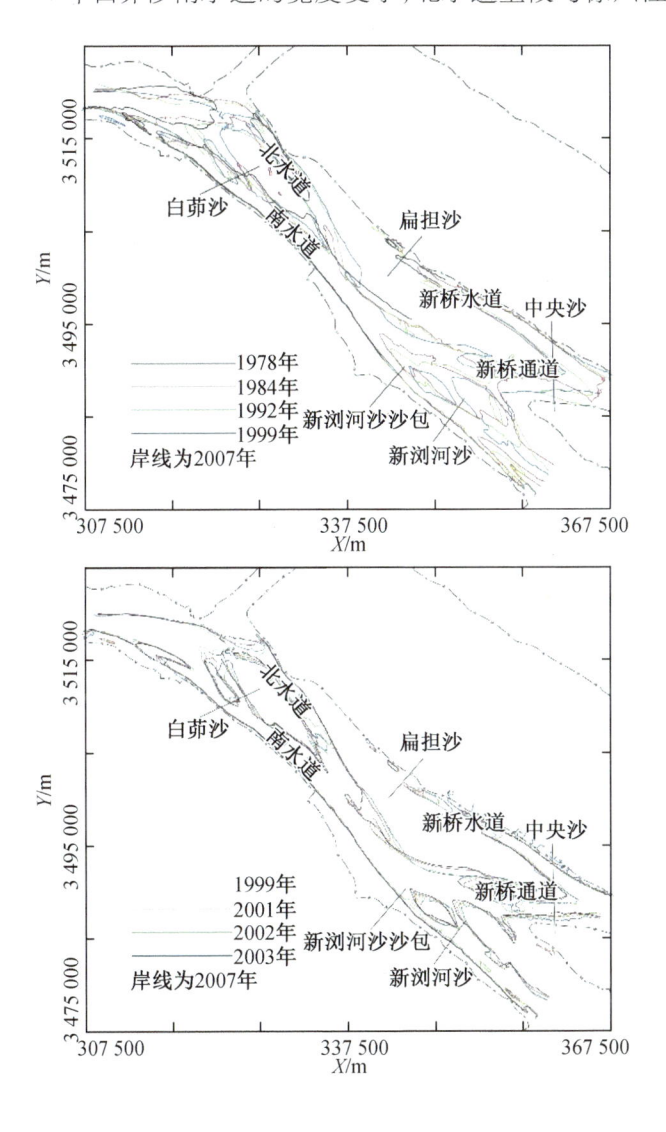

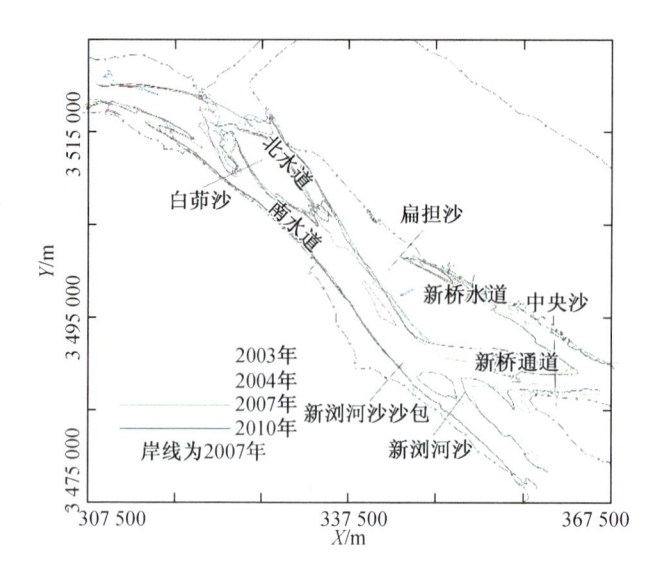

图 5.1-5 长江口南支河段-10 m等深线变化过程

与南支主槽均为中断态势,2007年新桥通道与新桥水道和南支主槽贯通。1978—1999年徐六泾区段-10 m等深线变化范围逐渐偏于右岸,1999—2010年较为稳定,徐六泾区段-10 m等深线的稳定有利于下游区域河势格局的稳定。

1978年白茆沙南水道和北水道-12.5 m等深线均未贯通,徐六泾河段-12.5 m等深线偏向左岸(图5.1-6)。1984年南水道仍未贯通,北水道上段贯通,但徐六泾区段-12.5 m等深线向右岸偏移,南支主槽下段分为两个分支,南侧分支全线贯通,北侧新桥通道尚未与新桥水道贯通。1992年白茆沙南水道上下连通,北水道在北支口附近区域-12.5 m等深线中断,下段与南支主槽贯通,新桥通道与新桥水道也未连通。1999年白茆沙南水道全线贯通,北水道在北支口附近-12.5 m等深线中断,下段与南槽主槽断开,徐六泾河段-12.5 m等深线区域偏向右岸,南支主槽虽全线贯通,但下段的宽度较窄,新桥通道与新桥水道联通。2001年白茆沙南水道和北水道均贯通,并与南支主槽相连通,新桥通道和新桥水道完全贯通,整个河槽的-12.5 m等深线宽度增加。2002—2010年白茆沙南水道贯通且与南支主槽连通,白茆沙北水道中断,下段未与南支主槽相连通,新桥通道和新桥水道中断,-12.5 m航道条件恶化。1984—2010年新桥水道-12.5 m等深线下探,整体趋于萎缩。1978—1999年徐六泾区段-10 m等值线变化范围逐渐偏于右岸,1999—2010年较为稳定,徐六泾区段-10 m等深线的稳定利于下游区域的河势稳定。

综上,南支白茆沙南水道1992—2010年−10 m和−12.5 m航道均贯通,而北水道均未贯通,徐六泾河段−10 m和−12.5 m等深线在1999年之后逐渐趋于稳定,对稳定下游河势格局及洲滩形态起到了积极作用。

5.1.5 长江口南支河段典型断面变化特征

统计南支河段典型断面变化,选取断面见图5.1-1。徐六泾附近断面的变化特征(图5.1-7):1978—1984年期间右岸为冲刷,左岸侧深槽淤积,边滩淤积;1984—1992年期间右岸边滩深泓淤积,左岸深槽淤积,边滩略有冲刷;1992—

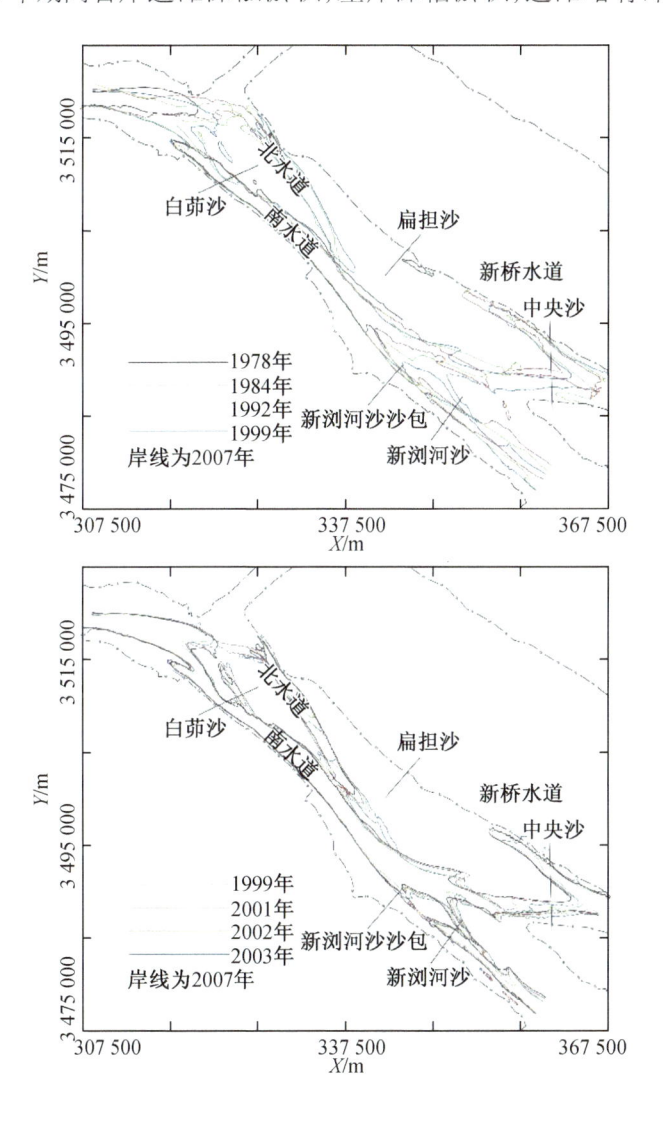

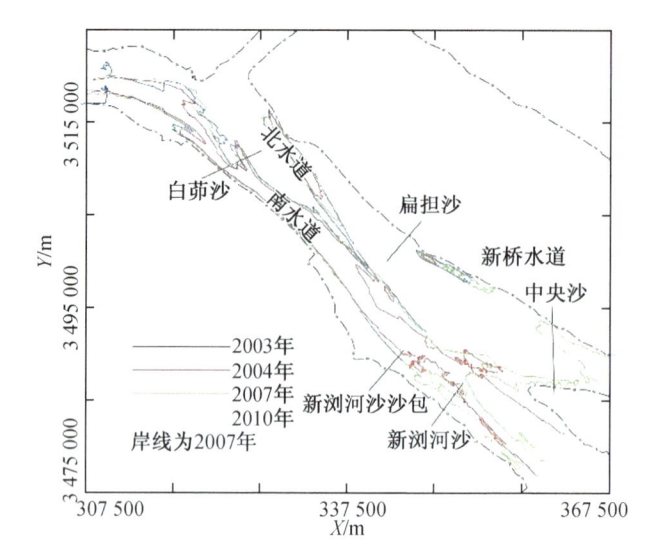

图 5.1-6　长江口南支河段−12.5 m 等深线变化过程

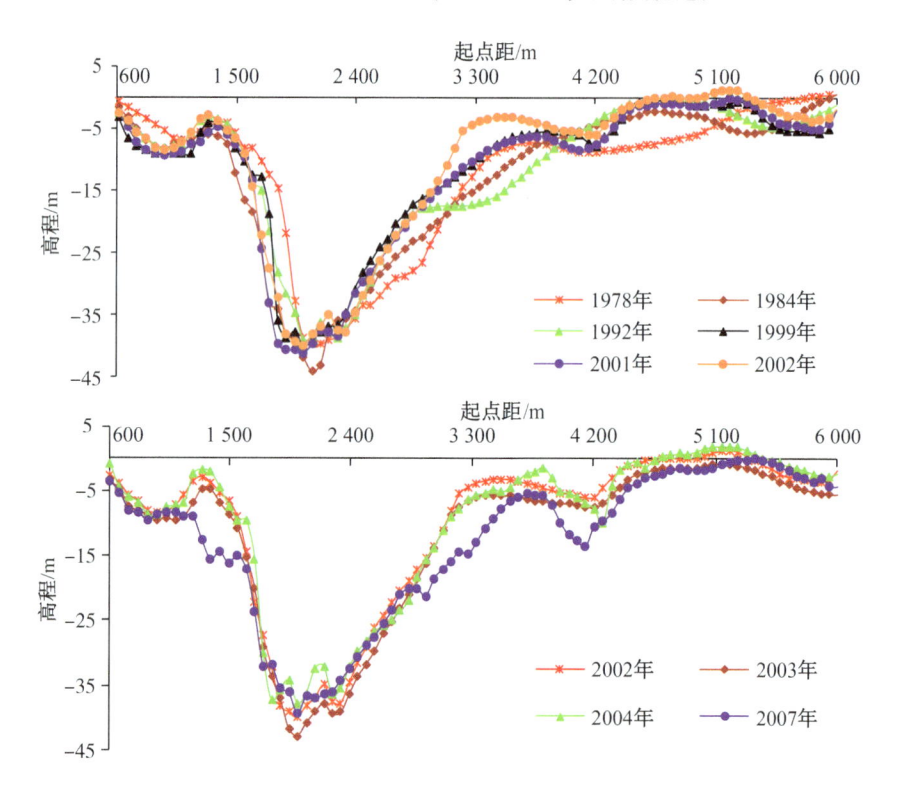

图 5.1-7　南支河段 120♯ 断面变化

1999年期间右岸变化不大,左岸深槽和边滩均淤积;1999—2001年期间右岸深槽冲刷,左岸变化不大;2001—2002年期间右岸深槽淤积,边滩变化不大,左岸边滩淤积,深槽变化不大;2002—2004年期间深槽冲刷,边滩变化不大;2004—2007年期间表现为边滩冲刷,深槽淤积的演变规律。2010年与1978年相比较,徐六泾断面表现为右岸边滩冲刷,深槽淤积,左岸边滩淤积的演变规律。两侧边滩的冲淤特性不同,体现了徐六泾区段主流摆动特点,随着徐六泾节点控制作用的逐渐加强,徐六泾区段主流和深泓摆向右岸,水流顶冲白茆沙南水道,使得南水道发展而北水道萎缩。

白茆沙头部断面变化特征(图5.1-8):1978—1984年期间,白茆沙南水道深槽冲刷,边滩冲淤交替变化,北水道深槽冲刷;1984—2010年期间白茆沙南水道深槽淤积,而白茆沙滩体南侧1984—2002年期间表现为淤积趋势,此时期白茆沙滩体快速发展时期,2002—2010年期间白茆沙滩体南侧为冲刷趋势;1978—

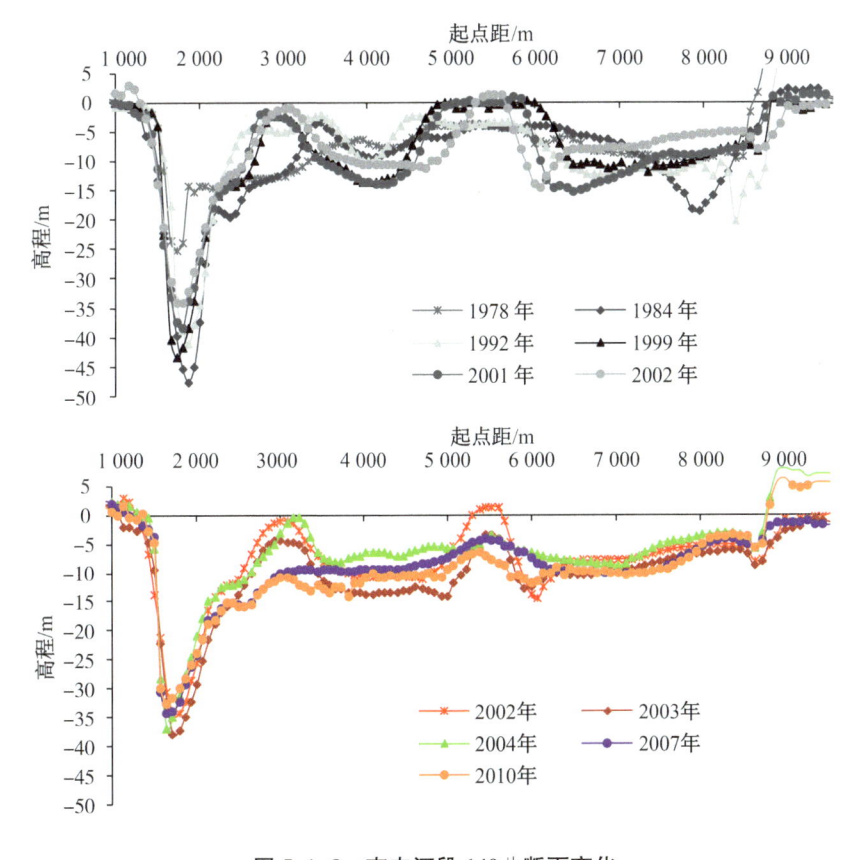

图5.1-8 南支河段140#断面变化

1984年期间,白茆沙北水道深槽为冲刷趋势,1984—1992年期间深槽位置向左岸偏转,1992—2002年期间为右岸边滩侵蚀,深槽淤积趋势,2002—2010年期间深槽为冲刷趋势,左岸边滩冲淤变化不大;1978—2010年期间,白茆沙滩体北侧整体为冲刷态势。

白茆沙滩体中部断面的变化特征(图5.1-9):1978—2002年期间,白茆沙南水道深槽为淤积趋势,2002—2010年期间深槽变化不大,1978—2004年北水道深槽为冲刷趋势,2004—2010年期间为淤积趋势;1978—2002年期间,白茆沙滩体为淤涨趋势,2002—2010年期间变化不大;1978—1999年期间,白茆沙滩体南侧为淤涨趋势,1999—2010年期间为冲刷趋势,1978—2010年期间滩体北侧为淤涨趋势,但2002—2010年期间变幅较小。

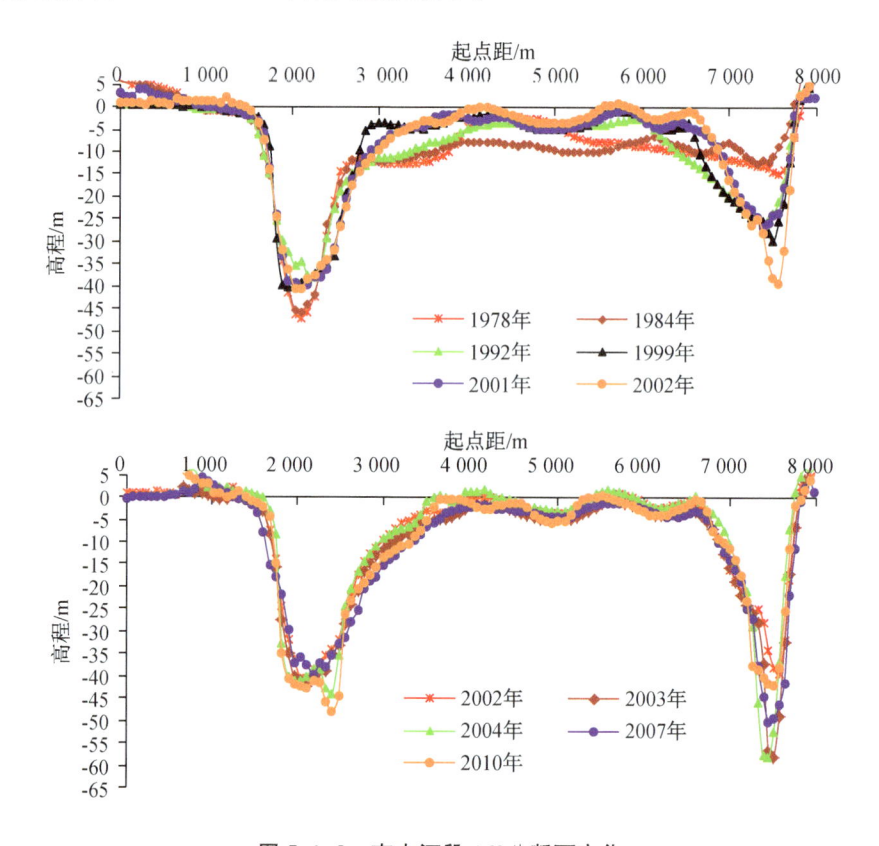

图5.1-9 南支河段160#断面变化

白茆沙滩体尾部断面的变化特征(图5.1-10):1978—1984年期间,白茆沙南水道深槽为冲刷趋势,1984—2001期间为淤积趋势,2001—2010年期间为冲刷趋势;1978—1999年期间,白茆沙北水道为冲刷趋势,1999—2001年期间为淤积趋势,2001—2010年期间为冲刷趋势;1978—2001年期间白茆沙滩体为淤涨,2001—2010年期间为冲刷趋势,1978—1984年期间滩体南侧大幅淤积,1984—1999年期间转为冲刷,1999—2010年期间为持续冲刷态势,而北侧1978—2002年期间为淤积,2002—2010年期间为冲刷态势。

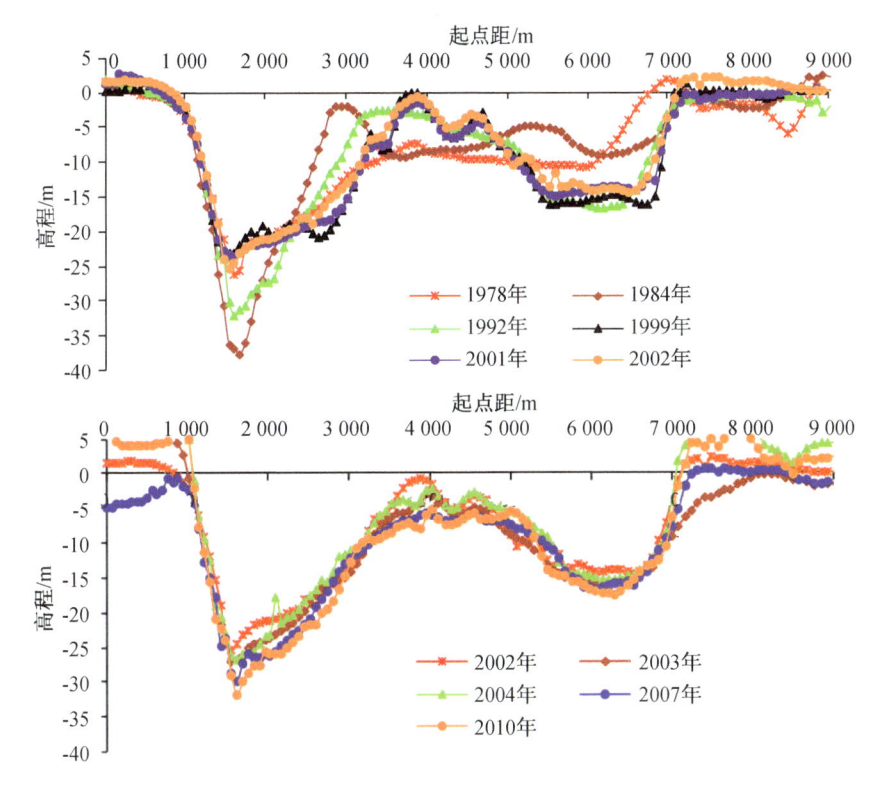

图5.1-10 南支河段190#断面变化

南支主槽断面的变化特征(图5.1-11):1978—1992年期间,南支主槽深槽为冲刷趋势,1992—2004年期间转为淤积态势,2004—2010年期间又转为冲刷态势;1978—2010年期间,北侧的新桥水道为冲刷趋势,深槽位置变窄且向右岸移动;1978—2010年期间,扁担沙滩体南侧维持冲刷趋势,北侧淤积,滩体向左岸移动挤压新桥水道。

南支主槽中段断面的变化特征(图5.1-12):1978—2001年期间,南支主槽深槽为冲刷趋势,2001—2003年期间深槽变化不大,2003—2010年期间转为淤积态势;1978—1992年期间新桥水道深槽淤积,1992—2003年期间略有冲刷,

2003—2004年期间转为淤积态势,2004—2010年期间为冲刷态势。1978—1999年期间,扁担沙滩体南侧为淤积趋势,1999—2010年期间为冲刷趋势,扁担沙滩体北侧变化较为复杂,经历了侵蚀—淤涨—侵蚀的过程,但变化幅度较小。

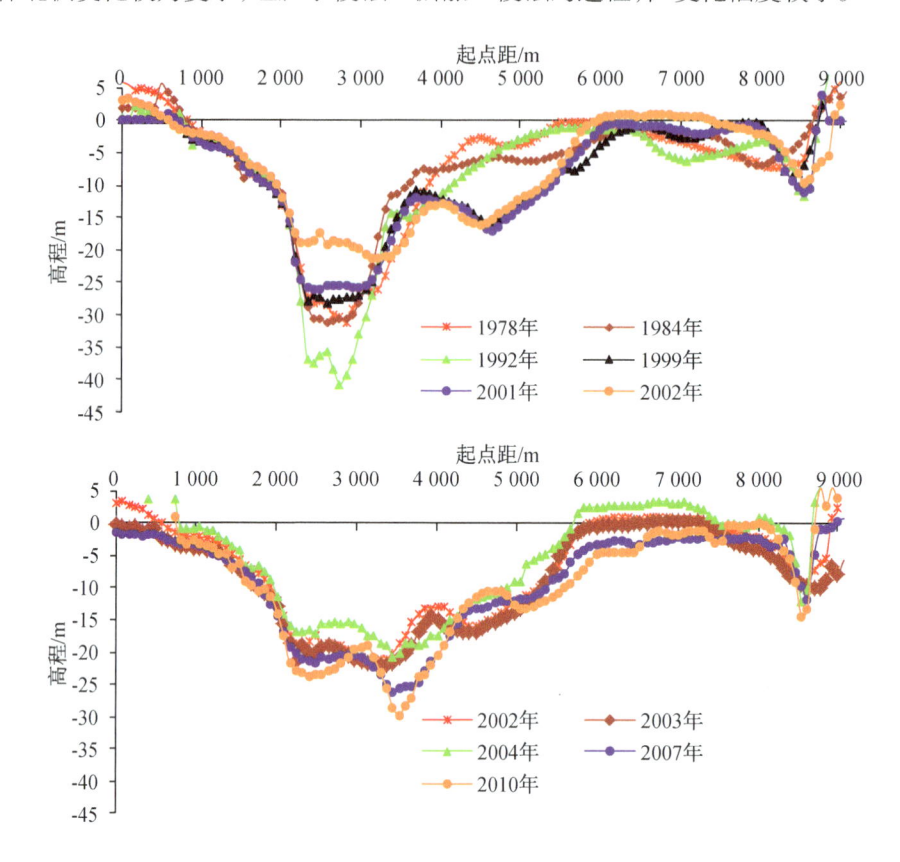

图 5.1-11 南支河段 250♯断面变化

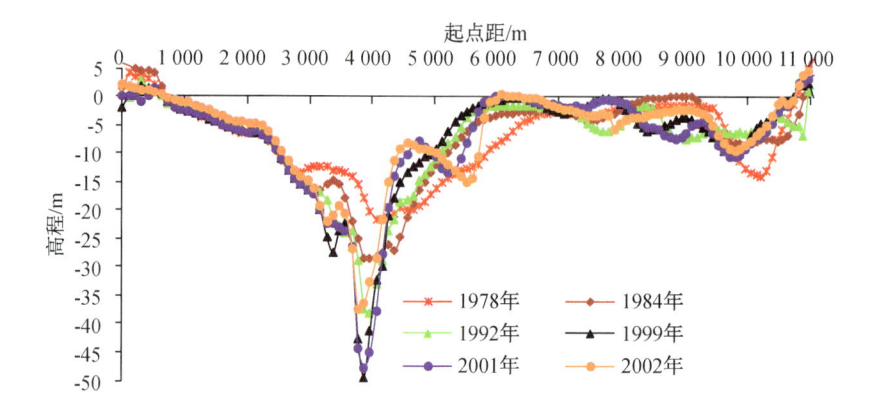

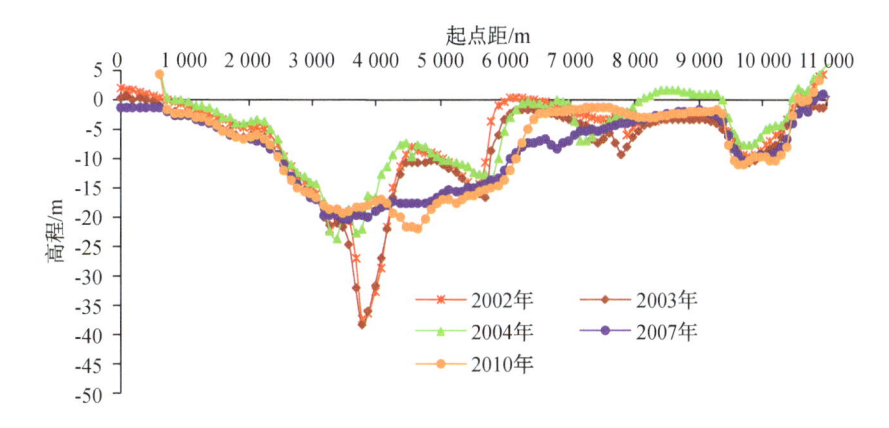

图 5.1-12 南支河段 300♯ 断面变化

南支主槽下段断面的变化特征(图 5.1-13):1984—2010 年期间,南支主槽深槽为冲刷态势,且深泓向右岸摆动;1984—2002 年期间,新桥水道深槽淤积趋势,2002—2007 年期间为冲刷趋势,但深泓右摆;1984—2002 年期间,扁担沙为淤涨趋

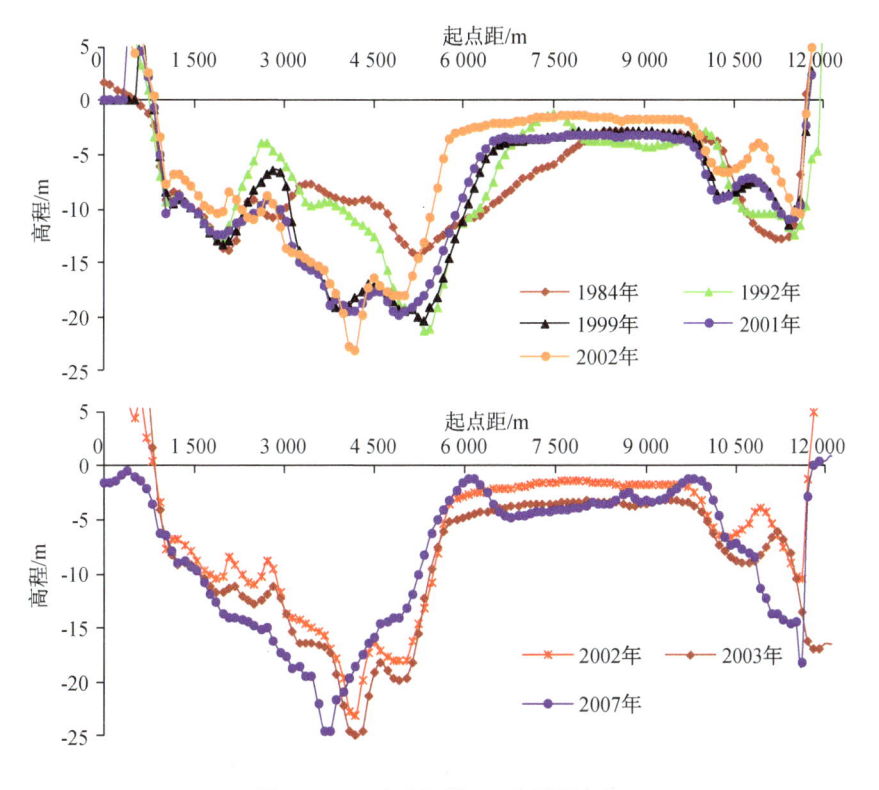

图 5.1-13 南支河段 350♯ 断面变化

势,2002—2007 年期间为冲刷趋势;1984—2007 年期间扁担沙滩体南侧为淤积趋势,1984—2001 年期间扁担沙北侧为冲刷趋势,2001—2007 年期间为淤涨趋势。

5.1.6 长江河口南支河段演变趋势分析

长江口南支河段的白茆沙、新浏河沙、新浏河沙沙包、中央沙沙头上部为冲刷下移,除白茆沙沙尾均为淤积下延。白茆沙沙尾在大洪水时期的 1992—1998 年和枯水期的 2004—2007 年为冲刷上提态势,洪水期大水漫滩使得白茆沙滩面冲刷,滩体面积为减少态势且尾部冲刷,而枯水期潮流水动力相对增强,溯源冲刷作用占优势;从 2004 年和 2007 年沙尾部均有涨潮槽发育可以证实,其余年份均为尾部略有淤积下延态势。扁担沙上半段为冲刷向左岸移动,下半段淤积下延。综上分析认为,长江口南支河段沙洲演变的基本遵循"洲头冲刷下移,洲尾淤积下延",即边滩为上段冲刷后退,下段淤积下延的演变特征。

长江口南支河段深槽和边滩的变化可知,南侧主槽深泓摆动不大时,边滩较为稳定,其中徐六泾断面和南支下段断面深泓向右岸摆动时期,其右岸边滩出现一定冲刷,其余时期均较为稳定。南支南侧主槽在 2002 年之后为深槽淤积态势,相应的江心洲南侧一定程度冲刷,河道形态逐渐宽浅。2002 年以来,白茆沙北水道进口和出口断面为冲刷趋势,中段为淤积态势,白茆沙北侧－5 m 线向北移动并挤压北水道;2000—2010 年期间,白茆沙南水道分流比为增加趋势,加快了北水道的萎缩(图 5.1-14)。同时,北支河段倒灌泥沙淤积在南北支分汊口附

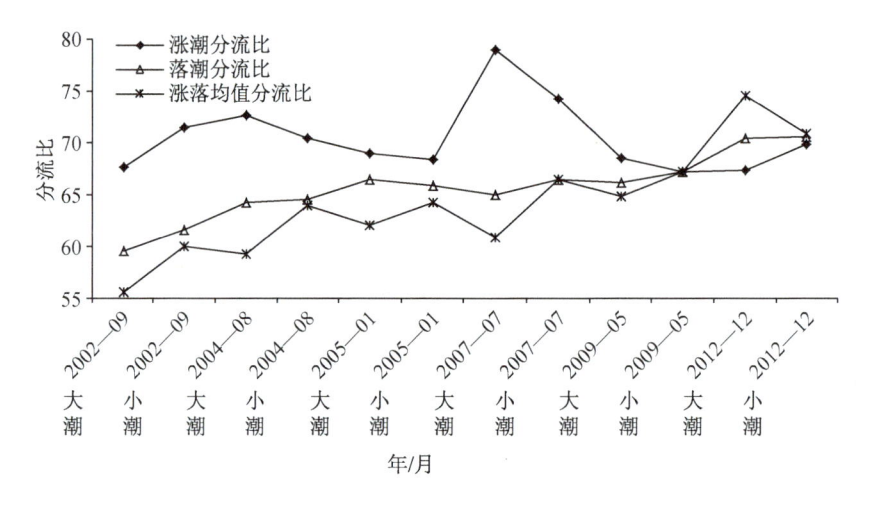

图 5.1-14　长江口南支河段白茆沙南水道分流比变化

近,不利于白茆沙北水道冲刷发展。2002年以来,长江口南支河段主槽为淤积态势,扁担沙上半段为冲刷态势,南支主槽下段深槽向右岸摆动,扁担沙下半段为淤积,右岸边滩冲刷。综上分析认为,长江口南支河段主汊和主槽基本遵循"深槽淤积,边滩冲刷"的演变特征。

三峡水库蓄水运用后,流域入海流量过程年内调平,洪峰流量大幅削减,中枯水流量持续天数延长,与此同时长江入海泥沙量呈现大幅减少态势。统计1978—2010年长江河口白茆沙水道河槽容积变化(图 5.1-15)可知河槽容积增加为冲刷趋势,但演变规律为"深槽淤积,滩体冲刷",即洲滩和边滩冲刷体积大于深槽淤积体积。南支主槽经历了边滩淤积转为侵蚀的演变过程,深槽则为淤涨淤积转为侵蚀,整体上时段内的淤积集中于-15 m等深区域(图5.1-16)。综

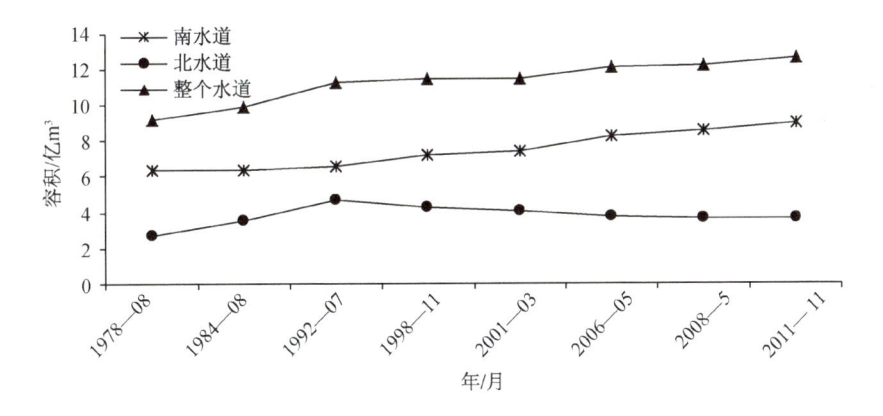

图 5.1-15 白茆沙水道河槽容积变化

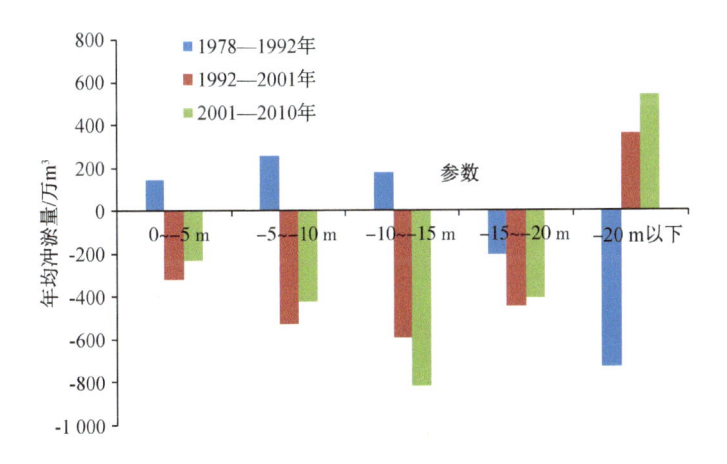

图 5.1-16 长江口南支主槽冲淤变化

上分析认为,长江口经历了"滩体冲刷,深槽淤积,河槽分化"的演变发展阶段。

长江口南支河段沙洲活动性较强,表现为洲头(上部)冲刷下移,洲尾(下部)淤积下移,不利于河势条件的稳定。三峡水库蓄水运用后,南支河段悬沙浓度减小,加剧了洲头冲刷,因此洲头应采取工程措施以保持形态的稳定。

5.2 长江口南港、北港地貌系统变化及成因

收集1997年、2002年和2007年长江口南支河段下段南港、北港、南槽和北槽的地貌变化数据,分析地貌变化对流域水、沙通量的响应关系。断面选取见图5.2-1。

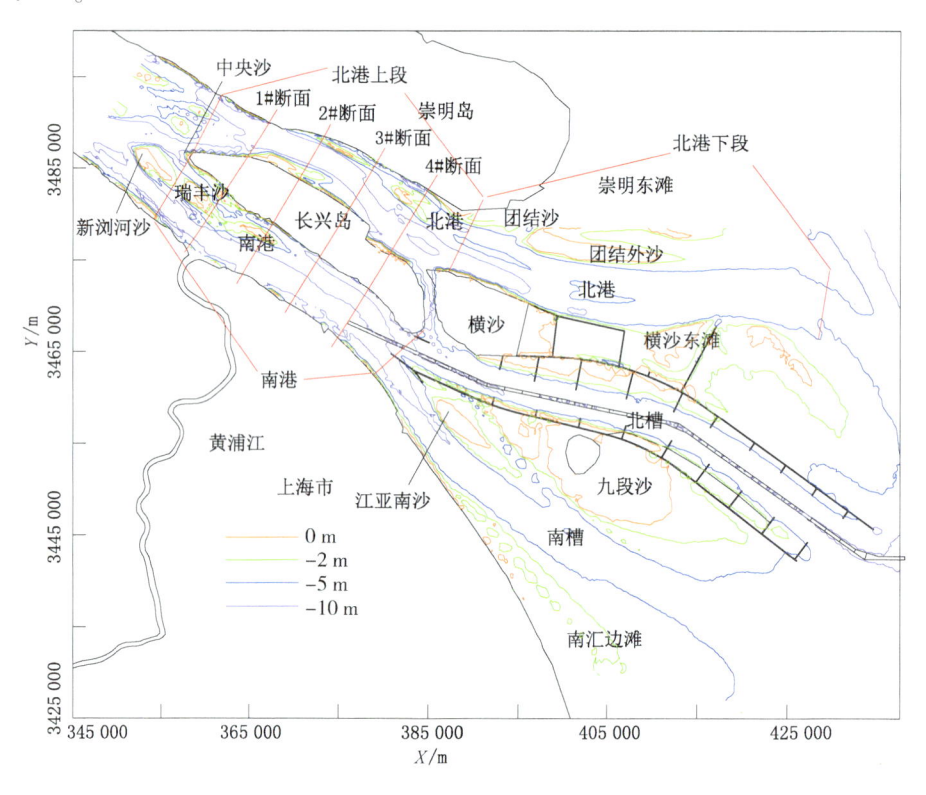

图 5.2-1 长江口南支下段研究区域

5.2.1 长江河口南支下段不同等深线变化特征

1997—2002—2007年期间-2 m等深线以浅滩体的变化特征(图5.2-2):

新浏河沙沙洲为"洲头冲刷,洲尾淤积"的演变特征,中央沙继续保持着洲头冲刷趋势;瑞丰沙沙头冲刷,沙尾上提的演变规律;南汇边滩为上半段冲刷,下半段淤积的演变特征;江亚南沙表现为"沙头冲刷下移,沙尾淤积下延"的演变特征;九段沙横向上近南槽一侧为冲刷,近北槽一侧为淤涨,纵向上沙尾淤积下延,沙头向上淤积。横沙东滩纵向上沙尾淤积下延,横向上近北槽一侧淤积,北港一侧为冲刷趋势;团结外沙向崇明东滩一侧冲刷。其中九段沙沙头表现为淤积上延,主要是这期间北槽实施深水航道工程,近口段分流导堤的实施,引起局部淤积所致。

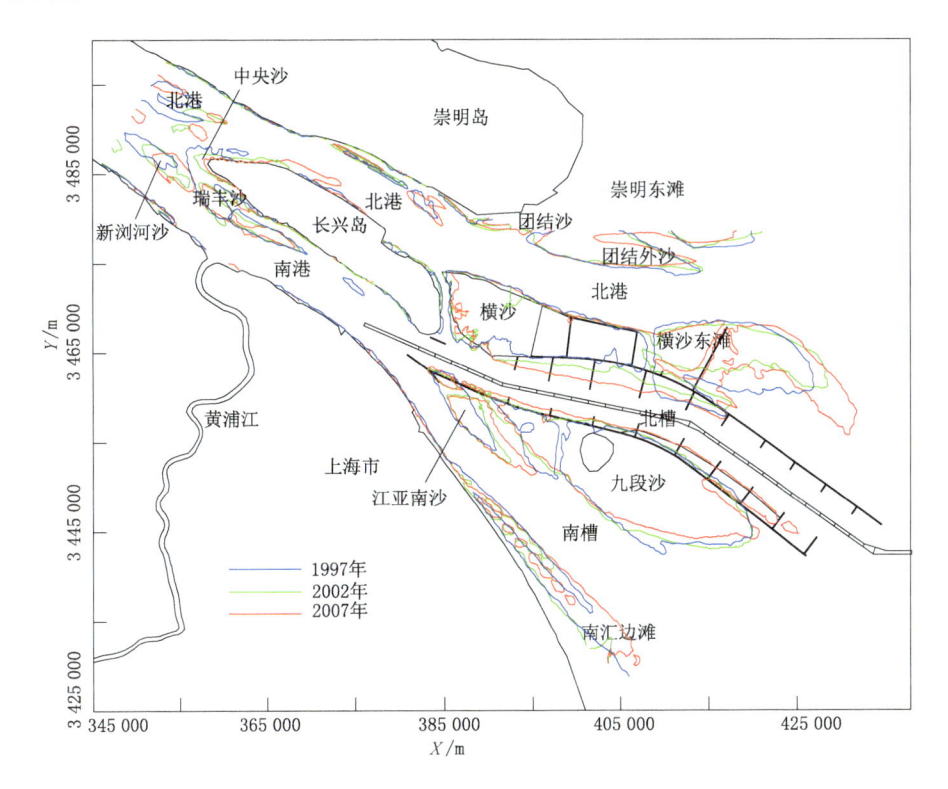

图 5.2-2　长江口南支下段-2 m 等深线变化

1997—2002—2007 年两个时段-5 m 等深线以浅滩体的变化特征(图 5.2-3):新浏河沙沙洲为"洲头冲刷,洲尾淤积"的演变规律;中央沙为冲刷后退,且 2007 年-5 m 等深线与新浏河沙相连;瑞丰沙-5 m 等深线以浅面积和体积均为减小趋势(表 5.2-1),-5 m 等深线和中央沙相连,且尾部冲刷上溯,主要是南港南小泓涨潮槽发育,潮汐动力的溯源冲刷引起。南汇边滩上半段为冲刷,下半段呈现淤积趋势;江亚南沙-5 m 等深线与九段沙相连,窜沟不断下移,2007年基本消失,九段沙横向上南槽一侧冲刷,近北槽一侧淤积,纵向上沙尾略有冲刷,幅度较小;横沙东滩横向上近北槽一侧为淤积趋势,北港侧上半段为侵蚀,下半段呈现先侵蚀后淤积,1997—2007年整体表现为略有侵蚀态势,纵向上表现为向海淤积态势;1997—2007年期间,团结外沙上段冲刷,下段淤积的演变特征。

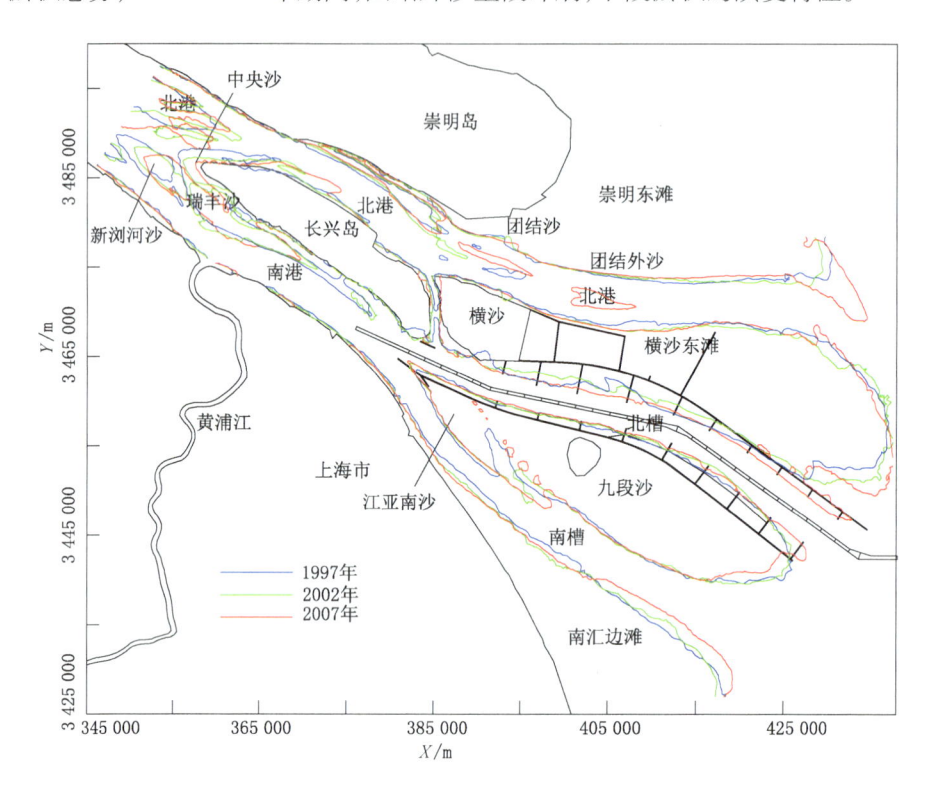

图 5.2-3　长江口南支下段-5 m 等深线变化

表 5.2-1　瑞丰沙-5 m 以浅滩体特征变化

年份	1997 年	2002 年	2007 年
体积/亿 m³	1.28	1.16	0.79
面积/km²	37.02	33.42	24.79

1997—2002—2007年两个时段-8.5 m 等深线的变化特征(图5.2-4):南港进口—吴淞口-8.5 m 等深线河槽束窄,吴淞口—南港出口-8.5 m 等深线河槽展宽,在南港形成南小泓并逐渐扩展趋势;北港上段河槽-8.5 m 等深线北

移,宽度变化不大;北港下段等深线冲刷下移趋势,横沙窜沟1997年－8.5 m等深线未贯通,2002年和2007年为贯通态势;南槽－8.5 m等深线冲刷下移,宽度略有增加;1997年北槽－8.5 m等深线上段未贯通,中段存在部分深槽,2002年深槽基本贯通,2007年为全线贯通。

1997—2002—2007年3个时段－10 m等深线的变化特征:南槽－10 m等深线冲刷下移,北槽－10 m等深线未完全贯通(图5.2-5)。

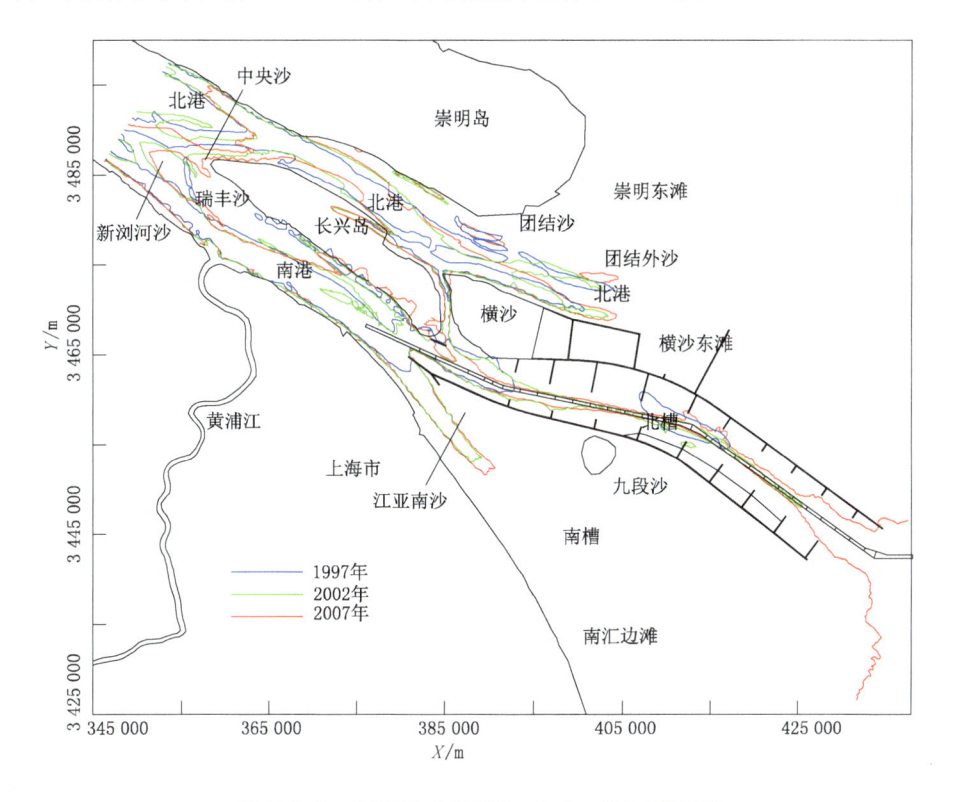

图 5.2-4　长江口南支下段－8.5 m等深线变化

5.2.2　长江口南港和北港典型断面变化

南港和北港选取4个断面,断面位置见图5.2-1。

1#断面位于南北港的进口:1997—2002—2007年南港深泓和边滩变化不大,断面形态较为稳定;1997—2002年瑞丰沙头部横向上淤涨,2002—2007年为冲刷态势;北港左岸边滩稳定,深槽变化不大,1997—2002年长兴岛北侧边滩淤涨,2007年由于青草沙水库修建,圈围工程实施等引起的大幅淤积所致(图5.2-6)。

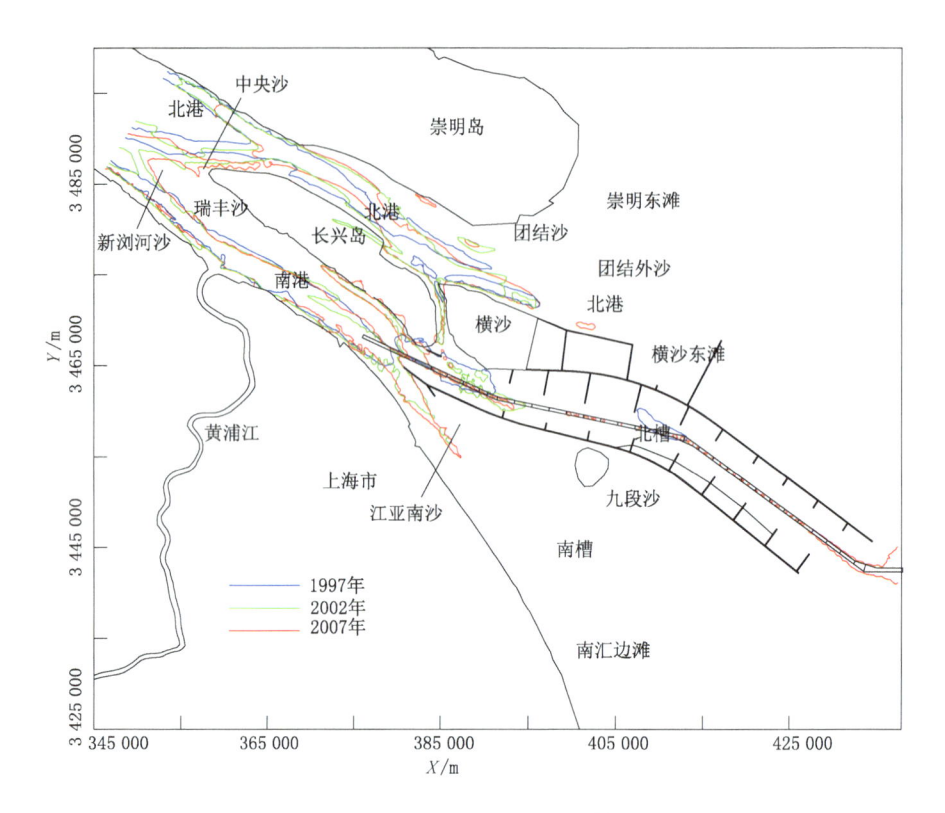

图 5.2-5 长江口南支下段-10 m 等深线变化

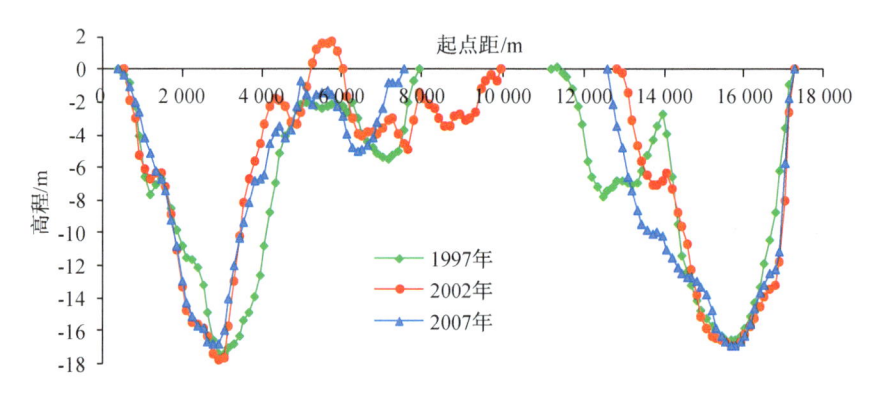

图 5.2-6 1#断面变化

2#断面位于南港和北港中上段:1997—2002—2007 年期间,南港右岸边滩淤积,深泓冲刷趋势;1997—2002 年期间,长兴岛南侧瑞丰沙发育在瑞丰沙和长兴岛之间形成南港南小泓,河槽维持在-8 m左右。长兴岛北侧由于青草沙水库圈围工程引起一定淤积,北港深泓线向左岸偏移,北港北侧的堡镇沙发育形成沙脊,并与左岸形成夹槽(图5.2-7)。

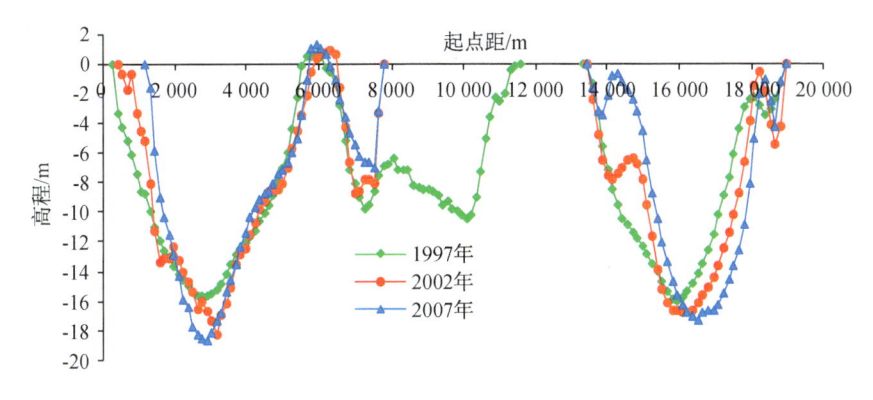

图 5.2-7　2♯断面变化

3♯断面位于南港和北港中下段:南港深泓略有淤浅,长兴岛南侧淤涨,瑞丰沙尾部冲刷;1997—2002年期间,长兴岛南侧由于流域大洪水作用,出现了切滩现象,南小泓宽度增加,其后的2007年较为稳定。北港深槽为冲刷趋势,北港北侧堡镇沙沙脊冲刷向北移动,夹槽宽度变小(图5.2-8)。

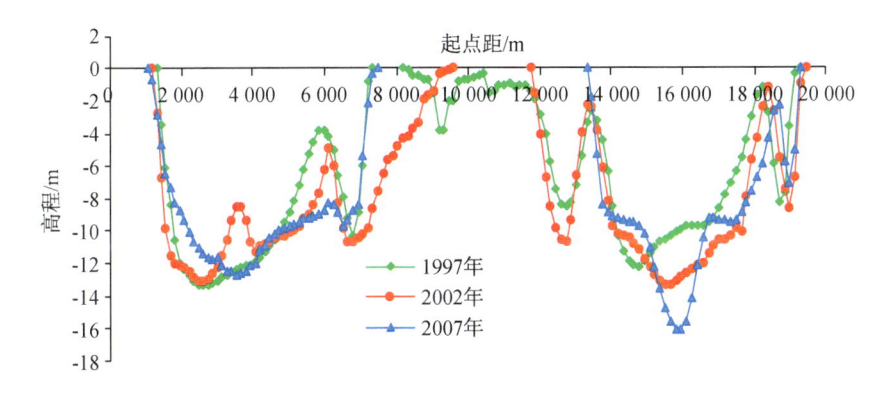

图 5.2-8　3♯断面变化

4♯断面位于南港和北港中下段:1997—2002—2007年期间,南港深槽淤浅趋势,瑞丰沙沙脊先淤涨后侵蚀,南港南小泓先冲刷,2007年淤积,同时长兴岛南侧滩体先冲刷后淤涨。北港下段深槽略有冲刷,堡镇沙南侧略有冲刷,北侧淤积趋势,夹槽冲深发展(图5.2-9)。

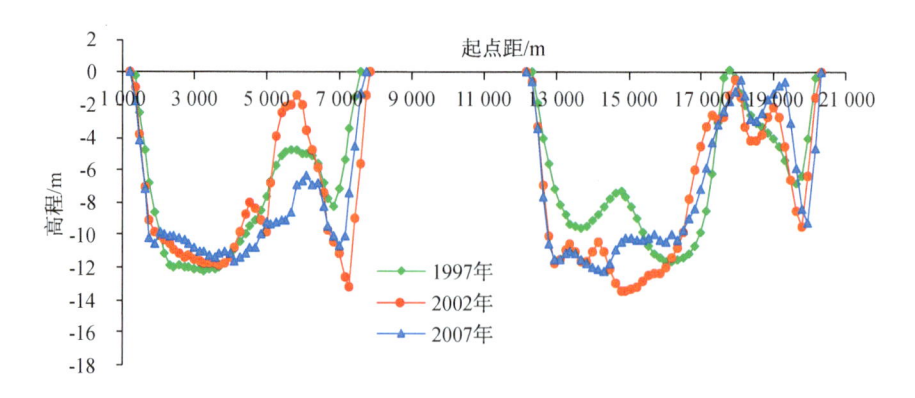

图 5.2-9 4#断面变化

5.2.3 长江口南港和北港地貌变化趋势分析

统计1997—2007年南港和北港河槽容积变化(表5.2-2和表5.2-3),北港不同等深线下河槽容积变化特征:北港上段和下段0 m等深线线以下河槽两时段均为冲刷趋势;北港上段0～−5 m等深线线之间河槽两时段均为淤积,而北港下段在1997—2002年期间为淤积,2002—2007年为冲刷;北港上段−5～−10 m等深线线之间河槽在两时段均为冲刷,北港下段在1997—2002年期间为淤积,2002—2007年期间为冲刷趋势;北港上段−10 m以下河槽先冲刷后淤积,而北港下段两时段均为冲刷。1997—2007年期间的整体演变而言,河槽均为冲刷趋势,北港上段0 m以下河槽冲刷量为1.028亿 m³,北港下段0 m线以下河槽冲刷量为0.496亿 m³,整体冲刷量为1.524亿 m³。北港上段−5 m以下河槽1997—2002年容积冲刷速率为−0.115亿 m³/a,2002—2007年冲刷速率为−0.008 5亿 m³/a,冲刷速率降低。

表5.2-2 北港上段冲淤变化特征

时间段	冲淤量/亿 m³				冲淤速率/(亿 m³/a)			
	0 m 以下	0～ −5 m	−5～ −10 m	−10 m 以下	0 m 以下	0～ −5 m	−5～ −10 m	−10 m 以下
1997—2002	−0.949	0.201	−0.231	−0.918	−0.190	0.040	−0.046	−0.184
2002—2007	−0.079	0.008	−0.167	0.081	−0.016	0.002	−0.033	0.016

注:负值为冲刷;正值为淤积。

表 5.2-3 北港下段冲淤变化特征

时间段	冲淤量(亿 m³)				冲淤速率(亿 m³/a)			
	0 m 以下	0~−5 m	−5~−10 m	−10 m 以下	0 m 以下	0~−5 m	−5~−10 m	−10 m 以下
1997—2002	−0.227	−0.399	0.264	−0.091	−0.045	−0.080	0.053	−0.018
2002—2007	−0.269	0.058	−0.282	−0.045	−0.054	−0.012	−0.056	−0.009

注:负值为冲刷;正值为淤积。

1997—2002—2007 年长江口南港−5 m 等深线以下河槽容积增加,1997—2002 年冲刷量为 0.27 亿 m³,面积增加为 5.5 km²。长江口南港河段 1997—2002 年河槽容积的冲刷速率为−0.054 亿 m³/a,2002—2007 年体积冲淤速率为−0.018 亿 m³/a。冲刷速率降低(表 5.2-4)。

表 5.2-4 南港河槽−5 m 以下容积和面积变化

时间	南港主槽		长兴水道		合计	
	容积/亿 m³	面积/km²	容积/亿 m³	面积/km²	容积/亿 m³	面积/km²
1997 年	6.76	111.0	1.27	28.0	8.03	139.0
2002 年	7.00	114.3	1.30	30.2	8.30	144.5
2007 年	7.20	118.8	1.19	30.3	8.39	149.1

将南港和北港上段整体考虑,1997—2002 年期间冲刷速率为−0.284 亿 m³/a,2002—2007 年期间冲刷速率为−0.035 2 亿 m³/a。长江流域入海泥沙量 2002—2007 年小于 1997—2002 年期间,而长江口南港和北港整体冲刷速率为 2002—2007 年小于 1997—2002 年期间。出现这一现象的原因:1997—2002 年期间经历了 1998 年和 1999 年长江流域大洪水,流域入海径流量显著增加,超过长江口造床流量 60 000 m³/s 天数明显增加,河口造床作用明显。

1997—2002 年期间,长江口南支河段沙洲均为明显的下移态势,沙洲面积整体也为减小态势;由于大洪水作用,底沙以沙波形式被携带至口外区域,使得 1997—2002 年期间北港下段−5 m 等深线以下的淤积速率为 0.046 亿 m³/a,2002—2007 年期间冲刷速率为−0.065 亿 m³/a;1997—2002 年期间大洪水时期携带的底沙输运至北港下段沉积量大于了泥沙锐减引起的侵蚀量,河床表现为淤积态势;2002—2007 年期间,流域入海大洪水在大幅削减,底沙携带量相对减小,输运至口外区域的泥沙量也较少,即泥沙锐减引起的冲刷量大于部分底沙输运引起的落淤量,即表现为冲刷。三峡水库蓄水后,洪峰流量被大幅削减,流域入海流量过程年内更加平缓,底沙输运量减小,有利于南港和北港深槽稳定与航道水深维持。

5.3 长江口前缘潮滩地貌变化过程及成因

5.3.1 研究区域及数据来源

研究选取长江河口南汇边滩、九段沙与江亚南沙、横沙浅滩和东滩3个前缘典型沙洲。典型断面选取见图5.3-1所示,分析滩体前缘向海侧纵深变化趋势和特征。

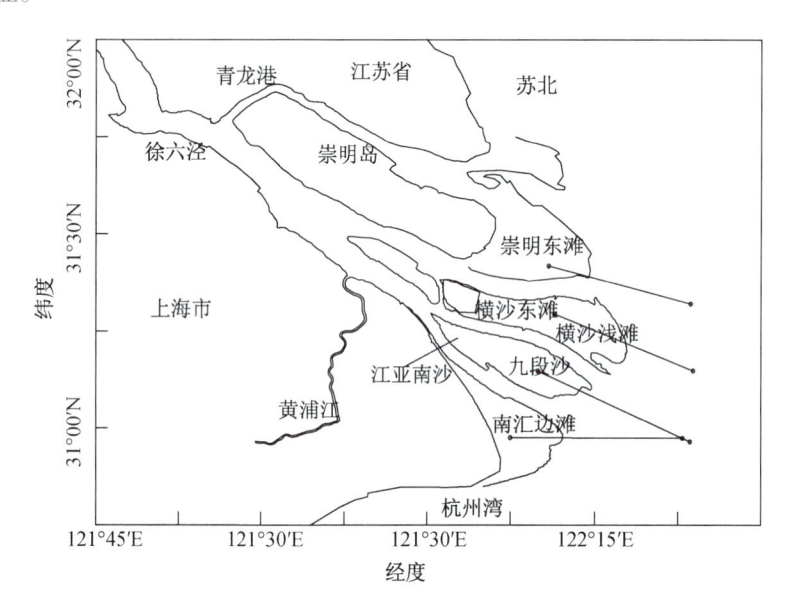

图 5.3-1 长江口前缘潮滩位置及断面

数据来源:1958年、1985年、1989年数据来自南京师范大学地球系统科学数据共享平台,基准面为理论最低潮面;1997年、2000年、2004年、2007年和2009年数据为长江航道局和上海河口海岸科学研究中心提供的实测地形数据。

5.3.2 长江河口前缘潮滩地貌变化过程

统计南汇边滩、九段沙和江亚南沙、横沙东滩和浅滩3个沙洲−5 m等深线以浅面积变化(图5.3-2),计算各年份面积变化数值见表5.3-1。1958—1989

年期间，南汇边滩为淤涨趋势，1989—2004 年期间冲刷且面积减小，2004—2007 年期间转为略有增长，2007—2009 年期间略有冲刷。1958—2000 年期间九段沙和江亚南沙面积为增加态势，2000—2007 年期间为略有冲刷，2007—2009 年期间转为淤涨态势。1958—1985 年期间，横沙东滩和浅滩面积为增加趋势，1989—1997 年期间为减小趋势，1997—2004 年期间面积略有增加趋势，2004—2009 年期间为减少趋势。

长江口前缘 3 个沙洲的变化趋势并不一致，主要为不同入海汊道分流分沙存在差异，其对周围沙洲演变的影响程度不同。就沙洲整体而言(表 5.3-1)，1958—1989 年期间沙洲面积逐渐增加，该时期流域入海沙量较大，对应的年均输沙量为 4.58×10^8 t/a。1989—1997 年期间表现为侵蚀，对应的流域入海沙量年均值为 3.39×10^8 t/a。1997—2000 年期间沙洲面积略有淤涨，流域入海沙量年均值为 3.52×10^8 t/a。2000—2007 年期间沙洲面积为减小态势，流域入海沙量年均值为 2.10×10^8 t/a，入海沙量大幅减少使得沙洲表现为侵蚀态势。1958—2009 年期间，横沙东滩和浅滩、九段沙和江亚南沙表现为淤涨态势，南汇边滩表现为侵蚀。1958—1989 年期间，3 个沙洲整体的面积为淤涨，1989—2000 年期间表现为冲刷和淤涨交替变化，自 2000 年起长江河口前缘潮滩表现为侵蚀态势。

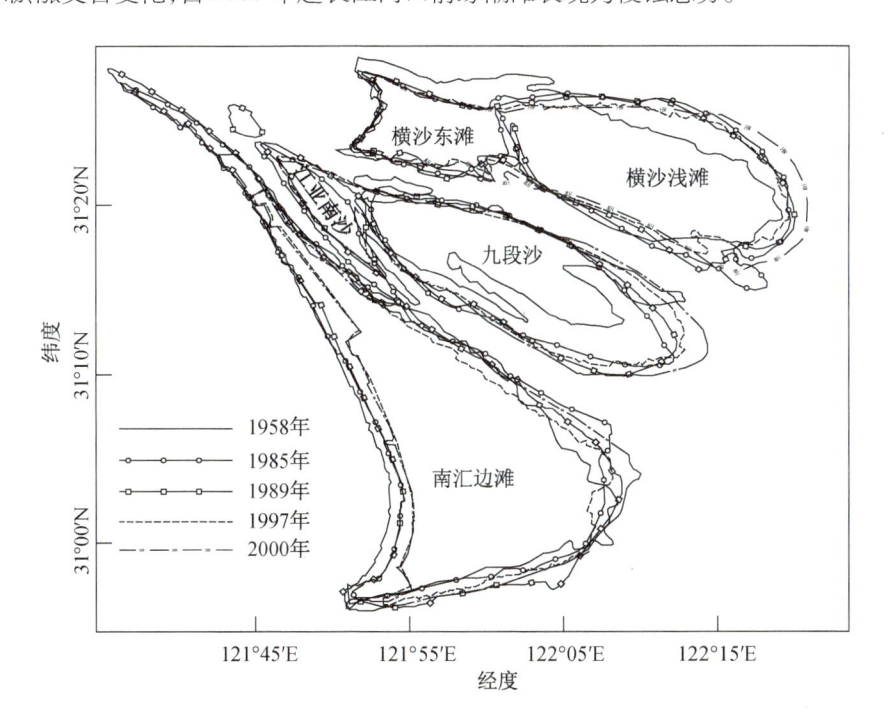

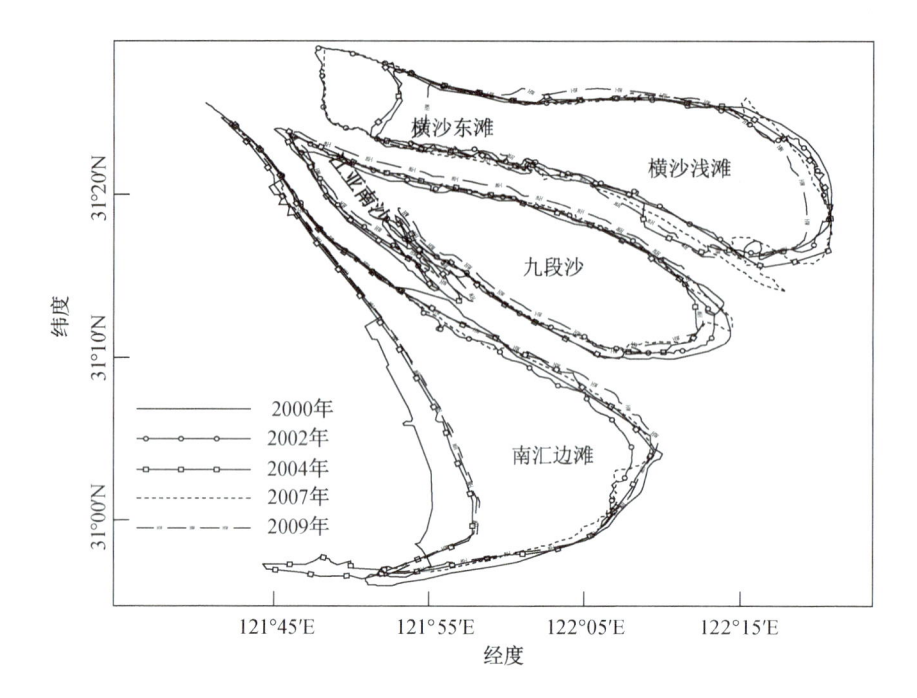

图 5.3-2　1958—2009 年沙洲面积变化

表 5.3-1　长江河口前缘沙洲面积统计　　　　　　　　　　　（单位：km²）

年份	1958	1985	1989	1997	2000	2004	2007	2009
横沙东滩和浅滩	413.8	488.0	461.8	441.0	472.6	487.4	474.6	466.0
九段沙和江亚南沙	208.0	297.5	316.9	388.5	419.6	411.3	402.9	421.0
南汇边滩	608.0	639.5	660.6	596.6	537.8	529.3	541.0	521.0
沙洲面积合计	1 229.8	1 425.0	1 439.3	1 426.1	1 430.0	1 428.0	1 418.5	1 408.0

5.3.3　长江河口前缘潮滩纵深变化特征及趋势

选取 1958—2007 年崇明东滩纵深线（图 5.3-3），断面选取起点坐标为 122.112 8°E，31.417 5°N，终点坐标为 122.537 3°E，31.319 2°N。分析表明：1958—1977 年期间整体为淤涨态势；1977—1984 年期间上段淤涨，下段冲淤交替，处于平衡状态；1984—1998 年整体为侵蚀态势；1998—2000 年期间−5 m～−15 m 区域淤涨较快，其上段冲淤交替，下段为侵蚀后退；2000—2004 年期间上段淤涨，下段冲刷态势；2004—2007 年期间上段淤积，下段冲刷态势。

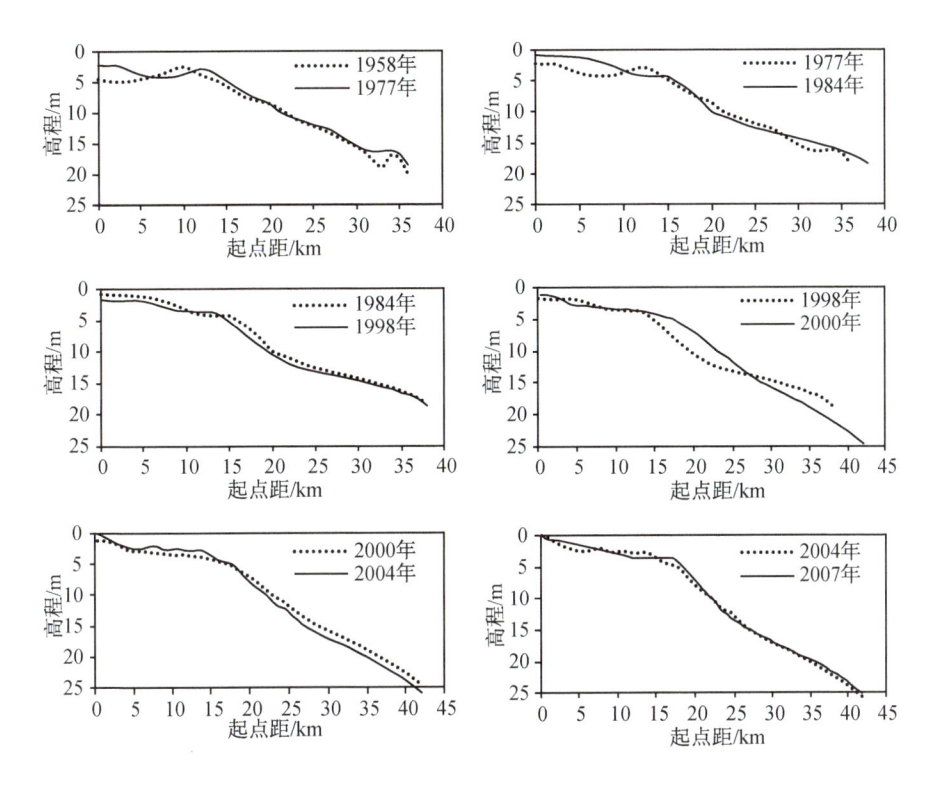

图 5.3-3 崇明东滩纵深线变化

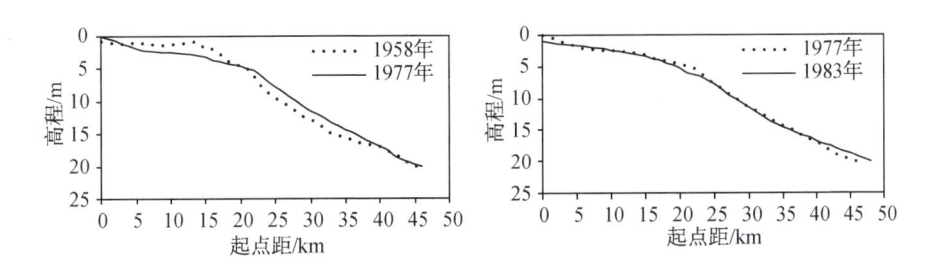

选取 1958—2007 年横沙东滩纵深线(图 5.3-4),断面选取起点坐标为 122.130 0°E,31.293 7°N,终点坐标为 122.544 4°E,31.147 9°N。分析表明: 1958—1977 年期间上段侵蚀,下段淤涨;1977—1983 年期间冲淤不大,维持平衡状态;1983—1998 年期间整体为淤涨态势;1998—2000 年期间上段冲淤变化不大,下段为大幅的淤积;2000—2004 年期间上段淤积,下段为侵蚀态势;2004—2007 年期间上段变化不大,下段为冲刷态势。

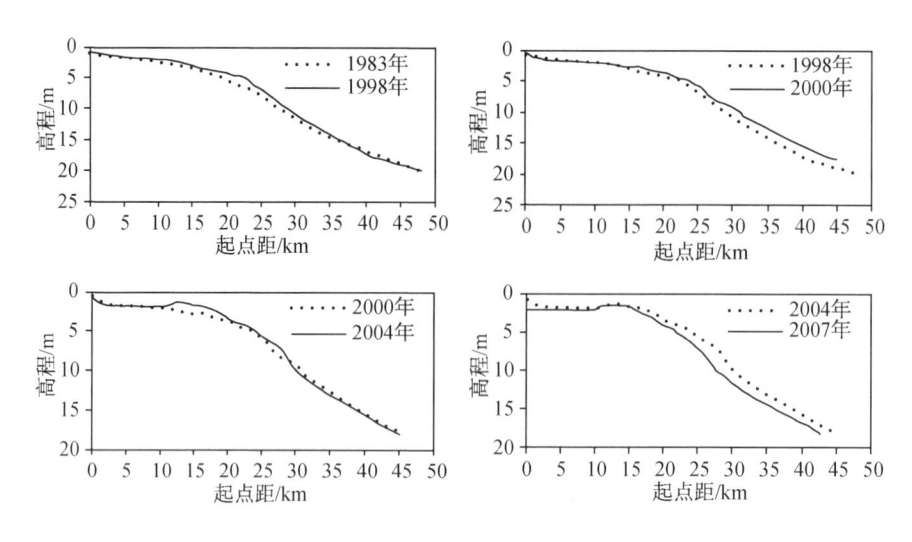

图 5.3-4 横沙东滩纵深线变化

选取 1958—2007 年九段沙纵深线(图 5.3-5),断面选取起点坐标为 122.080 9°E,31.147 1°N,终点坐标为 122.535 3°E,30.964 7°N。结果表明:1958—1978 年期间为大幅的淤积态势;1978—1998 年上段略有淤积,下段略有冲刷,整体处于冲淤平衡状态;1998—2000 年期间整体为大幅的淤积;2000—2004 年上段淤积,下段为侵蚀状态;2004—2007 年期间为冲刷态势。

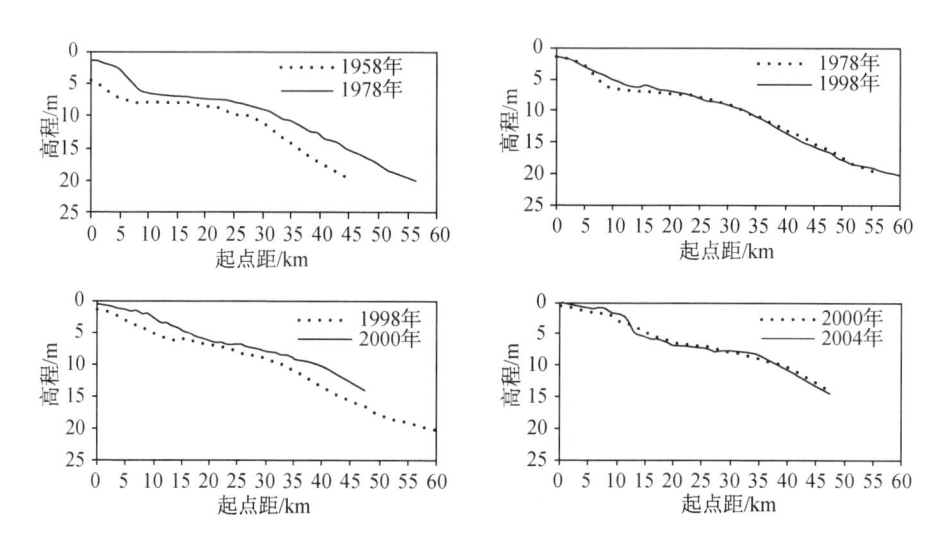

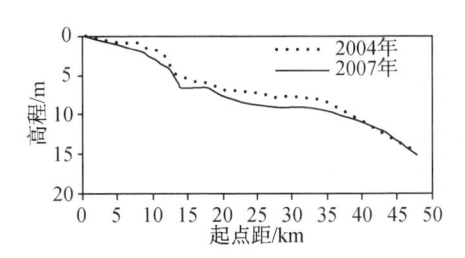

第 5 章　长江口地貌演变与入海水沙条件通量响应关系

图 5.3-5　长江口九段沙纵深线变化

选取 1958—2007 年南汇边滩纵深线(图 5.3-6)，断面选取起点坐标为 122.000 0°E,30.975 1°N,终点坐标为 122.513 1°E,30.972 8°N。结果表明：1958—1985 年期间整体为大幅度淤涨；1985—1989 年期间冲淤变化不大，整体处于平衡状态；1989—1997 年期间上段冲淤变化不大，下段为侵蚀态势；1997—2000 年期间整体为上段冲刷，下段淤积态势；2000—2004 年期间为上段淤积，下段冲刷态势；2004—2007 年期间表现为上段和下段冲淤变化不大，维持稳定。

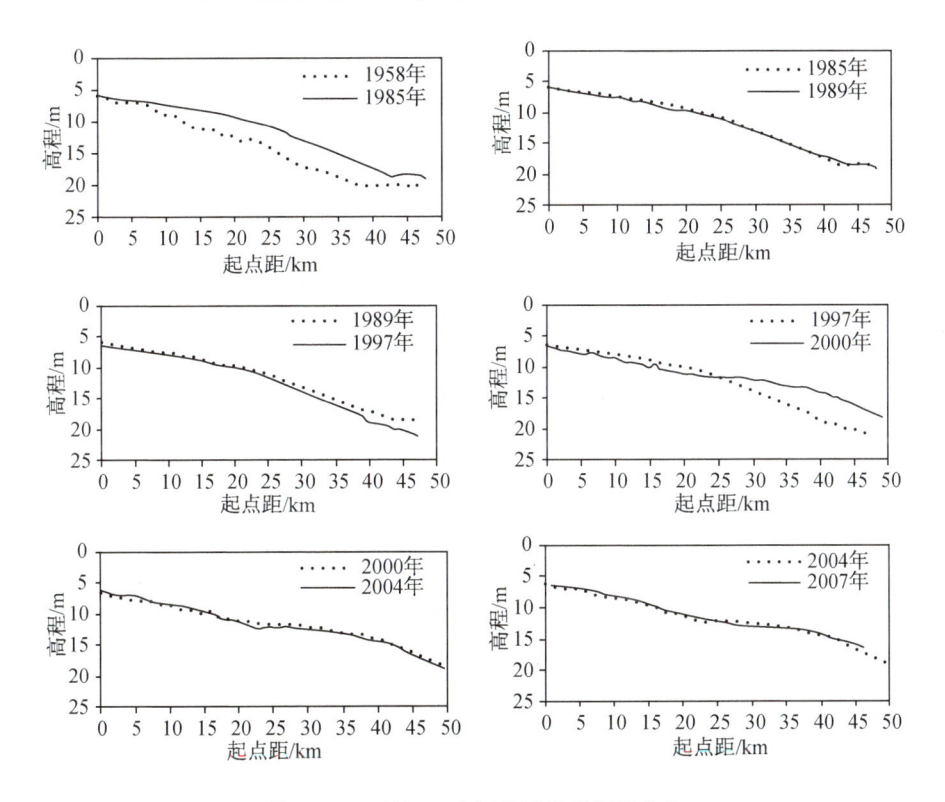

图 5.3-6　长江口南汇边滩纵纵深线变化

5.3.4 长江口前缘潮滩演变与流域水、沙通量关系

单个沙洲面积变化与入海沙量的关系相关性较差(图 5.3-7)，主要为单个沙洲受河口分汊格局引起的涨潮和落潮分流分沙比差异较大，使得水动力和泥沙输运的影响程度不同，其动力成因受多重因素的影响，故将沙洲作为整体考虑(图 5.3-8)。建立其整体面积变冲淤速率与入海沙量和 $d<63\ \mu m$ 悬沙量之间的关系曲线(图 5.3-9)，前缘沙洲面积增减与全沙量和分组沙量的多寡关系密切。建立前缘沙洲面积冲淤速率和流域入海泥沙要素之间的经验曲线，拟合曲线置信度为 95%，曲线拟合相关度较高，具体曲线如下：

$$V = 3.005\ 1 \times S - 8.455\ 1; R^2 = 0.83 \quad (5.3-1)$$

$$V = 3.394\ 8 \times S_{d<63\ \mu m} - 7.791\ 0; R^2 = 0.77 \quad (5.3-2)$$

$$V = 28.381 \times SSC - 8.968\ 1; R^2 = 0.87 \quad (5.3-3)$$

式中：V 为前缘沙洲面冲淤速率，单位为 km²/a；S 为流域入海沙量，单位为亿 t/a；$S_{d<63\ \mu m}$ 为悬沙中 $d<63\ \mu m$ 的泥沙量，单位为亿 t/a；SSC 为悬沙浓度，单位为 kg/m³。

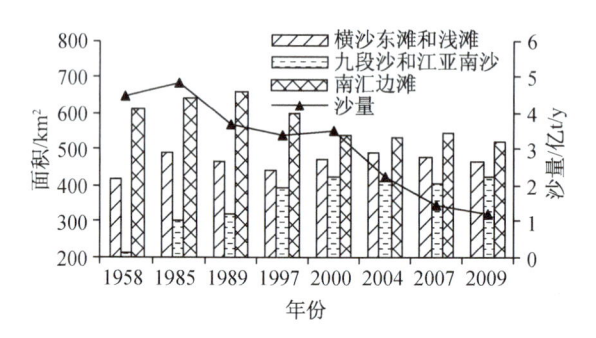

图 5.3-7 单个沙岛面积与流域入海泥沙关系

当沙洲面积冲刷和淤涨速率相等时，即沙洲达到平衡状态，此时流域入海沙量为前缘沙洲处于平衡状态时的临界沙量。依据公式 5.3-1 和公式 5.3-2 得到，当 $V=0$ 时，临界流域入海沙量为 2.81 亿 t/a，$d<63\ \mu m$ 泥沙量为 2.35 亿 t/a，临界含沙量为 0.316 kg/m³。当流域入海沙量和分组沙量低于上述的临界数值时，长江口前缘沙洲处于冲刷态势，大于该数值为淤积态势。2003—2011 年期间，流域入海沙量为 0.718~2.77 亿 t/a，$d<63\ \mu m$ 泥沙量数值为 1.22 亿 t/a，低

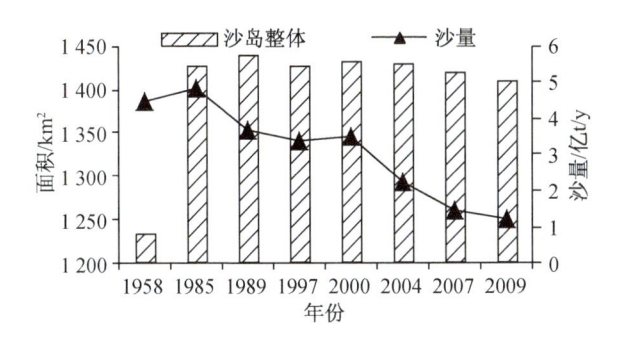

图 5.3-8　沙岛整体面与流域入海泥沙关系

于沙洲冲淤平衡的临界泥沙量数值,表明前缘沙洲处于冲刷态势。

表 5.3-2　沙洲冲淤速率和泥沙要素关系

年份	1958—1985	1985—1989	1989—1997	1997—2000	2000—2004	2004—2007	2007—2009
全沙量(亿 t/a)	4.71	3.66	3.39	3.52	2.25	1.46	1.205
$d<63\ \mu m$ 悬沙量(亿 t/a)	3.72	3.14	3.02	3.01	1.95	1.19	0.86
含沙量(kg/m³)	0.55	0.44	0.37	0.33	0.255	0.19	0.15
冲淤速率(km²/a)	7.23	3.57	−1.64	1.28	−0.5	−3.18	−5.24

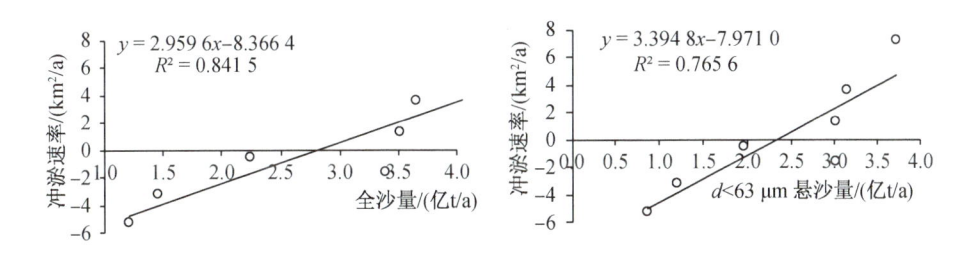

图 5.3-9　沙岛冲淤速率与入海泥沙量关系

长江口前缘沙岛面积变化不仅受流域入海泥沙量的影响,在大洪水期间长江口水位升高,处于中潮位和低潮位以下的滩体为淹没状态,甚至会淹没高潮位滩体,使得滩面表层泥沙悬起并处于冲刷状态。选取长江入海大通站径流量和输沙量作为变量,建立流域入海水、沙通量与前缘潮滩−5 m 等深线以浅面积冲刷和淤涨速率的关系,研究流域入海水、沙量变化对前缘潮滩形态演变的贡献。

建立长江口前缘潮滩−5 m等深线以浅滩体面积冲淤速率与流域入海径流量、输沙量的关系，经验曲线如公式5.3-4所示，输沙量增加促进前缘沙岛淤涨，水量增加对其淤涨起到一定抑制作用。建立径流量和输沙量作为因子变量与冲淤速率关系，经验曲线如公式5.3-5和式5.3-6，径流量和输沙量对沙岛冲淤贡献比例分别为21.40%和78.60%，输沙量增加较径流量增加对水下三角洲演变贡献程度大。

$$V = 3.900 \times S - 1.103 \times W + 0.534; R^2 = 0.81 \quad (5.3\text{-}4)$$

$$V = 3.811 \times S - 1.038 \times W; R^2 = 0.81 \quad (5.3\text{-}5)$$

$$V = 3.005\,1 \times S - 8.455\,1; R^2 = 0.83 \quad (5.3\text{-}6)$$

长江口前缘沙岛−5 m等深线以浅面积冲淤速率平衡时，需要的流域入海输沙量为2.81亿t/a，含沙量为0.316 kg/m³，即得到需要的平衡水量为$8.892\,4 \times 10^{11}$ m³/a。将某一时段输沙量与平衡输沙量数值做差值，该差值定义为富余输沙量，即$S-2.81$。将某一时段的径流量与平衡时期的径流量差值，定义为富余径流量，同时长江口存在洪水造床作用，引入无量纲参数，洪季径流量与平衡径流量比值，即富余径流量表达式为$(W-8.892\,4) \times W_H/8.892\,4$，得到经验曲线如下：

$$V = 3.264 \times (S - 2.81) - 1.068 \times (W - 8.892\,4) \times \frac{W_H}{8.892\,4}; R^2 = 0.86 \quad (5.3\text{-}7)$$

式中：W为径流量，单位10^{11} m³/a，W_H为径流量，单位为10^{11} m³/a。

公式5.3-7所示，入海输沙量增加利于前缘沙岛淤涨，径流量增加不利于其淤涨，但年内分配洪季径流量占比例减小，将减缓前缘沙岛侵蚀趋势，但影响程度相对有限。

长江流域进入河口沙量和含沙量均为减小趋势，河口区域含沙量也表现为一定的减小趋势。在自然情况下，长江口潮滩淤积主要为细颗粒泥沙沉积形成，在含沙量较低水流挟沙能力不足，滩体床面细颗粒泥沙被悬起引起侵蚀，为泥沙锐减引起侵蚀作用。同时，流域大水尤其是大洪水期间，虽然水流携带泥沙能力增加，大通—河口区间床面泥沙进行沿程补给。大通—河口区间沉积物主要为$d>63\ \mu m$的泥沙，同时河口区域悬沙中$d>63\ \mu m$的百分比例仍小于 5%,表明流域入海沙量减小情况下,大通—河口区域河道床面泥沙补给较小。河口区域存在大量的底沙输运,在大流量作用下底沙将以沙波形式被移动,尤其是大洪水期间底沙被搬运可搬运至水下三角洲区域。1997—2000 年期间,横沙东滩、九段沙和南汇边滩上段表现为冲刷,下段为淤积态势,该期间流域入海输沙量为 3.52 亿 t/a,含沙量为 0.33 kg/m³,大于冲淤平衡的输沙量和含沙量,前缘沙岛处于淤涨态势,且沙岛前缘纵深线上段冲刷或是冲淤平衡,下段为淤积状态。

5.4 长江口水下三角洲地貌变化过程及演变趋势探讨

5.4.1 数据来源及处理方法

研究区域选取长江口外水下三角洲 −10 m 和 −20 m 等深线以及北港和南槽向海纵深线分析 1958—2009 年淤涨速率,研究区域见图 5.4-1。

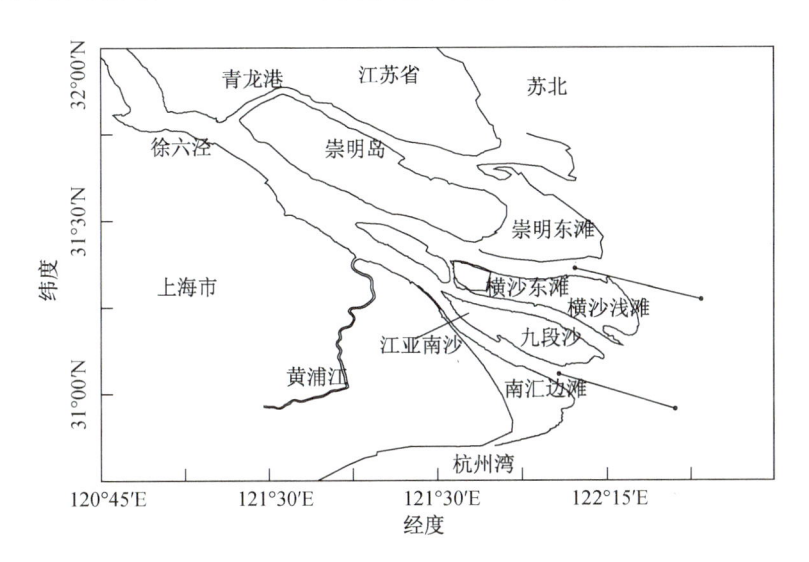

图 5.4-1 长江口水下三角洲研究区域及断面

数据来源:1958 年、1985 年、1989 年数据为南京师范大学地球系统科学数据共享平台提供,测量比例尺为 1∶500 00,基准面为理论最低潮面,1997 年、2000 年、2002 年、2004 年、2007 年和 2009 年为长江航道局和上海河口海岸科学研究中心提供的实测地形数据。

5.4.2 长江河口水下三角洲地貌演变过程

整理1958—2009年长江河口-10 m和-20 m等深线面积变化(图5.4-2),各级等深线面积冲淤速率见表5.4-1。长江河口三角洲演变规律:1958—1985年期间,-10 m和-20 m等深线均表现为淤涨态势,期间年均入海径流流量为27 777 m³/s,输沙量为4.71亿t/a;1985—1989年期间,-10 m等深线表现为侵蚀态势,-20 m等深线表现为淤涨态势,期间年均入海径流流量为26 509 m³/s,输沙量为3.66亿t/a;1989—1997年期间,-10 m和-20 m等深线均表现为侵蚀后退,期间流域入海流量年均值为28 957 m³/s,输沙量为3.39亿t/a;1997—2000年期间,-10 m和-20 m等深线均表现为向海淤涨,期间年入海径流流量均值为33 866 m³/s,输沙量为3.52亿t/a,这期间流域入海输沙率较1958—1989年期间大幅减少,但入海径流流量增加,这期间淤涨速率增加是何种原因,存在较大争议;2000—2009年-10 m和-20 m等深线均为侵蚀后退,期间流域入海径流流量年均值在21 700~31 350 m³/s之间波动,均值为26 698 m³/s,输沙量为0.85亿~3.39亿t/a区间波动,均值为1.924亿t/a,流量和输沙量均较前几个时期有所减少,且输沙率减小幅度大于流量。综上分析

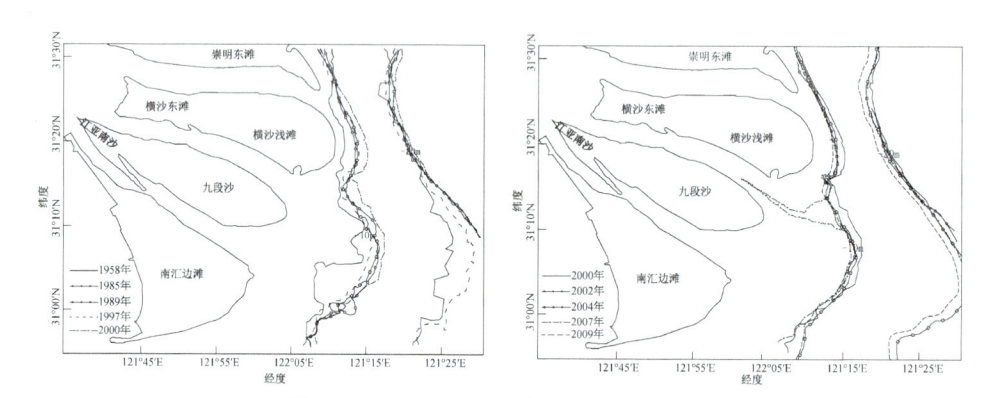

图5.4-2 1958—2009年水下三角洲变化

表5.4-1 水下三角洲不同区域面积冲淤速率

年份	1958—1985	1985—1989	1989—1997	1997—2000	2000—2002	2002—2004	2004—2007	2007—2009
-10 m/(km²/a)	7.661	-3.113	-4.120	42.738	-6.188	-27.608	-23.967	-40.821
-20 m/(km²/a)	6.152	5.022	-11.999	45.138	-3.272		-10.506	-23.438

注:表中数值:"+"值表示淤涨,"-"值表示侵蚀。

认为,长江口水下三角洲地貌系统经历了淤涨—淤涨减缓—侵蚀的演变过程,这一过程伴随入海沙量锐减而发生,但一定时期径流量增加也会使得促使三角洲出现暂时性的淤涨态势。

5.4.3 长江口主要入海通道口外纵深线变化

选取 1958—2009 年北港口外纵深线(图 5.4-3),断面选取起点坐标为 122.156 3°E,31.360 8°N,终点坐标为 122.530 6°E,31.272 2°N。分析表明:1958—1985 年期间-10 m 等深线以上为冲淤交替变化,-10 m 等深线以下为淤涨态势;1985—1989 年期间略有冲刷,但幅度相对较小;1989—1997 年期间为大幅冲刷态势,且为整个 50 km 的纵深线;1997—2000 年整个 50 km 纵深线呈现淤积趋势;2000—2004 年期间北港外纵深线为淤积态势;2004—2007 年期间北港口外纵深线为侵蚀态势,但幅度较小。

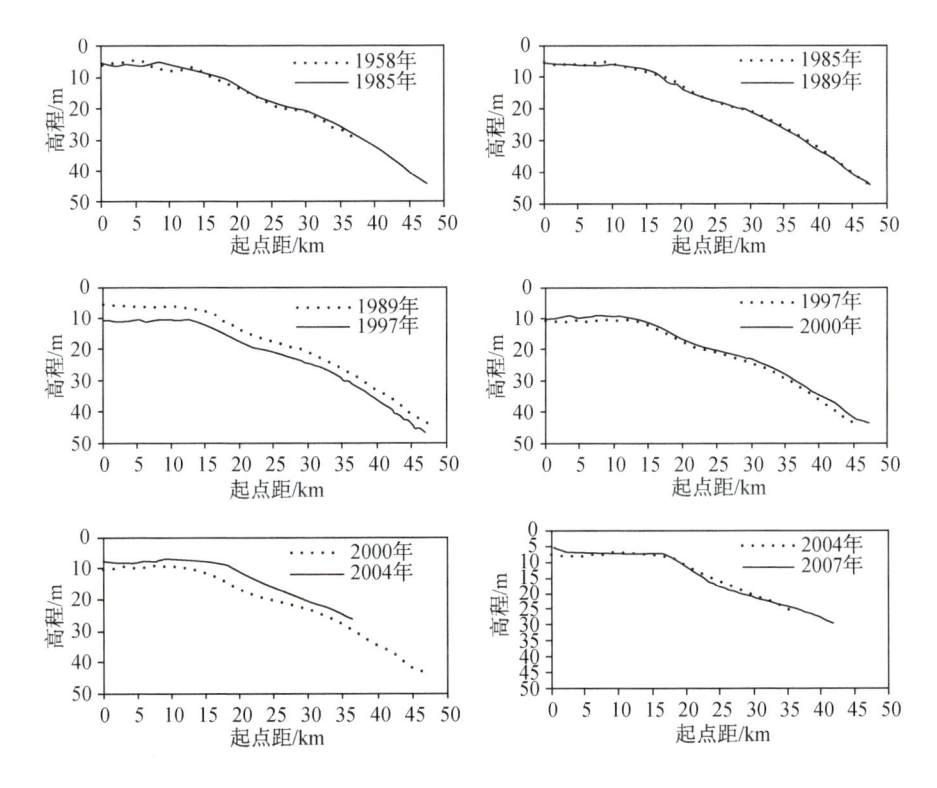

图 5.4-3　北港口外纵深线变化

选取 1958—2009 年南槽口外纵深线(图 5.4-4),分析表明:1958—1985 年期间为淤涨态势;1985—1989 年期间为冲刷态势,但幅度较小;1989—1997 年期间上段处于冲刷交替的平衡,下段为冲刷发展;1997—2000 年期间整体为淤涨态势。

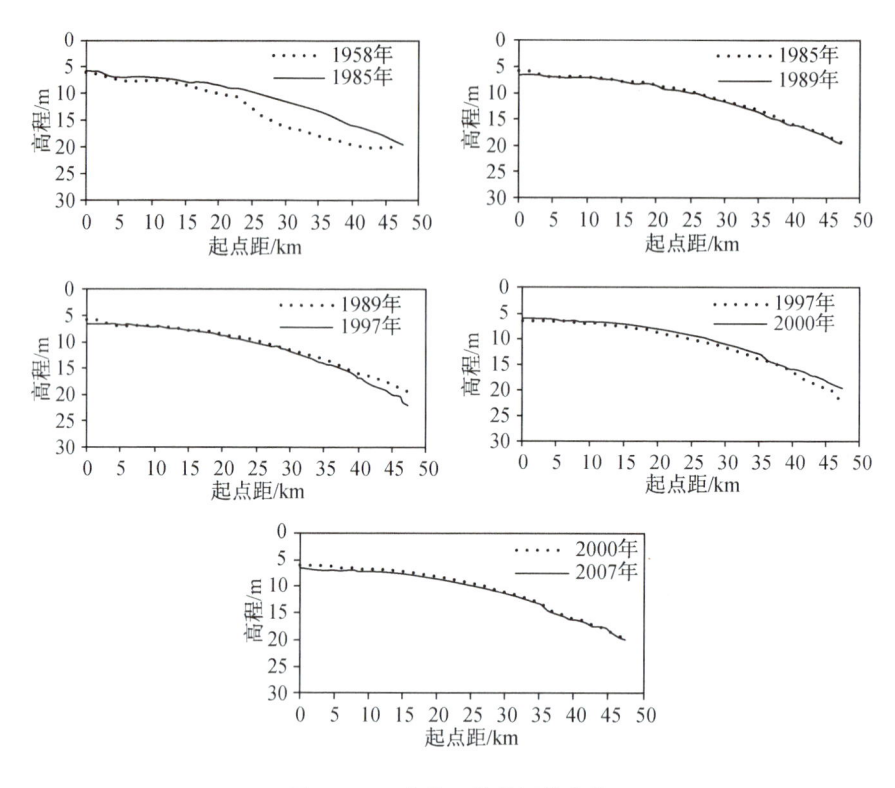

图 5.4-4 南槽口外纵深线变化

5.4.4 长江河口三角洲地貌变化与入海水、沙通量的关系

在流域入海径流量变化不大的情况下,输沙量多寡是影响地貌变化的决定因素。建立长江河口水下三角洲冲淤速率和流域入海径流量、输沙量及含沙量的关系,确定冲淤平衡时的临界水沙通量条件。1985—1989 年、1989—1997 年和 1997—2000 年期间面积变化速率进行比较(图 5.4-5),1985—1989 年和 1997—2000 年期间输沙量基本相等,若 1997—2000 年期间的淤涨由输沙量引起的,即这期间淤涨速率应与 1985—1989 年相接近。但 1997—2000 年期间的淤涨速率远大于该时期,表明这期间径流量增加促使其淤涨的贡献不容忽视。在前缘沙岛演变的分析过程中发现,径流量增加对前缘沙岛面积淤涨起抑制作

用,即大水时期径流量增加使得沙岛面积锐减,下泄落潮流携带泥沙至水下三角洲区域沉积,促进三角洲向外海淤涨延伸。1998和1999年洪季入海径流量达到并超过长江河口造床流量,河口区域出现大的冲淤调整,如滩体冲刷解体、航道调整等现象。在1998年大水期间,大通水文站附近的床沙可携带至河口三角洲区域沉积。因此,径流量对水下三角洲区域的影响不容忽视,即研究长江口三角洲区域的演变应将径流量和输沙量一起考虑。

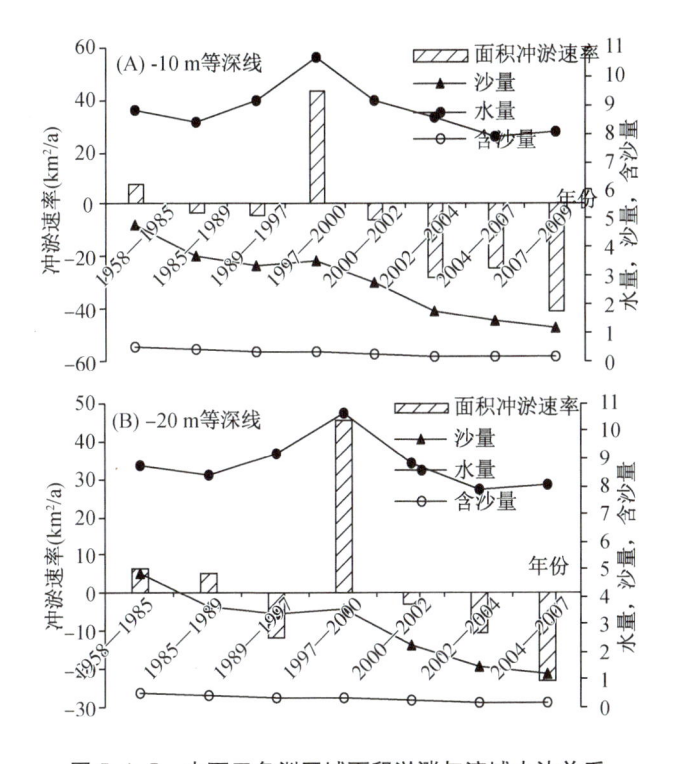

图5.4-5 水下三角洲区域面积淤涨与流域水沙关系

依据建立水下三角洲不同区域等深线冲淤速率与流域入海水量和沙量关系,水下三角洲−10 m等深线冲淤速率与流域入海径流量和输沙量关系如公式5.4-1~公式5.4-5所示,得到−10 m等深线冲淤平衡时的径流量为9.087×10^{11} m³/a,输沙量为3.277亿t/a,$d<63~\mu m$泥沙量为2.76亿t/a。公式5.4-1~公式5.4-5也可以看出,径流量和输沙量增加均有利于长江口水下三角洲淤涨。

$$V_{-10\,m} = 25.599\times W - 232.622; R^2 = 0.78 \quad (5.4-1)$$

$$V_{-10\,\text{m}} = 25.599 \times W - 232.622; R^2 = 0.78 \tag{5.4-2}$$

$$V_{-10\,\text{m}} = 19.016 \times S_{d<63\,\mu m} - 52.479; R^2 = 0.60 \tag{5.4-3}$$

$$V_{-10\,\text{m}} = 19.66 \times W + 8.405 \times S - 204.02; R^2 = 0.91 \tag{5.4-4}$$

$$V_{-10\,\text{m}} = 19.011 \times W + 10.144 \times S_{d<63\,\mu m} - 198.829; R^2 = 0.89 \tag{5.4-5}$$

水下三角洲−10 m 等深线冲淤速率与入海径流量和输沙量关系如公式 5.4-6~公式 5.4-10 所示,得到−10 m 等深线冲淤平衡时的径流量为 9.087× 10^{11} m³/a,输沙量为 3.277 亿 t/a,$d<63\,\mu m$ 泥沙量为 2.325 亿 t/a。公式 5.4-6~公式 5.4-10 可以看出,径流量和输沙量增加均有利于长江口水下三角洲淤涨。

$$V_{-20\,\text{m}} = 20.034 \times W - 175.570; R^2 = 0.73 \tag{5.4-6}$$

$$V_{-20\,\text{m}} = 9.2091 \times S - 24.674; R^2 = 0.30 \tag{5.4-7}$$

$$V_{-20\,\text{m}} = 11.588 \times S_{d<63\,\mu m} - 26.941; R^2 = 0.33 \tag{5.4-8}$$

$$V_{-20\,\text{m}} = 17.996 \times W + 3.013 \times S - 166.343; R^2 = 0.75 \tag{5.4-9}$$

$$V_{-20\,\text{m}} = 17.968 \times W + 3.341 \times S_{d<63\,\mu m} - 165.425; R^2 = 0.75 \tag{5.4-10}$$

将洪季和枯季径流量单独与冲淤速率进行拟合(图 5.4-6),−10 m 和 −20 m 等深线在枯季增加径流量引起的三角洲淤涨速率大于洪季减小相同径流量引起的侵蚀速率,即年内径流量分配过程均匀利于三角洲区域淤涨,但影响程度有限,改变不了输沙量锐减引起的侵蚀强度。

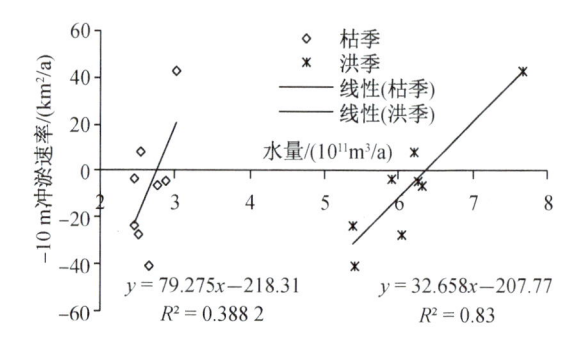

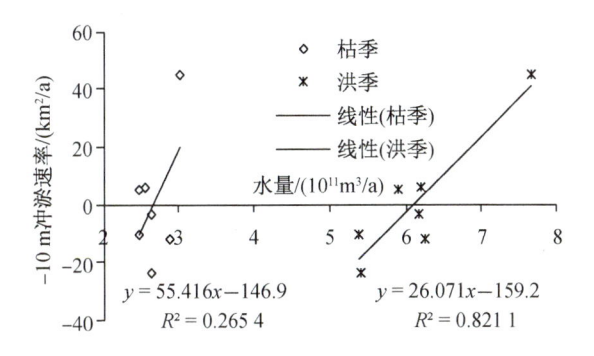

图 5.4-6　-10 m 和 -20 m 等深线冲淤速率与径流量关系

洪季和枯季输沙量的增加均利于三角洲淤涨,输沙量与径流量类似,枯季增加相同径流量引起的淤涨速率大于洪季输沙量减小引起的侵蚀速率,即输沙量洪季和枯季趋于均匀将有利于水下三角洲淤涨及延伸(图 5.4-7)。

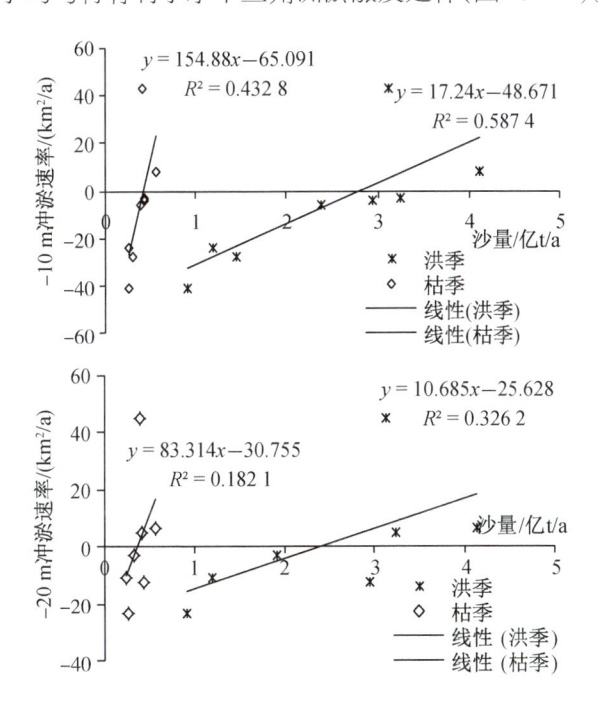

图 5.4-7　沙量季节变化与冲淤速率关系

5.4.5　长江河口三角洲演变与海平面关系

长江河口地貌系统的变化,不仅受流域入海水量和沙量的影响,海平面变化是长期的影响因素。利用上述数据,采用1978—2011年相对海平面数据,分析海平面相对变化对水下三角洲不同区域的影响。1978—2011年期间相对海平面表现为上升态势,上升幅度约为15 cm(图5.4-8),水下三角洲－10 m 和－20 m 等深线区域为冲刷趋势,其中1997—2000年期间为淤涨态势,上与这时期大水将底沙携带至口外有关(图5.4-9)。

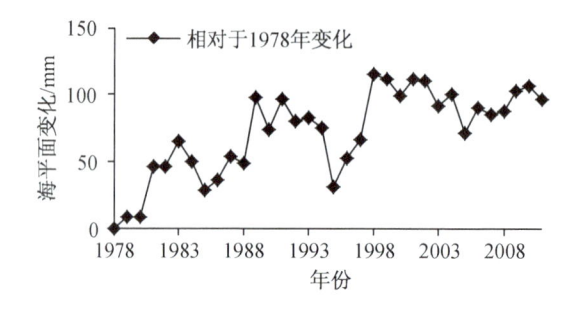

图 5.4-8　1978—2011 年海平面变化

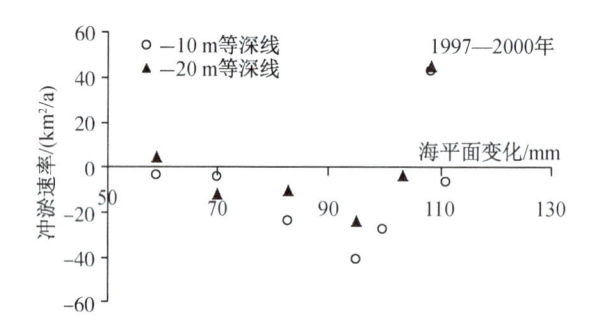

图 5.4-9　海平面变化与三角洲演变关系

由于海域环境水量、沙量及含沙量数值很难获取,均以海平面相对上升高度代替。海平面高低直接决定着进入河口潮量的多少,因此,海平面变化可以代替海域涨潮水量,表征海域水动力特征。若以海平面变化代替输沙量和含沙量变化的合理性有待分析,但海域环境的变化幅度小于流域,认为海平面与输沙量、含沙量内的关系变化不大,可用其定性分析海域水文环境对水下三角洲演变的影响。建立水下三角洲冲淤速率和各因素的曲线关系(表5.4-1),径流量和海平面两者对水下三角洲演变的影响过程中,入海径流量增加利于三角洲淤涨,海平面上升加剧三角洲侵蚀。原因为入海径流量增加,利于泥沙向三角洲输运促使其淤涨,海平面上使得三角洲区域的泥沙携带上溯而出现侵蚀。若用海平面变化表征海域沙量和含沙量,流域入海输沙量和海域来沙对三角洲的淤涨均处于淤涨态势;水动力不变的情况下,输沙量和含沙量的增加超过水流挟沙能力时,泥沙逐渐落淤促使水下三角洲淤涨。若将海平面相对变化代表海域的径流量、输沙量和含沙量实际变化,则流域径流量、输沙量和含沙量对水下三角洲淤涨的影响比例分别为87.87%、64.39%和52.46%,海域径流量、输沙量和含沙量增加对三角洲淤涨比例为12.13%、36.61%和47.54%,即海域水文要素变化对三角洲的影响小于流域入海水文要素的影响,即长江河口水下三角洲演变过程中仍以流域作用占主导。

表 5.4-1 三角洲演变与陆海水文要素关系

参数	−10 m 等深线(km^2/a) 经验曲线	R^2	−20 m 等深线(km^2/a) 经验曲线	R^2
水量+海平面	$V_{-10\,m}=29.34\times Q-0.40\times H-232.38$	0.90	$V_{-20\,m}=20.55\times Q-0.542\times H-176.62$	0.74
沙量+海平面	$V_{-10\,m}=23.59\times S+0.37\times H-119.88$	0.81	$V_{-20\,m}=18.48\times S+0.79\times H-115.24$	0.77
含沙量+海平面	$V_{-10\,m}=231.93\times SSC+0.81\times H-146.80$	0.68	$V_{-20\,m}=2197.67\times SSC+1.06\times H-147.94$	0.73
水+沙+海平面	$V_{-10\,m}=23.23\times Q+5.75\times S-0.18\times H-212.19$	0.91	$V_{-20\,m}=6.21\times Q+13.26\times S+0.54\times H-135.32$	0.77

注:$V_{-10\,m}$、$V_{-20\,m}$、Q、S、SSC 符号意义同前文,H 代表海平面与1978年相对上升数值,单位 mm。

综上,虽然海洋水动力要素变化对三角洲淤涨的影响程度小于流域入海水文要素,但近年来,长江口区域及海滨区域悬沙浓度已表现为减少趋势,这势必会引起河口水下三角洲侵蚀加剧,海域水文要素对三角洲演变的影响作用必须加强,应引起足够重视。

5.4.6 长江口外水下三角洲冲淤幅度和速率分析

由于各时段数据范围有所不同,基于纵深线变化数据,将时段划分为3各时段,分别为:第一时段为1958—1985年,为长江入海沙量较多的时期;第二时段为1985—2000年,沙量初步减小时期;第三时段为2000—2007年,包含三峡水库蓄水,泥沙量大幅锐减时期。崇明东滩、横沙东滩、九段沙和南汇边滩选取范围为−5 m~−20 m 等深线,以1958年为等深线确定起点和终点位置;北港和南槽。计算得到4个时期冲淤速率见表5.4-2,分析表明:1958—1997年期间两个时段崇明东滩、九段沙、横沙东滩均表现为淤涨,1997—2000年期间,崇明东滩、横沙东滩、九段沙均呈淤涨态势;2000—2007年期间,崇明东滩、横沙东滩与九段沙均表现为冲刷态势。1958—1985年期间南汇边滩表现为淤涨,1985—2000年表现为侵蚀,这期间主要为1998年和1999年的洪水有关,2000—2007年期间为淤涨态势,但淤涨速率较1958—1985年期间大幅度减小;1958—1985年期间北港外纵深线为淤积态势,1985—2000年期间大幅冲刷,2000—2007年期间为淤涨态势。

从所有纵深线的冲淤幅度数据上看(表5.4-2),1958—1985年期间为淤积态势,1985—1997年期间为冲刷态势,1997—2000年期间为淤积态势,2000—2007年期间转为侵蚀。建立径流量、输沙量与冲淤速率的曲线关系,发现输沙量和径流量增加均有助于三角洲区域的淤积。首先,三角洲区域为入海泥沙的最终归宿,为进入口外泥沙沉积的主要区域。其次,泥沙量较大时长江口悬沙浓度大于水流携带泥沙能力,泥沙落淤引起河床淤积。最后,流域入海径流量增加,水流携带泥沙能力增加,长江口前缘沙岛和南支河段在大水年份引起河床冲刷,被大洪水携带至长江口水下三角洲区域并沉积下来,引起河床大幅淤积。主要证据为,1998年大洪水期间,长江口床面泥沙被沙波悬浮起来,伴随落潮水流携带至长江口三角洲区域甚至是更远的区域沉积下来。

建立冲淤速率与水量和沙量联合影响的经验曲线(图5.4-10),见公式5.4-11和公式5.4-12所示。径流量、输沙量及$d<63~\mu m$泥沙量增加对水下三角洲$-5~m\sim-20~m$区域的淤涨是有利的。

$$V_{-5~m\sim-20~m} = 2.369\times S + 6.359\times W - 63.569; R^2 = 0.698 \quad (5.4-11)$$

$$V_{-5~m\sim-20~m} = 2.112\times S_{d<63~\mu m} + 6.323\times W - 61.01; R^2 = 0.648 \quad (5.4-12)$$

表5.4-2 典型纵深线的冲淤幅度 (单位:m)

年份	崇明东滩	横沙东滩	九段沙	南汇边滩	北港	南槽	速率/(cm/a)
1958—1985	0.61	1.01	2.56	2.73	0.71	2.42	6.20
1985—1997	0.11	0.46	0.14	−0.73	−4.20	−0.36	−6.36
1997—2000	−0.04	1.28	1.78	0.31	0.95	0.61	13.56
2000—2007	−0.60	−1.52	−0.80	0.49	1.47	−0.27	−2.91
1958—2007	0.10	1.22	3.68	2.80	−1.06	2.41	3.11

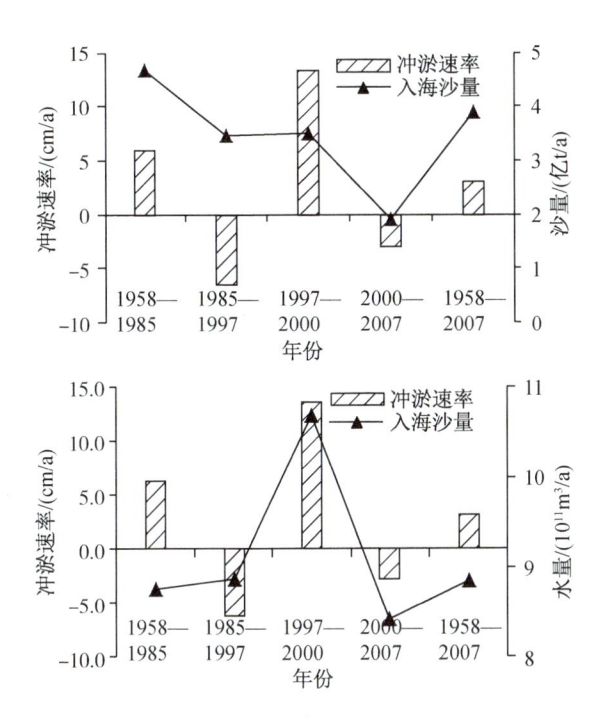

图 5.4-10　长江口水下三角洲纵深线冲淤幅度与水沙通量关系

5.5　长江口地貌系统演变的发展趋势初步预测

5.5.1　基于沉积学概念的长江口沉积速率变化

收集了近百年来长江口区域柱状采样信息与分析数据,收集测点约为254个,柱状采样位置集中在经度121°30′E~124°00′E,纬度30°00′N~32°00′N区间(图5.5-1)。

长江口临近陆架区域沉积速率纵向上在122°E~123°E区间最大,横向上集中在30°30′N~31°30′N区间,沉积速率的核心位置在南港口外,最大的沉积速率约6.0 cm/a(图5.5-2和图5.5-3),口外区域平均沉积速率为1.76 cm/a。

整理基于核素^{210}Pb和^{137}Cs测定的长江河口区域沉积速率变化文献,分析表明:长江口典型区域沉积速率在近几十年呈现减小趋势,数据统计见表5.5-1所示。ZM11柱状1950—2007年期间平均沉积速率为2.50 cm/a,1998—2000

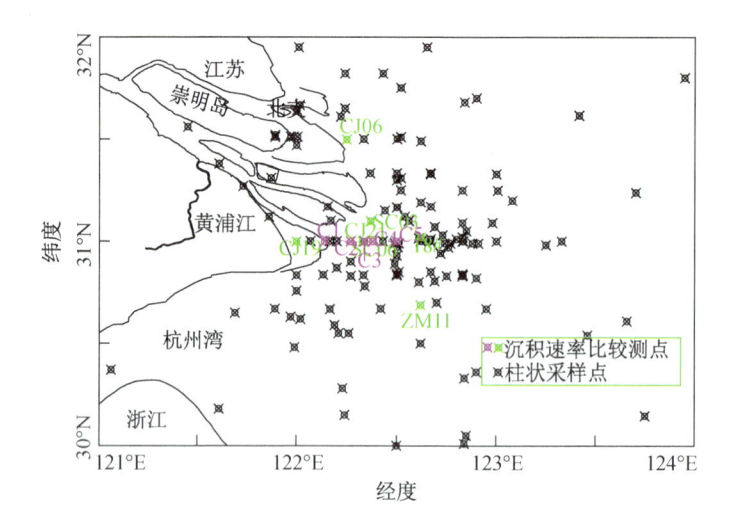

图 5.5-1 长江口邻近陆架区域柱状采样位置

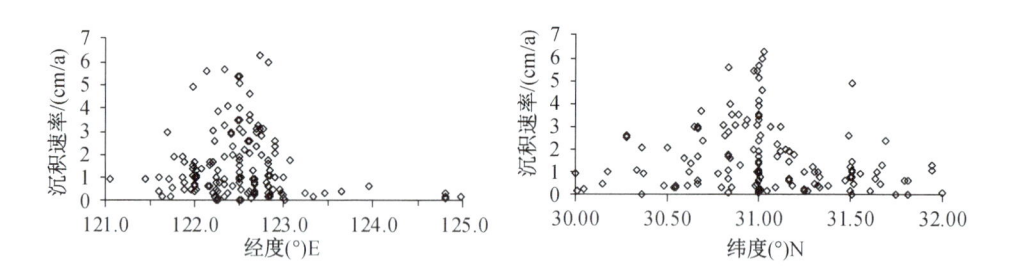

图 5.5-2 长江口陆架区域沉积速率空间格局差异

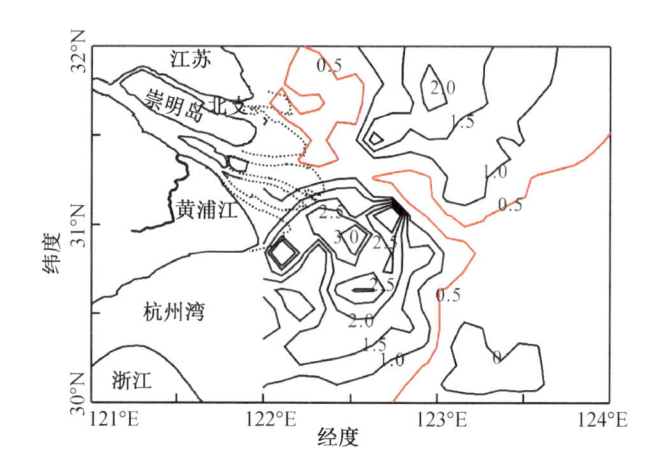

图 5.5-3 长江口陆架区域沉积速率平面分布

年期间沉积速率为 9.50 cm/a,20001—2007 年期间沉积速率为 3.90 cm/a(王昕 等,2012),整体上沉积速率为减小趋势。长江河口 18#柱状采样^{137}Cs 得到柱状 1954—1964 年的沉积速率为 5.90 cm/a,1964—2006 年期间减小为 3.36 cm/a,而^{210}Pb 得到 120~225 cm 沉积速率为 5.47 cm/a,对应的 10~100 cm 深度沉积速率为 4.58 cm/a,对比两种沉积速率开始减小的时间为 1968—1972 年,并且采样区域表层可能出现了侵蚀现象(庞仁松 等,2011)。长江口 SC03 和 SC06 柱样 1959—1964 年沉积速率分别为 4.80 cm/a 和 2.40 cm/a,在 1964—2006 年期分别为 1.40 cm/a 和 1.80 cm/a,沉积速率为减小的趋势(王安东 等,2010)。长江口 CJ16 柱状 40~100 cm 区段沉积速率为 3.11 cm/a,0~40 cm 则减小为 1.95 cm/a,CJ19 柱状 35~100 cm/a 沉积速率为 2.70 cm/a,0~20 cm 减小为 1.04 cm/a,CJ21 柱状 30~110 cm 区段沉积速率为 5.28 cm/a,而 0~30 cm 为 2.68 cm/a(李亚男 等,2012),可见沉积速率表现为一定的减小趋势。长江口外 MJ51 柱状在 0~60 cm 区段沉积速率为 0.83 cm/a,100 cm 以下沉积速率为 2.52 cm/a,MJ96 柱状在 1954—1964 年期间沉积速率大于 10.00 cm/a,1964—1996 年期间沉积速率均值为 3.47 cm/a(夏小明 等,2004),也为减小趋势。长江口三角洲区域 C1~C5 柱状采样,1996—2006 年期间 Pb$_{ex}$得到的沉积速率较 1965—1975 年期间大幅度降低(Gao et al.,2011)。上述测点均在长江口口外沉积速率较大的核心区域,体现了流域入海泥沙在长江口三角洲近 50 年不同时段的沉积过程。

表 5.5-1 长江口典型区域沉积速率变化趋势比较

序号	测点名称	经度(°)E	纬度(°)N	沉积速率(cm/a)		来源
1	ZM11	122.62	30.69	9.50 (1998—2000 年)	3.90 (2000—2007 年)	王昕 等,2012
2	18#	122.62	31.02	5.90 (1954—1964 年)	3.36 (1964—2006 年)	庞仁松 等,2011
3	SC03	122.17	31.10	4.80 (1959—1964 年)	1.40 (1964—2006 年)	王安东 等,2010
4	SC06	122.34	31.00	2.40 (1959—1964 年)	1.80 (1964—2006 年)	王安东 等,2010
5	CJ06	122.25	31.50	3.11 (40~100 cm)	1.95 (0~40 cm)	李亚男 等,2012

(续表)

序号	测点名称	经度(°)E	纬度(°)N	沉积速率(cm/a)		来源
6	CJ19	122.00	31.00	2.70 (35~100 cm)	1.04 (0~20 cm)	李亚男 等, 2012
7	CJ21	122.33	31.00	5.28 (30~100 cm)	2.68 (0~30 cm)	李亚男 等, 2012
8	MJ51	马迹山港区		2.52 ($h>$100 cm)	0.83 (0~60 cm)	夏小明 等, 2004
9	MJ96	马迹山港区		>10 (1954—1964 年)	3.47 (1964—1996 年)	夏小明 等, 2004
10	C1	122.14	31.00	3.60 (1965—1975 年)	1.80 (1996—2006 年)	Gao et al., 2011
11	C2	122.27	31.00	5.10 (1965—1975 年)	4.90 (1996—2006 年)	Gao et al., 2011
12	C3	122.34	31.00	6.80 (1965—1975 年)	1.50 (1996—2006 年)	Gao et al., 2011
13	C4	122.38	31.00	5.90 (1965—1975 年)	2.70 (1996—2006 年)	Gao et al., 2011
14	C5	122.50	31.00	3.60 (1965—1975 年)	1.50 (1996—2006 年)	Gao et al., 2011

综上,长江河口水下三角洲区域沉积速率近50年来为减小趋势,这一变化与上文分析的长江河口近期前缘潮滩淤涨减缓和三角洲局部侵蚀相对应。

5.5.2 长江河口柱状近代沉积层厚度估计

长江流域进入河口的泥沙量呈现锐减趋势,且长江河口悬沙浓度表现为减小趋势,三角洲和前缘沙岛也处于侵蚀或是淤涨速率放缓态势,这势必对河口三角区域的城市安全、生态安全和环境等要素并产生一定的影响。长江表层沉积物样品仅能反应近年的沉积过程和沉积效应,整理长江河口柱状沉积物断面数据,Ⅰ号、Ⅱ号、Ⅲ号和Ⅳ号断面的数据来自文献(李家彪,2008),SC03、SC05、SC07和SC09柱状来自文献(张瑞 等,2011),E4来自文献(杨作升 等,2007),ZM11来自文献(杨作升 等,2009),南汇边滩测点(刘升发 等,2009)。测点布置见图5.5-4。

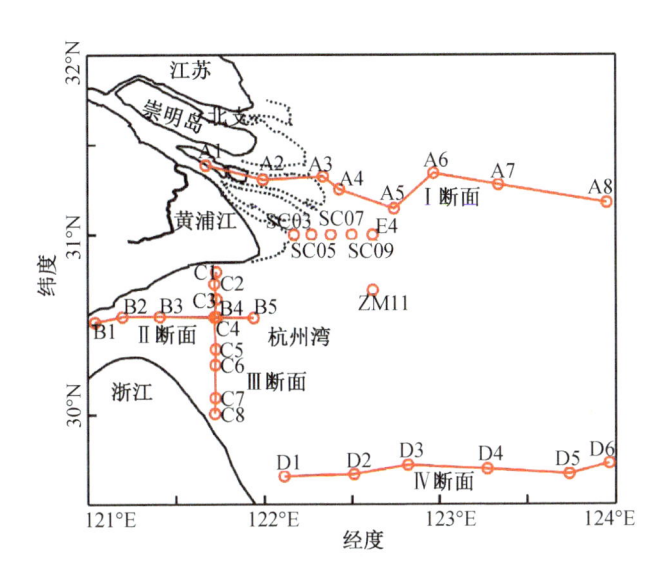

图 5.5-4 长江口沉积物类型深度采样站点

整理柱状采样不同测层沉积物类型(图5.5-5),Ⅰ号断面位于长江河口及三角洲区域,分析表明:A1测定位于南港,沉积物类型为细砂;A2测点位于横沙东滩,底层为粉砂和黏土质粉砂,表层为细砂,表层较粗与近期围涂和圈围等工程干扰有关;A3处于水下三角洲10 m水深附近,存在分层结构的沉积,表现为细~粗~细的分布格局;A5~A8向海逐渐变粗,表明流域的入海泥沙的沉积作用影响较小,主要是历史沉积砂。Ⅱ号和Ⅲ号断面位于杭州湾区域,沉积物整体为黏土和粉砂交互层,同时也存在少量的砂质沉积物。Ⅳ号断面位于杭州湾南部,D1和D2测点为黏土和粉砂交互沉积物,整体较细,水深超过30 m海域沉积物均为砂质沉积物。长江口沉积速率较大区域柱状采样表明,沉积物均为黏土和粉砂交互分布。

河口河床变化为流域入海水量、沙量、河床沉积厚度和组成等有关,长江口外沉积物主要为粉砂和黏土,沉积厚度层超过300 cm。基于海域得到三角洲区域侵蚀速率趋缓,同时伴随长江三峡水库蓄水时间的增长,泥沙逐渐趋于恢复状态,长江河口水下三角洲区域在短期之内不会出现大幅蚀退而威胁到城市安全和生态安全等。

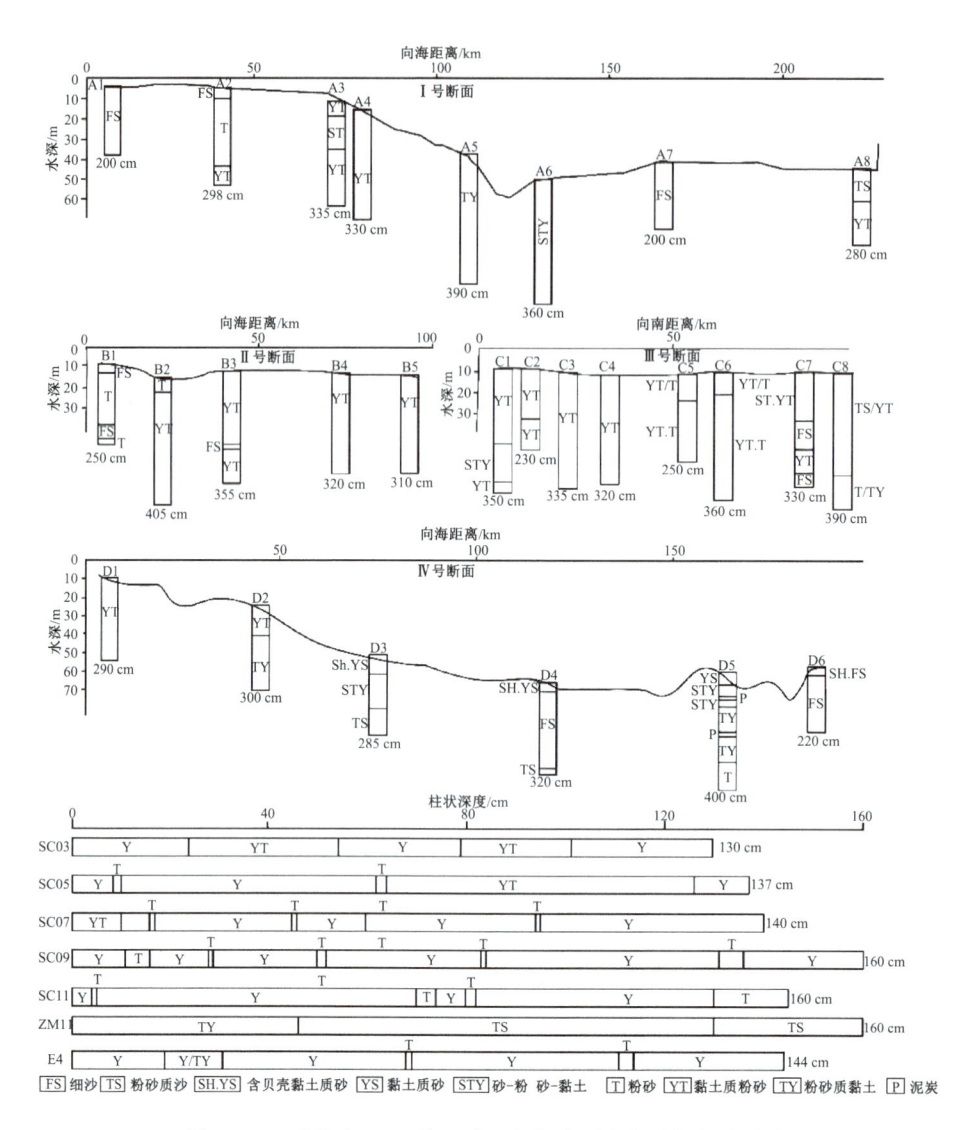

图 5.5-5　长江河口口外区域沉积物类型分布特征长度确定

5.5.3　长江河口三角洲区域冲刷年限分析

河流中水流、泥沙和地貌形态是互为影响的动态系统,水流和泥沙变化直接影响着地貌系统调整过程及发展趋势,同时地貌系统调整后也将反过来引起水动力和泥沙要素变化。假定地貌变化对水动力的调整影响微小,估算水下三角洲区域冲刷的极限年份。分析认为,三峡水库蓄水后多年均值输沙量将维持在

1.50亿t/a水平,径流量为8 936亿m³/a。依据建立了长江河口水下三角洲5 m~20 m水深区间地貌冲淤幅度与入海水量和沙量关系,三角洲区域冲刷幅度的速率为-3.20 cm/a。1958—2007年三角洲区域淤积厚度为152.5 cm,水下三角洲5 m~20 m水深区域整体冲刷至1958年的水平需要48年。长江口水下三角洲5 m~20 m水深区域淤积的粉砂和黏土厚度层大于300 cm,完成这一区域的冲刷至少需要93年。三峡水库蓄水后伴随蓄水时间的增加,三峡水库的排沙比增加,下泄泥沙量将逐渐增加,在水量变化不大的情况下,长江口水下三角洲区域将由冲刷,转为冲刷减缓,最终转为淤积趋势。

1981—2002年期间长江河口悬沙浓度的均值为0.44 km/m³,2003—2011年悬沙浓度均值为0.33 kg/m³,减小幅度为23%。长江口海域环境的悬沙浓度未表现出明显的减小趋势。同时苏北沿岸输沙影响也是较小的(Dai et al.,2013),即认为长江口海域或者潮汐携带的泥沙量变化不大。长江河口区域悬沙浓度维持1981—2002年悬沙浓度水平,在长江流域入海径流量维持在8 936亿m³情况下,长江口水下三角洲侵蚀的理论深度。已有研究表明,长江口泥沙入海之后约60%沉积在长江长江口沙岛、口外水下三角洲和杭州湾区域(吴华林等,2006)。得到需要理论沙量为0.98亿t,与2003—2012年大通站输沙量加和得到,入海输沙量在维持2.51亿t,长江口水下三角洲冲刷与淤涨平衡时,需要$d<63\ \mu m$的泥沙量为2.36亿~2.76亿t/a数值接近,可维持长江河口处于冲刷和淤涨平衡。长江口和杭州湾区域沉积面积为234 km²,泥沙容重为2.65 kg/m³,换算得到维持该悬沙浓度长江口及杭州湾区域需冲刷深度为234 cm,小于长江口粉砂和黏土沉积厚度。随着三峡水库蓄水年份延长,泥沙逐渐得到恢复,流域入海输沙量增加,长江口河床表层泥沙足以满足悬沙浓度锐减引起的泥沙补偿量。

5.6 本章小结

(1) 南支河段演变特征:长江河口南支河段近期表现冲刷态势,具体表现为沙洲和边滩冲刷、深槽淤积的规律,白茆沙、浏河沙沙包、新浏河沙和中央沙沙头均表现为"头部下移,尾部淤积"的演变特征,扁担沙边滩表现为"上段冲刷,下段淤积"。沙洲洲头和边滩上段冲刷在大洪水期间后退和侵蚀的速率最大。长江流域三峡水库蓄水以来,长江入海洪峰流量被大幅度削减,沙洲摆动范围将减小,这是有利的方面,对于深槽而言造床效果会相应削弱,也是不利的。整体而言,在入海沙量减小下,南支河段演变规律为"滩体冲刷,深槽淤积,河槽分化"的阶段演变。

(2) 长江口南港和北港1997—2002—2007年-5 m等深线以下河槽容积和面积呈现增加的趋势,地貌系统的影响因素为沙量和水量,沙量锐减河槽冲刷,水量主要体现大洪水的造床过程,大洪水期间,上游底沙被携带至口外区域,使得1997—2002年期间的侵蚀速率高于2002—2007年期间,而同时北港下段表现为淤涨趋势,表明大洪水期间携带的底沙在此区域沉积。

(3) 前缘沙洲演变特征:长江口前缘沙洲(-5 m线)九段沙和横沙东滩表现为"上段冲刷,下段淤积",南汇边滩向海侧扩展。沙量锐减和水量增加的演变模式将使得沙岛面积减小,洪水作用过程主要为1997—2000年期间的大洪水使得沙洲两侧冲刷,下段和前缘淤积。三峡水库蓄水后,流量年内分配过程变化,使得径流年内变幅减小,有利于沙洲区域滞流点和滞沙点的稳定,对稳定沙洲面积和活动范围是有利的。已有研究表明,水库蓄水后入海沙量不会超过蓄水期多年均值水平,而长江流域2003—2012年入海沙量较蓄水前大幅度减小,且数值小于沙洲冲淤平衡时的临界沙量,表现为未来一段时间,沙洲冲刷趋势将延续。但是流量年内调平,将使得水量引起的冲刷动力减弱,大洪水引起的沙岛冲刷将减弱。长江口-2 m等深线以上沙洲面积变化近期受流域入海水量和沙量的影响较小,主要是沙洲实施了众多围涂和湿地圈围工程,面积的增长速度大于自然情况下的减小。因此,前缘沙洲在沙量锐减环境下表现为冲刷趋势,水量年内分配过程改变将减缓这一趋势,但影响有限。

(4) 长江口三角洲演变特征:长江河口水下三角洲2000—2009年表现为冲刷趋势,1997—2000年表现为淤积趋势。2003—2012年长江入海沙量小于三角洲冲淤平衡的临界沙量,在未来一段时间三角洲将处于冲刷趋势。上文研究表明,水量和沙量的增加均有助于三角洲的淤涨,主要洪季尤其是大洪水期间,南支河段和前缘沙洲均处于侵蚀状态,同时大量的底沙以沙波的形式被携带至三角洲区域,使得三角洲处于淤涨,三角洲为长江泥沙入海后最终的沉积区域,沙量增加将促使三角洲向海延伸淤涨。同时洪季和枯季减小和增加相同的水量和沙量,枯季增加的淤涨幅度大于洪季削减相同水沙量引起的侵蚀程度,即三峡水库的径流调蓄作用对减缓长江口水下三角洲的侵蚀是有利的,但影响有限。

(5) 长江口粉砂和黏土冲刷层厚度超过300 cm,在入海沙量不大于

1.50 亿 t/a 和入海水量变化不大的情况下,长江口水下前缘潮滩和水下三角洲区域的冲刷速率为－3.20 cm/a,长江口近期(1958 年至今)粉砂和黏土层被侵蚀完成至少需要 48 年以上。伴随冲刷的过程地貌系统将出现调整,进而影响水动力和泥沙输运,即需要的时间将会更长,同时三峡蓄水年份的延长,泥沙得到一定恢复,这一过程将更为趋缓。

第 6 章　主要结论

（1）三峡及梯级水库调蓄作用下，蓄水期下泄水量减小，补水期下泄水量增加；长江口近口段高、低潮位均为蓄水期减小，减小影响至南北支分汊口附近，补水期高、低潮位升高，影响延伸至河口段；建立了反应水动力特征的潮区界和潮流界界面变化过程与潮径比参数关系曲线，得到了年内水动力过程；结合三峡及梯级水库蓄水后径流调蓄对潮汐参数影响，蓄水期界面位置上溯，补水期界面位置下移，年内整体变化不大；长江口南槽滞流点位置相对稳定，多年变化不大，北槽滞流点位置在整治工程实施的过程中，洪水期（流量＞50 000 m³/s）1978—2007 年为下移趋势，枯水期 1997—2004 年期间为下移趋势，2007 年后为上溯态势，主要与北槽分流比及河槽容积变化有关。

（2）长江流域入海泥沙量年际、洪季和枯季均为减小趋势，且洪季减小的幅度大于枯季；长江河口南支河段、南港和北港悬沙浓度随入海沙量的锐减为减小趋势，南槽由于分流增加引起的悬沙浓度增加与入海沙量锐减引起的减小程度相当，悬沙浓度变化不大，长江口北支主要受潮汐影响，在相同青龙港潮差下悬沙浓度在蓄水后为减小趋势；长江口最大浑浊带区域悬沙浓度蓄水前后为减小趋势，减小幅度为 21.42%，小于入海泥沙量减小幅度，主要是再悬浮和河口区域侵蚀泥沙等对其减小起到了补充作用，而浑浊带面积与入海沙量存在一致性减小关系，且未来一段时间面积不超过 1 500 km²（悬沙浓度＞0.70 kg/m³），但核心位置的移动变化不大。对于北槽悬沙浓度表现为低-高-低的分布格局，北槽上段和下段 2005—2011 年较 2000—2002 年悬沙浓度减幅约为 33.25%，主要为入海输沙量锐减、分流比减小及河床粗化等影响，且中段悬沙浓度为增加，主要受越堤沙量影响使其悬沙浓度略有增加。

(3) 三峡水库蓄水前进入长江口 $d<63~\mu m$ 悬沙来自宜昌及上游流域,蓄水后主要来自于宜昌、宜昌—大通区间河床补给及江湖关系和支流入汇,蓄水后相同水量下的补给量为减小趋势,且较长一段时间内入海沙量均值水平将不超过1.50亿 t/a;进入河口区的悬沙中 $d>63~\mu m$ 的泥沙主要沉积在大通—徐六泾河段,$d<63~\mu m$ 泥沙沉积在徐六泾以下河段、前缘潮滩及水下三角洲区域,同时河口区域的悬沙中值粒径为减小趋势,主要与 $d<63~\mu m$ 悬沙锐减有关;长江中下游及河口区域表层沉积物为粗化趋势,近坝段粗化明显,粗化距离有向下游发展趋势;长江口邻近陆架区域沉积物中值粒径增加,为粗化趋势,同时砂-泥分界线存在向口内移动趋势,主要受径流和潮流水动力影响,泥质区面积在入海 $d<63~\mu m$ 泥沙影响下,表现为一定的减小态势。

(4) 长江口南支河段沙洲遵循"洲头冲刷后退,洲尾淤积下延",边滩上段冲刷,下段淤积的演变特点,蓄水后沙洲面积为减小趋势,活动性增强,整个南支河段发育模式为"深泓略有淤积,河槽展宽,滩体和沙洲冲刷";南港和北港河段河槽容积和面积增加,大洪水过程使得南支河段、南港和北港河段底沙和沙洲冲刷的泥沙携带至口外区域淤积;前缘潮滩尾部淤积下延,边滩上段冲刷,九段沙、横沙东滩和崇明东滩由于护滩工程头部较为稳定,−5 m 以上沙岛面积蓄水后表现为冲刷趋势,−2 m 以上潮滩面积为淤涨趋势,主要是人工圈围和围涂引起的淤涨大于泥沙量锐减引起的侵蚀;建立了前缘潮滩−5 m 以上面积冲淤速率和入海水、沙通量经验关系,沙量影响占优势,沙量增加利于前缘潮滩淤涨,大洪水使得潮滩处于侵蚀趋势,即过境水量携带前缘潮滩的底沙携带至三角洲区域沉积下来。

(5) 长江口水下三角洲 1958—1997 年为冲淤交替变化,1997—2000 年为淤涨,2000—2009 年为冲刷趋势;建立水下三角洲冲淤速率与入海水、沙通量关系曲线,水量和沙量的增加均有利于三角洲淤涨,大洪水期间南支河段、南北港及前缘潮滩泥沙以底沙和沙波形式被携带至三角洲趋势沉积下来,水量增加将引起三角洲淤涨;三峡水库蓄水过程改变了水量年内分配过程,有效削减大洪水,年内过程的改变对水下三角洲演变影响有限;基于沉积学测年方法,长江口水下三角洲冲刷到 1958 年水平,需要至少 48 年以上,随着冲刷调整和河床粗化等,冲刷年限可能更长。

参考文献

陈吉余,2008.河口过程中第三驱动力的作用和响应——以长江河口为例[J].自然科学进展,18(9):994-1000.

陈吉余,2010.探寻长江河口地区资源合理开发利用科学之道[J].上海地质,31(3):1-8.

Milliman J D, Meade R H, 1983. World-Wide Delivery of River Sediment to the Oceads [J]. Journal of Geology, (91): 1-21.

Milliman J D, Syvitski J P M, 1992. Geomorphic/tectonic control of sediment transport to the ocean: the importance of small mountainous river [J]. Journal of Geology, (100): 525-544.

Waling D E, Fang D, 2003. Recent trends in the suspended sediment liads of the world's river [J]. Glabal and Planetary Change, (39): 111-126.

Waling D E, 2006. Human impact on land-ocean sediment transfer by the world's river [J]. Geomorphology, 79(3-4): 192-216.

Liang B C, Li K H, Lee D Y, 2007. Numerical study of three-dimensional suspended sediment transport in waves and currents [J]. Ocean Engineering, (34): 1569-1583.

Gong G C, Chang J, Chiang P K, et al, 2006. Reduction of primary production and changing of nutrient ratio in the East China Sea: Effect of the Three Gorges Dam? [J]. Geophysical Research Letters, 33(7): 1-4.

Wu H, Zhu J, Chen B, et al, 2006. Quantitative relationship of runoff and tide to saltwater spilling over from the North Branch in the Changjiang Estuary: A numerical study. Estuarine, Coastal and Shelf Science, 69: 125-132.

Belkin I M, 2009. Rapid warming of large marine ecosystems [J]. Progress in Oceanographu, 81: 207-213.

唐建华,徐建益,赵升伟,等,2011.基于实测资料的长江河口南支河段盐水入侵规律分析

[J]. 长江流域资源与环境, 20(6): 677-684.

Wang H, Yang Z, Wang Y, et al, 2007. Stepwise decreases of the Hangge (Yellow River) sediment load (1950—2005), Impacts of change and human activities [J]. Global and Planetary Change, 57: 331-354.

杨云平, 李义天, Xue G Q, 2014. 长江口三角洲演变与陆海水力要素量化关系[J]. 水力发电学报, 33(1):88-94.

杨云平, 李义天, 樊咏阳, 等, 2013. 长江口水量及分组沙与水下三角洲演变关系[J]. 水力发电学报, 32(4): 94-100.

Yang S L, Zhao Q Y, Belkin I M, 2003. Tenporal variation in the sediment load of the Yangtze River and the sediment Supply from the Yangtze River: Evisence of the Pecent Four Decades and Expectations for the Next Half-Century [J]. Estuarine, Coastal and Shelf Science, 57: 589-599.

Gao J H, Wang Y P, Pan S M, et al, 2008. Distribution of organic carbon in sediments and its influences on adjacent sea area in the turbidity maximum of Changjiang Estuary in China [J]. Acta Oceanologica Sinica, 27: 83-91.

于欣, 杜家笔, 高建华, 等, 2012. 鸭绿江河口最大浑浊带水动力特征对叶绿素分布的影响[J]. 海洋学报, 34(2): 101-113.

Shen Z L, Zhou S Q, Pei S F, 2008. Transfer and transport of phosphorus and silica in the turbidity maximum zone of the Changjiang Estuary [J]. Estuarine, Coastal and Shelf Science, (78):481-492.

Zheng L Y., Chen C S., Zhang F Y, 2004. Development of water quality model in the Satilla River Estuary, Georgia [J]. Ecological Modelling, (178): 457-482.

Liu G F, Zhu J R, Wang Y Y et al, 2011. Tripod measured residual currents and sediment flux: Impacts on the silting of the Deepwater Navigation Channel in the Changjiang Estuary [J]. Estuarine, Coastal and Shelf Science, 93: 192-201.

Fanos A M, 1995. the impact of human activities on the erosion and accretion of the Nile Delta coast [J]. Journal of Coastal Research, 11(3): 821-833.

Carriquiry J D, Sanchez A, 1999. Sedimentation in the Colorado River delta and upper gulf of California artery neatly a century of discharge loss [J]. Marine Geology, (158): 125-145.

Mikhailova V, 2003. Transformation of the Ebro River Delta under impact of intense human-induced reducyion of sediment and runoff [J]. Water Resources, 30(4): 370-378.

刘锋, 陈沈良, 彭俊, 等, 2011. 近60年黄河入海水沙多尺度变化及其对河口的影响[J]. 地理学报, 66(3): 313-323.

Hollgan P M, 1993. Land-Ocean interactions in the coastal zone (LOICZ) [M]. Science Plan, Global change Report, 25:150.

Pernetta J C, Milliman J D, 1995. land-ocean interactions in the Coastal Zone (LOICZ) [M]. Implementation Plan, Global Change Report, 33:155.

Yang S L, Shi Z, Zhao H Y, et al, 2004. Effects of human activities on the Yangtze River Suspended sediment flux in to the estuary in the last century [J]. Earth Syst. Sc, (8): 1210-1216.

Syvitski J P M, Vorosmarty C J, Kettner A J, et al, 2005. Impact of human on the flux of terrestrial sediment to the global coastal ocean [J]. Science, 308(5720): 376-380.

IGCP-475 Delta MAP. Outline of IGCP-475 Delta-475 Deltas in the Monsoon Asia-Pacific Region (DeltaMAP)[EB/OL]. http://unit.aist.go.jp/igg/rg/cug-rg/ADP/ADP_E/a_about_en.html, 2007.05.01.

杨云平, 李义天, 孙昭华, 等, 2013. 长江口最大浑浊带悬沙浓度变化趋势及成因[J]. 地理学报, 68(9): 1240-1250.

Yang Y P, Li Y T, Sun Z H, et al, 2014. Suspended sediment load in the turbidity maximum zone at the Yangtze River Estuary: The trends and causes [J]. Journal of Geographical Sciences, (1): 129-142.

Yang S L, Zhang J, Zhu J, 2004. Response of suspended sediment concentration to tidal dynamics at a site inside the mouth of an inlet: Jiaozhou Bay (China) [J]. Hydrology and Earth System Sciences, 8(2): 170-182.

Dai S B, Lu X X, Yang S L, et al, 2008. A preliminary estimate of human and natural contribution to the sediment decline from the Yangtze River to the East China Sea [J]. Quaternary International, (186): 43-54.

Dai Z J, Chu A, Li W H, et al, 2013. Has Suspended Sediment Concentration near the Mouth Bar of the Yangtze (Changjiang) Estuary Been Declining in Recent Years? [J]. Journal of Coastal Research, 29(4): 809-818.

Jiang X Z, Lu B, He Y H, 2013. We Response of the turbidity maximum zone to fluctuations in sediment discharge from river to estuary in the Changjiang Estuary (China) [J]. Estuarine, Coastal and Shelf Science, (131): 24-30.

Fu K D, He D M, Lu X X, 2008. Sedimentation in the Mawan reservoir in the Upper Mekong and its downstream impacts [J]. Quaternary International, (186): 91-99.

Morais P, Chicharo A, Chicharo L, 2009. Change's in a temperate estuary during the filing of the biggest European dam [J]. Science of the Total Environment, 407(7): 2245-2259.

Trenhaile A S, 1997. Coastal dynamics and Landforms [M]. Oxford: Oxford University

Press.

Yang S L, Zhang J, Xu X J, 2007. Influence of the Three Gorges Dam on downstream delivery of sediment and its environmental implications, Yangtze River [J]. Geophysical Research Lettera, 34: 1-13.

Chen X Q, Yan Y, Fu R S, et al, 2008. Sediment transport from the Yangtze River, China, into the sea over the Post-Three Gorge Dam Period: A discussion [J]. Quaternary International, 486: 55-64.

杨世伦, Zhu J, 李明, 2009. 长江入海泥沙的变化趋势与上海滩涂资源的可持续利用[J]. 海洋学研究, 27(2): 7-17.

杨世伦, 朱骏, 李鹏, 2005. 长江口前沿潮滩对来沙锐减和海平面上升的响应[J]. 海洋科学进展, 23(2): 152-158.

杜景龙, 2012. 长江三角洲前缘近十余年的冲淤演变及工程影响研究[J]. 地理与地理信息科学, 28(5): 80-85.

杨世伦, 朱俊, 赵庆英, 2003. 长江供沙量减少对水下三角洲发育影响的初步研究—近期证据分析和未来趋势估计[J]. 海洋学报, 25(5): 83-91.

李鹏, 杨世伦, 戴世宝, 等, 2007. 近10年来长江口水下三角洲的冲淤变化—兼论三峡工程蓄水的影响[J]. 地理学报, 62(7): 708-716.

李从先, 杨守业, 范代读, 等, 2004. 三峡大坝建成后长江输沙量减少及其对长江三角洲的影响[J]. 第四纪地质, 24(5): 495-500.

周晓静, 2009. 东海陆架细颗粒沉积物组成分布特征及其物源指示[D]. 中国科学院海洋研究所.

黄亮, 张国森, 吴莹, 等, 2012. 东海内陆架表层沉积物中黑碳的分布及来源[J]. 地球与环境, 40(1): 63-69.

王华新, 线微微, 2011. 长江口表层沉积物有机碳分布及其影响因素[J]. 海洋科学, (5): 24-31.

Lu X X, Song J N, Yuan H M, et al, 2005. Grain-size related distribution of nitrogen in the Southern Yellow Sea surface sediments [J]. Chinese Journal of Oceanology and Limnology, 23(3): 306-316.

胡春宏, 曹文洪, 2003. 黄河口水沙变异与调控Ⅰ—黄河口水沙运动与演变基本规律[J]. 泥沙研究, (5): 1-8.

李佳, 2004. 长江河口潮区界和潮流界及其对重大工程的响应[D]. 上海: 华东师范大学硕士论文, p50-65.

徐沛初, 刘开平, 1993. 长江的潮区界和潮流界[J]. 河流, (2): 24-29.

刘智力,任海青,2002. 鸭绿江感潮河段潮流型态分析[J]. 东北水利水电,(3):24-27.

宋兰兰,2002. 长江潮流界位置探讨[J]. 水文,22(5):25-29.

李键镛,2007. 长江大通—徐六泾河段水沙特征及河床演变研究[D]. 南京:河海大学博士论文,p55-60.

沈红艳,2006. 通澄长河段抽引水影响研究[D]. 南京:河海大学硕士论文,p60-70.

沈焕庭,朱建荣,吴华林,等,2009. 长江河口陆海相互作用界面[M]. 北京:海洋出版社,1-44.

贾良文,罗章仁,杨清书,等,2006. 大量采砂对东江下游及东江三角洲河床地形和潮汐动力的影响[J]. 地理学报,61(9):985-994.

谭超,邱静,黄本胜,等,2010. 东江下游潮区界、潮流界、咸水界变化对人类活动的响应[J]. 广东水利水电,(10):36-39.

姜传捷,郑汉钊,1997. 闽江河口潮区界上延变动成因初探[J]. 水利科技,73(4):48-51.

游小文,2006. 闽江下游河床变迁与饮水安全预警[J]. 引进与咨询,(9):69-70.

徐汉兴,樊连法,顾明杰,2012. 对长江潮区界与潮流界的研究[J]. 水运工程,467(6):16-20.

侯成程,朱建荣,2013. 长江河口潮流界与径流量定量关系研究[J]. 华东师范大学学报(自然科学版),(5):18-25,106.

曹绮欣,孙昭华,冯秋芬,2012. 三峡水库调节作用对长江近河口段水文水动力特征影响[J]. 水科学进展,23(6):844-850.

杨云平,李义天,韩剑桥,等,2012. 长江口潮区和潮流界面变化及对工程响应[J]. 泥沙研究,(6):46-51.

Simmons H B, Broun F R, 1969. Salinity effect on hydraulics and shoaling in estuary [A]. IAHR 13 th congress, VolⅢ:311-326.

魏守林,郑漓,杨作升,1990. 河口最大浑浊带的数数值模拟[J]. 海洋湖沼通报,14-21.

朱建荣,傅德建,吴辉,等,2001. 河口最大浑浊带形成的动力模式和数值试验[J]. 海洋工程,22(1):66-73.

朱建荣,戚定满,肖成猷,等,2004. 径流和海平面对河口最大浑浊带的影响[J]. 海洋学报,26(5):15-25.

沈焕庭,郭成涛,朱慧芳,等,1987. 长江口最大浑浊带的变化规律及成因探讨,海岸河口区动力地貌,沉积过程论文集[C]. 中国海洋湖沼学会编,北京:科学出版社,p76-89.

沈建,沈焕庭,潘定安,等,1995. 长江河口最大浑浊带水沙输运机制分析[J]. 地理学报,50(5):411-420.

沈焕庭,李九发,朱慧芳,等,1986. 长江河口悬沙输移特性[J]. 泥沙研究,(1):1-13.

时钟，陈伟民，2000. 长江口北槽最大浑浊带泥沙过程[J]. 泥沙研究，(1)：28-39.

万新宁，李九发，沈焕庭，2006. 长江口外海滨悬沙浓度分布及扩散特征[J]. 地理研究，25(2)：294-302.

左书华，李蓓，杨华，2010. 长江口南汇嘴海域表层悬浮泥沙分布和运动遥感分析[J]. 水道港口，31(5)：384-389.

左书华，李九发，万新宁，等，2006. 长江河口悬沙浓度变化特征分析[J]. 泥沙研究，(3)：68-74.

郜昂，赵华云，杨世伦，等，2008. 径流、潮流和风浪共同作用下近岸悬沙浓度变化的周期性探讨——以杭州湾和长江口交汇处的南汇嘴为例[J]. 海洋科学进展，26(1)：44-50.

何超，丁平兴，孔亚平，2008. 长江口及其邻近海域洪季悬沙分布特征分析[J]. 华东师范大学学报(自然科学版)，(2)：15-21.

陈沈良，张国安，杨世伦，等，2004. 长江口水域悬沙浓度时空变化与泥沙再悬浮[J]. 地理学报，59(2)：260-266.

蒋智勇，程和琴，陈吉余，等，2002. 长江口南港底沙再悬浮特征及其浓度预测[J]. 应用基础与工程科学学报，(4)：372-379.

翟晓明，2006. 长江口水动力和悬沙分布特征初析[D]. 华东师范大学硕士论文，p87.

Glangeaud L, 1938. Transpost ET sedimentation clans Iestuairc et a Iembouchure de La Gironde [J]. Bullentin of Geological Society of France, (8)：599-630.

黄胜，卢启苗，1993. 河口动力学[M]. 北京：水利电力出版社.

贺松林，茅志昌，1993. 长江河口最大浑浊带含沙量垂线分布状态的分析[J]. 海洋湖沼通报，(3)：21-27.

沈焕庭，潘定安，2001. 长江河口最大浑浊带[M]. 北京：海洋出版社.

张文祥，杨世伦，杜景龙，等，2008. 长江口南槽最大浑浊带短周期悬沙浓度变化[J]. 海洋学研究，26(3)：25-34.

周海，张华，阮伟，2005. 长江口深水航道治理一期工程实施前后北槽最大浑浊带分布及对北槽淤积的影响[J]. 泥沙研究，58-65.

高建华，王亚平，潘少明，等，2005. 长江口枯水期最大浑浊带形成机制[J]. 泥沙研究，(5)：66-73.

李九发，时伟荣，沈焕庭，1994. 长江河口最大浑浊带的泥沙特性和输移规律[J]. 地理研究，13(1)：51-59.

周华君，1994. 长江口最大浑浊带特性研究[J]. 重庆交通学院院报，13(2)：8-16.

Dai S B, Yang S L, Li M, 2009. The sharp decrease in suspended sediment supply from China's rivers to the sea: anthropogenic and natural causes. Hydrological Sciences Journal, 54(1): 134-146.

金镠, 虞志英, 何青, 2006. 关于长江口深水航道维护条件与流域来水来沙关系的初步分析[J]. 水运工程, (3): 46-51.

Dyer K R, 1995. Sediment Transport Processes in Estuaries [J]. Geomorphology and Sediment logy of Estuaries (Perillo, G. M. E., and ed.), (53): 423-449.

Li P, Yang S, Milliman J D, et al, 2012. Spatial, Temporal, and Human-Induced Variations in Suspended Sediment Concentration in the Surface Waters of the Yangtze Estuary and Adjacent Coastal Areas. Estuaries and Coasts, (35): 1316-1327.

Blake A C, Kineke G C, Milligan T G, et al, 2001. Sediment Trapping and Transport in the ACE Basin, South Carolina. Estuaries, 24(5): 721-733.

Uncle R J, Bloomer N J, 2000. Seasonal variability of salinity, temperature, turbidity and suspended chlorophyll in the Tweed Estuary. The Science of the Total Environment, 252(251): 115-124.

Ma F K, Jiang C B, Rauen W B, et al, 2009. Modeling sediment transport processes in a macro-tidal estuary. Science in china Series E: Technological Sciences, 52(11): 3368-3375.

Shi Z, 2004. Behavior of fine suspended sediment at the North passage of the Changjiang Estuary, China. Journal of Hydrology, (293): 180-190.

Jiang C J, de Swart, Huib E, Li J F, 2013. Mechanisms of a long-channel sediment transport in the North Passage of the Yangtze Estuary and their response to large-scale interventions. Ocean Dynamics, 63(2-3): 283-305.

Webster R., Lemckert C, 2002. Sediment reauspension within a microtidal estuary/embayment and the implication to changnel management [J]. Journal of Coastal Research, (36): 753-756.

Kummu, M., Varis, O., 2007. Sediment-related impacts due to upstream reservoir trapping, the Lower Mekong River. Geomorphology, 85(3): 275-293.

Lu X X, Siew R Y, 2006. Water discharge and sediment flux changes over the past decades in the Lower Mekong River: possible impacts of the Chinese dams. Hydrology and Earth System Sciences, 10(2): 181-195.

Morais P, Chicharo A. Chicharo L, 2009. Chianges in a temperate estuary during the filing of the biggest European dam[J]. Science of the Total Environment, 407(7): 2245-2259.

毕世普, 胡刚, 何拥军, 等, 2011. 近20年来长江口表层悬沙浓度分布的遥感监测[J]. 海洋地质与第四纪地质, 31(5): 17-24.

陈勇,韩震,杨丽君,等,2012. 长江口水体表层悬浮泥沙时空分布对环境演变的影响[J]. 海洋学报, 34(1):145-152.

于培松,薛斌,潘建明,等,2011. 长江口和东海海域沉积物粒径对有机质分布的影响[J]. 海洋学研究, 29(3):202-208.

章伟艳,金海燕,张富元,等,2009. 长江口—杭州湾及其邻近海域不同粒级沉积物有机碳分布特征[J]. 地球科学进展, 24(11):1202-1209.

何会军,于志刚,姚庆祯,等,2009. 长江口及毗邻海区沉积物中磷的分布特征[J]. 海洋学报(中文版), 31(5):19-30.

杨世纶,1994. 长江口沉积物粒度参数的统计规律及其沉积动力学解释[J]. 泥沙研究, (3):23-31.

刘红,何青,王元叶,等,2007. 长江口表层沉积物粒度时空分布特征[J]. 沉积学报, 25(3):443-453.

陈沈良,严肃庄,李玉中,2009. 长江口及其邻近海域表层沉积物分布特征[J]. 长江流域资源与环境, 18(2):152-156.

董爱国,2008. 长江口及邻近海域沉积物重金属元素地球化学特征及其人类活动的响应[D]. 山东:中国海洋大学.

董爱国,翟世奎,ZABEL M,等,2009. 长江口及邻近海域表层沉积物中重金属元素含量分布及其影响因素[J]. 海洋学报(中文版), 31(6):54-68.

张晓东,翟世奎,许淑梅,2007. 长江口外近海表层沉积物粒度的级配特征及其意义[J]. 中国海洋大学学报, 37(2):328-334.

田姗姗,张富元,阎丽妮,等,2009. 东海西南陆架表层沉积物粒度分布特征[J]. 海洋地质与第四纪地质, 29(5):13-20.

庄克琳,毕世普,刘振夏,等,2005. 长江水下三角洲的动力沉积[J]. 海洋地质与第四纪地质, 25(2):1-9.

庄克琳,2005. 长江水下三角洲的沉积特征[D]. 山东:中国海洋大学.

秦蕴珊,郑铁民,1982. 东海大陆架沉积物分布特征的初步探讨[C]//中国科学院海洋研究所海洋地质研究室编. 黄东海地质. 北京:科学出版社, 39-51.

罗向欣,2012. 长江中下游、河口及邻近海域底床沉积物粒径的时空变化——自然机制和人类活动的影响[D]. 上海:华东师范大学博士论文.

罗向欣,杨世纶,张文祥,等,2012. 近期长江口—杭州湾邻近海域沉积物粒径的时空变化及其影响因素[J]. 沉积学报, 30(1):137-147.

Luo X X, Yang S L, Zhang J, 2012. The impact of the Three Gorges Dam on the downstream distribution and texture of sediments along the middle and lower Yangtze River (Changjiang) and its estuary and subsequent sediment dispersal in the East China Sea

[J]. Geomorphology, (179): 126-140.

徐海根, 虞志英, 钮建定, 等, 2013. 长江口横沙浅滩及邻近海域含沙量与沉积物特征分析[J]. 华东师范大学学报(自然科学版), (4): 42-54.

计娜, 程和琴, 杨忠勇, 等, 2013. 近30年来长江口岸滩沉积物与地貌演变特征[J]. 地理学报, 68(7): 945-954.

Yan H, Dai Z J, Li J F, et al, 2011. Distributions of sediments of the tidal flats in response to dynamic actions, Yangtze (Changjiang) Estuary [J]. Journal of Geographical Sciences, 21(4): 719-732.

闫红, 戴志军, 李九发, 等, 2009. 长江口拦门沙河段潮滩表层沉积物分布特征[J]. 64(5): 629-637.

张瑞, 汪亚平, 高建华, 等, 2011. 长江口水下三角洲泥质区近期沉积物粒度变化特征及其影响因素[J]. 海洋地质与第四纪地质, 31(5): 9-16.

胡刚, 李安春, 刘健, 等, 2010. 长江口滨外区表层沉积物粒度特征对比分析[J]. 泥沙研究, (4): 40-44.

任美锷, 1989. 人类活动对密西西比河三角洲最近演变的影响[J]. 地理学报, 44(2): 221-229.

Stanley D J, Warne A G, 1998. Nile delta in its destruction phase [J]. Journal of Coastal Research, 14(3): 794-825.

Saknchez-Arcilla A, Jime nez J A, Valdemoro H I, 1998. The Ebro Delta: Morph dynamics and vulnerability [J]. Journal of Coastal Research, 14(3): 754-772.

Yang Z S, Wang H J, Shao Y, et al, 2004. Phase change of the modern Huanghe River delta evolution since its last end channel shift in 1976(and its phase change[A]). Jarupongsakul T and Saito Y. Oroceedings of 5 International Conferences on Asian Marine Geology, AGCP 475 Deltas MAP and APN Mega-Delta [C]. January 13-18, Bangkok, Thailand.

王昕, 石学法, 刘生发, 等, 2012. 近百年来长江口外泥质区高分辨率的沉积记录及影响因素探讨[J]. 沉积学报, 30(1): 148-157.

庞仁松, 潘少明, 王安东, 2011. 长江口泥质区18#柱样的现代沉积速率及其环境指示意义[J]. 海洋通报, 30(3): 294-301.

王安东, 潘少明, 张永战, 等, 2010. 长江口水下三角洲现代沉积速率[J]. 海洋地质与第四纪地质, 30(3): 1-6.

李亚男, 高抒, 2012. 长江水下三角后沉积物柱状样重金属垂向分布特征[J]. 海洋通报, 31(2): 154-161.

参考文献

夏小明,杨辉,李炎,等,2004. 长江口—杭州湾毗连海区的现代沉积速率[J]. 沉积学报, 22(1): 130-135.

Gao S, Wang Y P, Gao J H, 2011. Sediment retention at the Changjiang sub-aqueous delta over 57 year period in response to catchment changes [J]. Estuarine, Coastal and Shelf Science, (95): 29-38.

杨世伦,Zhu J,李明,2009. 长江入海沙量的变化趋势与上海滩涂资源的可持续利用[J]. 海洋学研究,27(2): 7-15.

胡红兵,程和琴,胡方西,等,2001. 长江口第二、三代冲积岛浅滩演变特征分析[J]. 泥沙研究,(6): 57-63.

王赋,贺宝根,2005. 基于 RS, GIS 的长江口冲积沙岛冲淤变化[J]. 上海师范大学学报(自然科学版),34(3): 87-92.

Jiang C J, Li J F, Hu H, E. de Swart, 2012. Effects of navigational works on morphological changes in the bar area of the Yangtze Estuary [J]. Geomorphology, 205-219

王随继,方海燕,2007. 黄河三角洲造陆面积与输沙量及河道演变关系探讨[C]. 海峡两岸环境与资源研讨会中国环境资源与生态保育学会会员代表大会论文集,111-117.

杨世伦,李明,张文祥,2006. 三角洲前缘岸滩对河流来沙减少响应的敏感性探讨——以长江口门区崇明岛向海侧岸滩为例[J]. 地理与地理信息科学,22(6): 62-65.

火苗,范代读,陆琦,等,2010. 长江口南汇边滩冲淤变化规律与机制[J]. 海洋学报,32(5): 41-50.

陈沈良,谷传国,虞志英,2002. 长江口南汇东滩淤涨演变分析[J]. 长江流域资源与环境,11(3): 234-244.

刘曙光,郁薇薇,匡翠萍,等,2010. 三峡工程对长江口南汇边滩近期演变影响初步预测[J]. 同济大学学报(自然科学版),38(5): 679-684.

李希来,刘曙光,李从先,2001. 黄河三角洲冲淤平衡的来沙量临界值分析[J]. 人民黄河,23(3): 20-22.

许炯心,2002. 黄河三角洲造陆过程中的陆域水沙临界条件研究[J]. 地理研究,21(2): 1-8.

Yang S L, Belkin I M, Belkin A I, et al, 2003. Delta response to decline sediment supply from the Yangtze River: evidence of the rent four decades and expectations for the next half-century[J], Estuarine, Coastal and Shelf Science, (57): 689-699.

巩彩兰,恽才兴,2002. 长江河口洪水造床作用[J]. 海洋工程,20(3): 94-97.

付桂,2013. 长江口近期潮汐特征变化及其原因分析[J]. 水运工程,485(11): 61-69.

顾伟浩,曾守源,姚金元,1985. 长江口南、北槽咸水入侵——兼谈开挖北槽为深水航道[J].

水运工程,(2):1-3.

钟修成,任苹,1988. 长江口拦门沙航道(北槽)回淤分析[J]. 河海大学学报,16(6):50-57.

张栋梁,姚金元,1993. 长江口北槽挖槽段泥沙淤积特性研究[J]. 泥沙研究,(3):66-78.

刘杰,2008. 长江口深水航道河床演变与航道回淤研究[D]. 上海:华东师范大学,73-75

程和琴,李茂田,2002. 1998年长江全流域大洪水期河口区床面泥沙运动特征[J]. 泥沙研究,(1):36-42.

Li P, Yang S L, Milliman J D, et al, 2012. Spatial, Temporal, and Human-Induced Variations in Suspended Sediment Concentration in the Surface Waters of the Yangtze Estuary and Adjacent Coastal Areas [J]. Estuaries and Coasts,35:1316-1327.

李家彪,2008. 东海区域地质[M]. 北京:海洋出版社,p250-264.

张瑞,汪亚平,高建华,等,2011. 长江口水下三角洲泥质区近期沉积物粒度变化特征及其影响因素[J]. 海洋地质与第四纪地质,31(5):9-16.

杨作升,陈晓辉,2007. 百年来长江口泥质区高分辨率沉积粒度变化及影响因素探讨[J]. 第四纪研究,27(5):690-699.

刘升发,石学法,刘焱光,等,2009. 东海内陆架泥质区沉积速率[J]. 海洋地质与第四纪地质,29(6):1-7.

虞志英,楼飞,2004. 长江口南汇嘴近岸海床近期演变分析—兼论长江流域来沙量变化的影响[J]. 海洋学报,26(3):47-53.

陈飞,李义天,唐金武,等,2010. 水库下游分组沙冲淤特性分析[J]. 水力发电学报,29(1):164-170.

吴华林,沈焕庭,严以新,等,2006. 长江口入海泥沙通量初步研究[J]. 泥沙研究,(6):75-83.

秦蕴珊,郑铁民,1982. 东海大陆架沉积物分布特征的初步分析[C]. 中国科学院海洋研究所海洋地质研究室,黄东海地质. 北京:科学出版社,39-51.

刘曦,杨丽君,徐俊杰,等,2010. 长江口北支水道萎缩淤浅分析[J]. 上海地质,31(3):35-40.

崔彦萍,王保栋,陈求稳,2014. 三峡正常蓄水后长江口叶绿素a和溶解氧变化及其成因[J]. 生态学报,34(21):6309-6316.

刘杰,陈吉余,徐志杨,2008. 长江口深水航道治理工程实施后南北槽分汊段河床演变[J]. 水科学进展,19(5):605-612.

丁平兴. 河流入海物质通量变异与河口生态环境效应. 中国工程院资讯报告. 2013-12-11.

刘红,何春,王亚,等,2012. 长江河口悬沙泥沙混合过程[J]. 地理学报,67(9),1269-1281.

郭小斌,李九发,李占海,等,2012. 长江河口南槽近期滩槽水沙输移特性分析[J]. 人民长江,43(11):1-6.

胡志峰,贾晓,吴华林,等,2013.九段沙北侧输沙对长江口深水航道的影响[J].水运工程,485(11):95-99.

金镠,虞志英,何青,等,2013.滩槽泥沙交换对长江口北槽深水航道回淤影响的分析[J].水运工程,474(1):101-108.